한 권으로 즐기는 베스트 유럽 100

# 죽기 전에 유럽 여행

정보상 지음

상상출판

# Prologue

# 유럽 여행을 잘하는 몇 가지 방법

유럽의 시계는 우리보다 8시간 늦게 간다. 아침에 잠자리에서 빠져나올 시간이면 유럽은 하루 전 잠자리에 들 시간이다. 8시간의 시차이지만 우리는 더 빠른 세상에서 살고 있는 셈이다. 그러나 세계사의 관점에서 볼 때 유럽은 우리들보다 훨씬 앞선 삶을 살고 있다. 역사 교과서에서 가장 많이 다루고 있는 부분도 유럽이다. 그리스 로마 문명이 있었고 중세와 르네상스와 기독교 문화가 꽃피우고 대항해시대, 민주주의의 발전 등 인류문화사에 있어 중요한 시기들이 유럽에서 도래하였다.

유럽에 대해 조금 더 관심 있는 사람들은 여행을 떠나기 전 자료를 모으고 어느 곳을 다녀올 것인지 고민한다. 이럴 때 필요한 책이 『죽기 전에 유럽여행』이다. 이 책은 유럽여행을 떠나기 전 행선지를 정할 때 참고가 되는 정보를 담고 있다. 가서 무엇을 보고 무엇을 먹고 어디서 쉴 것인지에 대한 정보를 제공하는 가이드북은 아니다. 수십 차례 유럽을 여행한 경험을 살려, 유럽 여행을 어떻게 해야 할지 난감해 하는 사람들에게 '이곳이 어떠신지?'를 제안하였다.

사실 유럽의 여행지를 전부 담고 싶었지만 지면이 한정되어 있어 100곳만을 골랐다. 100곳도 한 번의 여행으로 돌아보기에는 너무 많은 곳이지만 '이곳 정도는 한번쯤' 하는 마음으로 선정했다. 물론 여물지 못한 옥수수마냥 빠진 곳도 많아 엉성하다. 선정한 100곳보다 더 좋은 곳도 있다. 하지만 역사문화사적으로 매우 중요한 곳과 현지 사람들의 삶을 가까이서 지켜볼 수 있는 곳 위주로 선정했고, 서양미술사에 중요한 보물 창고인 미술관 기행도 양념처럼 넣었다.

이 책의 활용법은 간단하다. 마음에 드는 20~30곳을 골라 동선을 만들면 훌륭한 여행 플랜이 된다. 자세한 일정은 플랜을 정한 뒤 꼼꼼히 준비하면 된다. 유럽 여행을 잘하는 방법 몇 가지를 소개하자면 다음과 같다.

먼저 여행 동선을 최소화할 필요가 있다. 무리하게 계획을 세우다 보면 길거리에서 시간을 보내는 경우가 많다. 가능한 한 걸어서 보거나 지하철 2~3정거장만 이동하면 되는 곳으로 다음 목적지를 잡는다. 지하철을 한 번 갈아타야 하는 경우 반대 방향으로 잘못 타는 경우가 벌어질 수 있다. 미술관이나 박물관 나들이는 아침 나절에 다녀오는 것이 좋다. 유럽의 유명한 미술관은 규모가 커서 전시장을 한 바퀴 도는 데 4km 이상 되는 곳도 많다. 따라서 체력이 떨어지기 시작하는 오후보다 집중력이 좋은 오전이 미술관 기행을 즐기기 적당하다.
음식 순례는 저녁에 할 것을 권한다. 유럽의 아침 식사인 콘티넨탈식은 간단하고, 점심 식사로 느긋하게 음식을 즐기기에는 시간이 부족하다. 그 나라나 도시를 대표하는 음식을 여유롭게 맛보려면 시간적으로 여유가 있는 저녁 시간을 활용하는 것이 좋다.

대인 관계를 잘 풀어가자. 가까운 사람과 함께 여행하는 경우도 있고 잘 모르는 사람과 여행을 떠나는 경우도 있다. 그런데 대인 관계를 잘못 풀어가 여행이 즐겁지 못한 경우도 있다. 너무 멀어 한 번 다녀오기도 힘들고, 언제 다시 밟게 될지 모르는 그곳에서의 일분일초가 너무나 귀하고 소중하다. 사람으로 인한 스트레스 때문에 소중한 여행을 망치지 말아야 한다.
마지막으로 한국에서 못하는 것을 해보고 오자. 소심한 사람이라면 대범한 행동을 해보아도 좋다. 한국에서 하면 이상하거나 하기 힘든 일이 그곳에서는 지극히 자연스러운 행동인 경우도 있기 때문이다. 유럽 여행을 다녀와서 결코 후회를 남기지 말자.

유럽의 100곳을 준비하면서 그동안 유럽에서 있었던 많은 일들이 주마등처럼 지나간다. 아찔한 상황도 있었고 마음이 상하는 일도 있었지만 그 모든 일들이 내게는 큰 자양분이 되어 이 책을 낼 수 있게 해주었다. 지금은 멀리 떠났지만 옆에서 조용히 지켜봐주고 격려해주었던 아내에게 감사의 말을 전한다.

긴 여행을 마치고 제주 바닷가 돌집에서 쉬고 있는

**정 보 상**

# Contents

**화보** · 001

**프롤로그** · 004

*France*

001 파리 역사가 시작된 **시테 섬** · 008

002 인류의 문화예술 유산이 가득 소장된 **루브르 박물관** · 012

003 프랑스의 영광을 상징하는 **개선문** · 018

004 파리를 상징하는 대표 건축물 **사요궁** · 024

005 파리의 상징 **에펠탑** · 028

006 파리 언덕마을 **몽마르트르** · 034

007 파리의 사연들을 찾아가는 **센 강의 다리** 여행 · 038

008 **센 강 유람선**을 타고 파리의 역사를 엿보다 · 044

009 기차역의 변신은 무죄? 특이한 이력의 **오르세 미술관** · 048

010 귀족 거주지였던 **관청지구** · 052

011 파리 사람들이 모여드는 문화명소 **몽파르나스** · 054

012 유명인사를 묘비로 만나는 **몽파르나스 묘지** · 058

013 반짝 벼룩시장이 서는 **에드가 키네 거리** · 062

014 문화의 향기가 은은하게 남아 있는 몽파르나스 **떼아뜨르 거리** · 064

015 먹자골목과 대학거리가 있는 **라탱 지구** · 068

016 시테 섬에서 콩코드 광장까지 **도보여행** · 074

017 프랑스적인 미래도시 **라데팡스** · 078

018 화려함의 극치 **베르사유 궁전** · 084

019 밀레의 대표작 '만종'의 무대, **바르비종** · 090

020 나폴레옹이 사랑했던 **퐁텐블로 숲**과 성 · 094

*Italy*

021 '로마의 휴일'이 생생한 스페인 광장과 **트레비 분수** · 098

022 로마 시민들의 휴식처 **나보나 광장** · 104

023 로마 제국의 영광이 느껴지는 **대전차 경기장** · 108

024 로마 제국의 영광이 남아 있는 **콜로세움** · 112

025 가장 작지만 가장 큰 나라 바티칸의 박물관과 **성베드로 성당** · 118

026 로마 제국의 길이 시작되는 **아피아 가도** · 122

027 세계 3대 미항 중 하나인 **나폴리 항구** · 126

028 화산재 속에서 고대 유적을 보는 **폼페이** · 130
029 결코 잊지 못할 **소렌토** 낭만여행 · 134
030 꽃의 도시 피렌체 그리고 그 중심의 **두오모 성당** · 138
031 옛 피렌체의 중심지 **시뇨리아 광장** · 144
032 피렌체 시내를 내려다볼 수 있는 **미켈란젤로 광장** · 150
033 피렌체 대표 위인들이 잠들어 있는 **산타 크로체 성당** · 154
034 세계 7대 불가사의 중 하나인 **피사의 사탑** · 158
035 고딕 양식의 걸작 밀라노 **두오모 성당** · 162
036 베네치아 공국의 영화가 남아 있는 **산 마르코 광장** · 166
037 물의 도시 베네치아를 대표하는 **리알토 다리** · 172
038 **베네치아** 미로여행 · 176
039 **엘바 섬** 나폴레옹 유적탐방 · 180
040 **알게로 구시가지** 유적탐방 · 184

## *Spain*

041 바로크 양식의 화려한 **왕궁**과 돈키호테를 만나는 **스페인 광장** · 188
042 예술의 향기 가득한 마드리드 미술관 거리 **산 헤로니모 거리** · 194
043 서울의 인사동 같은 마드리드의 화랑거리 **세라노** · 200
044 마드리드 시민들의 삶과 휴식이 있는 **마요르 광장** · 204
045 스페인 가톨릭의 총 본산 **톨레도 대성당** · 210
046 톨레도의 중심 **소코도베르 광장** 산책 · 214
047 **톨레도** 역사를 찾아가는 톨레도 미로여행 · 220
048 바르셀로나 관광 1번지 **람블라 거리** · 224
049 지중해의 밝은 태양과 시원한 바다를 맘껏 즐길 수 있는 **해안지구** · 230
050 100년 전 모습을 그대로 간직한 **고딕 지구** · 234
051 중세의 고풍스런 거리가 지금도 남아 있는 **리베라 거리** · 238
052 박물관, 미술관, 유원지가 모여 있어 하루가 즐거운 **몬주익 언덕** · 242
053 아직도 건축 중인 **성가족 성당** · 246
054 가우디의 천재성을 엿볼 수 있는 **구엘 공원** · 250
055 가우디 건축기행 명소 **그라시아 거리** · 256
056 **살바도르 달리**의 예술 혼을 느낄 수 있는 피게라스 · 260
057 **구겐하임 미술관**이 만든 마법의 도시 빌바오 · 264
058 다양한 문화유산이 남아 있는 **시우타데야** · 270
059 미노르카 섬의 중심 **마혼** · 274
060 발레아레스 제도의 수도 **팔마** · 278

## England


061 영국 왕실의 보물을 보관하던 **런던 타워** · 284
062 런던의 대표적인 상업지역 **피카딜리 서커스** · 288
063 영국의 명물 근위병 교대식이 열리는 **버킹검 궁전** · 292
064 영국인들의 자부심이 담긴 의회정치의 전당 **웨스트민스터 사원** · 298
065 런던 시민과 관광객의 휴식 장소 **트래펄가 광장** · 302
066 세계 최대 규모이자 인류문화의 보고 **대영박물관** · 306
067 장엄한 풍경의 **윈저 성** · 310
068 세계 시간의 중심이 되는 **그리니치 천문대** · 314


## Swiss


069 만년설을 품고 있는 유럽의 지붕 **융프라우** · 318
070 터키블루 빛 호수에 반하다 **툰 호수**와 **브리엔츠 호수** 유람선 여행 · 324
071 루체른과 몽트뢰를 기차로 즐기는 **골든패스 기차여행** · 328
072 천국과 지상의 중간계에 위치한 악마의 산 **필라투스** · 332
073 박하사탕 같이 상쾌한 **리기 산** 하이킹 · 336
074 중세 도시의 고풍스러움이 넘치는 **루체른 구시가지** · 342
075 중세시대를 호젓하게 걷는 **루체른 도보여행** · 346
076 세계에서 가장 살기 좋은 도시 **취리히** · 350
077 라인 강변의 문화와 예술을 품은 **바젤** · 354


## Germany


078 '젊은 베르테르의 슬픔'이 탄생한 **괴테 하우스** · 360
079 유럽 대표 작가들의 명작을 만날 수 있는 **슈테델 미술관** · 364
080 팝아트, 회화, 사진 등 현대 예술의 걸작을 만나다 **암 마임 현대미술관** · 368
081 황제의 대관식이 열렸던 독일 역사유적지 **뢰머 광장** · 372
082 학문의 도시 하이델베르크와 **대학의 거리** · 378
083 파란만장한 전쟁과 역사를 품은 **하이델베르그 고성** · 382
084 전쟁의 도시에서 복합 예술 도시로 변신 **카를스루에** · 388
085 세계 평화를 기리는 유대인 학살의 현장 **다카우 유대인 수용소** · 392
086 예술의 도시로 유명한 뮌헨 관광의 중심 **마리엔 광장** · 396
087 독일의 자랑, 세계에서 가장 큰 과학기술박물관인 **국립독일박물관** · 400


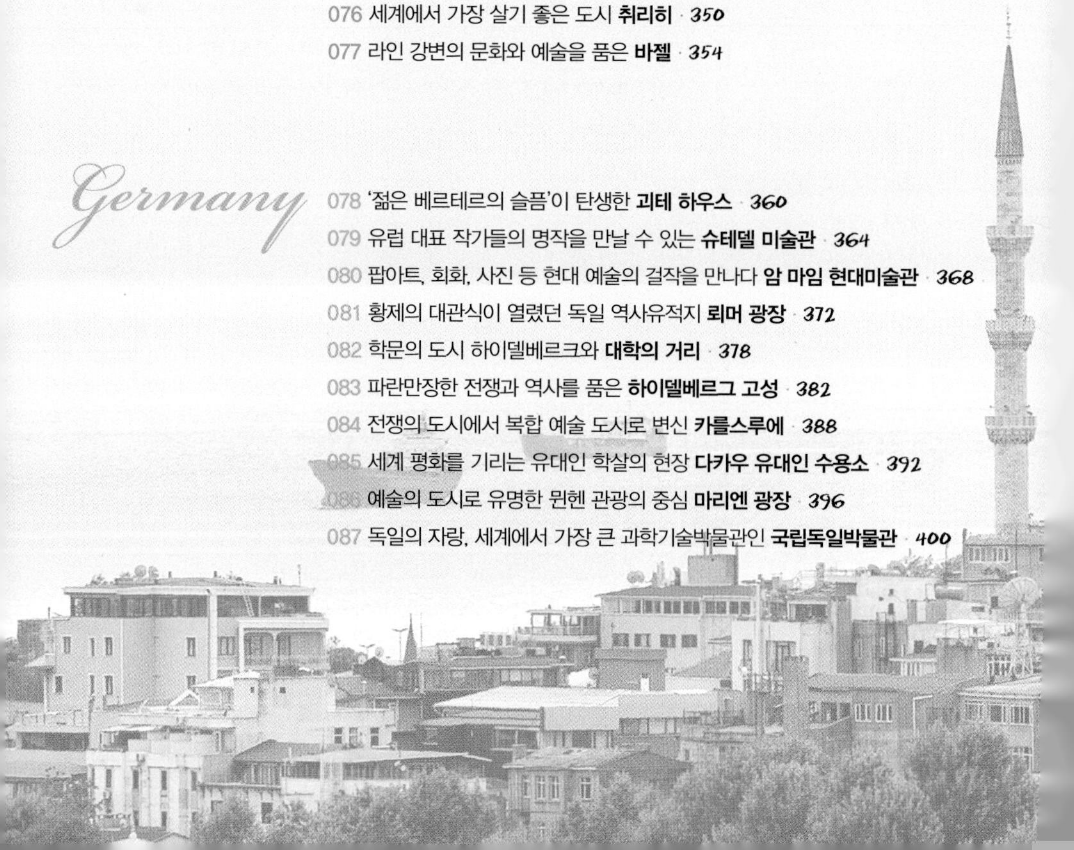

## *Netherlands*


088 운하와 튤립의 도시 **암스테르담** · 404

089 동화 속 마을 같은 풍차가 있는 풍경 **잔세스칸스** · 408


## *Austria*


090 오스트리아 미술관 기행의 1번지 **벨베데레 궁전** · 412


## *Czech*


091 보헤미안의 상징이자 숨겨진 보석 **프라하 성** · 416

092 유럽에서 가장 아름다운 다리 **카를 교** · 422

093 중세풍의 아름다운 건물들이 감싸고 있는 **구시청사 광장** · 426

094 구시가지의 중심 화약탑과 프라하의 봄이 시작된 **바츨라프 광장** · 430

095 프라하의 역사가 시작된 왕조의 흔적 **비세흐라드** · 434


## *Türkiye*


096 이슬람과 동로마 시대를 동시에 간직한 사원 **블루모스크** · 438

097 동서양의 공존과 화해의 공간 **성 소피아 성당** · 442

098 이스탄불의 명소를 내려다볼 수 있는 **갈라타 타워** · 448

099 푸른 바다를 양탄자처럼 펼쳐놓은 대리석 **돌마바흐체 궁전** · 452

100 실크로드의 번영을 되살린 **그랜드 바자르** · 456


## *Special*


유럽 지도 · 460

01 프랑스 파리에서만 파는 기념품 Best 6 · 462

02 영국 런던에서 꼭 먹어야 할 음식 Best 5 · 464

03 체코 프라하에서 꼭 경험해봐야 할 Best 6 · 466

04 동유럽에서 꼭 가봐야 할 뷰포인트 Best 12 · 468


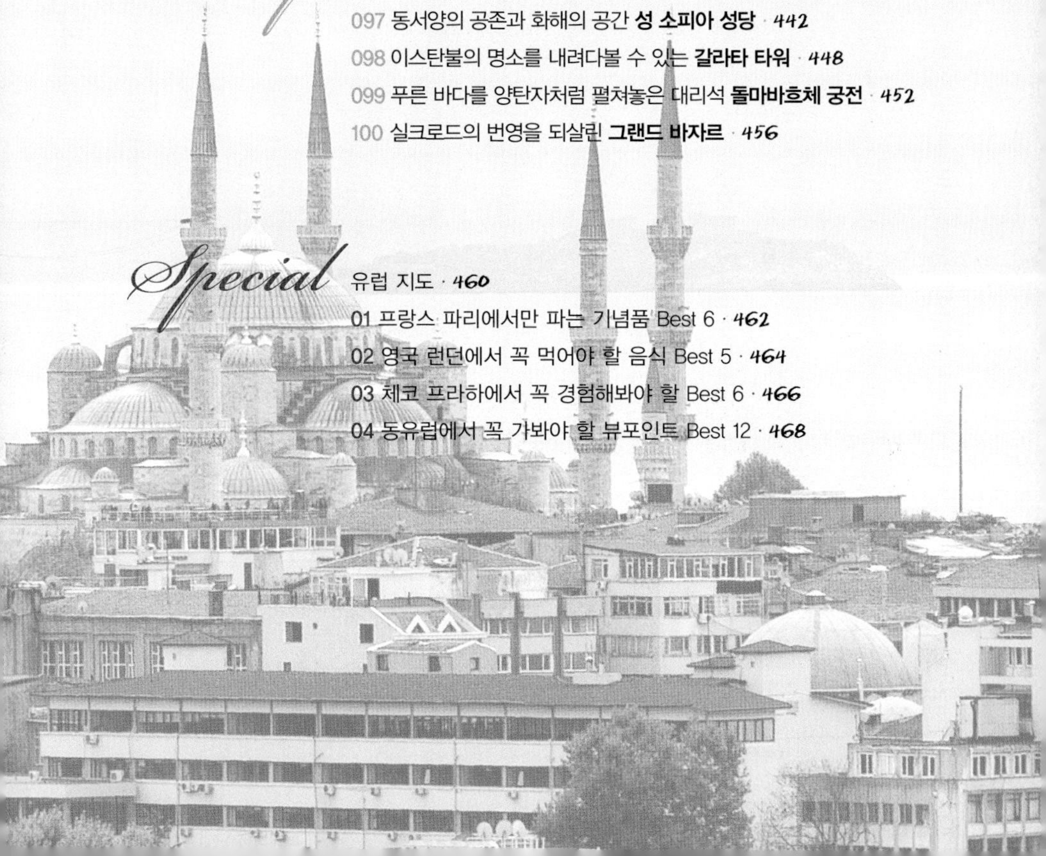

# 파리 역사가 시작된 **시테 섬**

# *Cite Island*

**파리는 도시 자체가 거대한 박물관이다. 이렇게 유서 깊은 도시 파리는 언제, 어느 곳에서 시작되어 세계적인 도시로 발전했을까? 이런 궁금증을 해결해줄 수 있는 곳이 센 강에 있는 시테 섬이다.**

시테 섬의 대표적인 랜드마크 노트르담 성당. 빅토르 위고의 소설 「노트르담의 꼽추」로 우리에게 익숙한 고딕 양식의 이 성당 안에서 나폴레옹의 대관식 등 역사적인 일들이 이루어졌다.

'시테'라는 말에는 고대 도시의 핵심이라는 의미가 내포되어 있다. 이곳에서 출토된 유물로 미루어 파리에는 구석기 시대부터 사람들이 살았던 것으로 추정된다. 그렇지만 기원전 3세기경부터 켈트족 사람들이 센 강에 있는 시테 섬에서 살기 시작했던 것으로 알려지고 있다. 시테 섬을 감싸고 흐르는 센 강은 침략자들로부터 보호해주었고 깨끗한 식수도 제공해주었으며 배를 타고 멀리 나가 교역할 수 있는 경제활동의 토대가 되었다.

파리라는 명칭은 기원전부터 이곳에 살던 켈트족의 한 부족인 파리시이(Parisii) 부족의 이름을 딴 것으로 알려지고 있다. 지금의 시테 섬을 중심으로 이루어진 마을을 루테티아(Lutetia)라고 불렀으며 파리라는 이름은 3세기부터 사용되었다고 전해진다. 현재 섬 안에는 최고재판소, 경시청, 콩시에르주리 등과 생트 샤펠 성당, 노트르담 성당, 부유층이 거주하는 고급 주택 지역이 있다.

파리의 중심에 있는 시테 섬의 대표적인 랜드마크는 고딕 양식의 전형인 노트르담 성당이다. 고딕 양식은 12세기 중반 파리를 중심으로 하는 일 드 프랑스(Ile de France) 지역에서 시작되어 15세기 중반까지 전 유럽으로 퍼져나간 중세의 미술양식을 일컫는다. 원래는 프랑스 대성당의 건축양식을 부르는 말이었으나 점차 그 시기의 조각, 공예, 회화 양식까지 포함하게 되었다. 최초의 체계적인 고딕 양식은 1137년경 파리 근교의 생 드니 왕립수

∴Travel Tip **포엥 제로** 서울 광화문에 있는 도로원표와 같은 곳이 시테 섬 노트르담 성당 앞에 있는 포앵 제로(Point Zero)다. 프랑스 거리 측정의 기준이 되는 포인트로, 프랑스의 중심을 표시하는 의미 있는 돌이다. 이 돌을 밟으면 파리에 다시 올 수 있다는 이야기가 전해진다. 파리를 찾는 많은 사람들이 팔각형 별 꼭지 부분을 밟고 대각으로 지나가는 모습을 자주 볼 수 있는데 연인이나 부부는 손잡고 함께 밟으면 같이 돌아올 수 있고 누워서 한 바퀴 구르면 파리에 아주 살게 된다는 이야기도 있다.

도원이 개축되면서 선보였다.

노트르담 성당은 세 개의 정문이 있는 파사드(건물의 정면부)가 인상적이다. 세 개의 정문을 둘러싼 조각 장식과 벽면 입상들은 체계적인 신학적 내용 및 도상들로 채워져 있다. 정문 위쪽 중앙에는 일명 장미창이라 불리는 원형 창을 내어 스테인드글라스로 장식했는데, 창을 통해 성당 안으로 스며드는 색색의 빛으로 신의 존재를 표현했다. 이렇게 만들어진 성당들은 신의 존재와 말씀이 감각적으로 구현된 신의 집, 천국 그 자체다.

빅토르 위고의 소설 「노트르담의 꼽추」로 우리에게 더 친숙한 노트르담 대성당은 잔 다르크의 명예 회복 심판과 나폴레옹의 대관식이 열린 역사적인 장소로도 유명하다. 런던의 웨스트민스터 사원처럼 드골 장군, 미테랑 전 대통령 등 유명인의 장례식도 거행됐다. 매주 일요일 오후 4시 30분부터는 무료 파이프 오르간 연주회가 열린다. 노트르담 성당은 입구에서 보는 건물과 뒤쪽에서 보는 건물의 모양이 전혀 다른데, 생 루이 섬에서 볼 수 있는 건물 뒤쪽 경관이 파리에서 가장 아름답기로 손꼽힌다.

최고재판소, 노트르담 성당 등 종교적·세속적 권위가 모여 있는 시테 섬

인류의 문화예술 유산이 가득 소장된

# 루브르 박물관

# *Louvre Museum*

**짧은 일정으로 파리를 찾은 사람이라도 짬을 내 루브르를 꼭 찾아가보자. 수많은 명품들을 소장하기로 유명한 루브르 박물관 구경은 시간이 어떻게 흘러가는지 모를 지경이다. 오랜 건물과 너른 광장, 유리로 만들어진 피라미드 등이 있는 루브르 궁전 안쪽 산책은 루브르 여행의 보너스다.**

현재 루브르 박물관에 전시되고 있는 작품의 절반 이상이 그동안 왕실에서 모아 온 예술작품과 정복전쟁으로 가져온 전리품이다. 세계 최대의 전시물을 자랑하는 이곳에는 교과서에서 볼 수 있었던 익숙한 작품들이 많다.

'루브르가 없는 파리는 팥소 없는 찐빵?' 루브르 박물관의 유리 피라미드 앞에 설 때마다 문득 떠오르는 생각이다. 루브르 박물관은 파리 여행에서 절대 빼놓을 수 없는 문화공간이다. 옛 국왕이 살았던 곳이고 그 유명한 〈밀로의 비너스〉와 레오나르도 다빈치의 〈모나리자〉가 있어 이곳을 보지 못하면 파리를 보지 못한 것이라는 이야기가 나올 정도로 유명하다. 또한 소설과 영화로도 유명해진 '다빈치 코드'의 첫 장면이 시작되는 공간이기도 하다.

루브르 박물관이 있는 자리는 885년 바이킹들이 파리를 침략했을 때 시테섬을 공략하기 위해 진을 쳤던 곳으로 알려지고 있다. 13세기에는 필리프 2세가 신도시 성벽 바로 바깥쪽으로 같은 장소에 서쪽 방어를 돕기 위해 직사각형의 성을 축조했고, 그 안에 궁을 만들었다. 루브르 성이 만들어지고 궁전으로 이용되면서 많은 예술가들이 모여들기 시작했다고 전해진다.

현재 루브르 박물관에 전시된 작품의 절반 이상이 그동안 왕실에서 모아온 예술작품과 정복 전쟁으로 가져온 전리품인 것으로 알려져 있다. 특히 나폴레옹이 이탈리아와 이집트 등지에서 가져온 전리품이 이 박물관의 주요 전시물로 자리 잡고 있다. 영국의 대영박물관, 이집트박물관과 함께 세계 최대 규모다.

몇 년 전 인기를 얻었던 「다빈치 코드」라는 소설의 첫 장면이 루브르 박물관에서 시작되는데, 레오나르도 다빈치의 걸작 〈모나리자〉가 이 박물관에 있다. 〈승리의 여신 니케〉 〈사모트라케의 승리〉 〈밀로의 비너스〉 등도 소장되어 있다. 또한 BC 7세기부터 19세기 중엽까지의 작품들이 많이 수집되어 있다. 루브르 박물관 구경만으로도 교과서에 등장하는 유명한 작품 여러 점을 진품으로 감상할 수 있다.

루브르 박물관에는 대략 30만여 점에 이르는 다양한 그림과 조각 그리고 프랑스 왕실의 보물 등이 소장되어 있다. 이 때문에 루브르에 뒤따르는 단어가 '미술관'인지 '박물관'인지 조금 혼동될 때가 있지만 '박물관'이라 부르는 것이 더 나을지도 모른다. 한 작품 앞에서 10초씩만 감상한다 하더라도

∴Travel Story **여행객이 가장 좋아하는 박물관은 어디?** 유명 여행정보 사이트 '트립어드바이저'(Tripadviser)가 사이트 이용자들을 대상으로 실시한 설문조사에서 루브르 박물관이 1위를 차지했다. 프랑스 파리에 위치한 루브르 박물관은 〈밀로의 비너스〉와 〈모나리자〉 등을 포함한 여러 걸작들을 소장하고 있어 매년 많은 관광객을 끌어 모으고 있다. 루브르 박물관의 뒤를 이어 이탈리아 로마의 바티칸 박물관이 2위에 올랐으며 미국의 뉴욕 메트로폴리탄 박물관과 로스앤젤레스의 게티 센터가 각각 3위와 4위를 차지했다. 트립어드바이저는 세계적인 유명 여행 커뮤니티로, 매달 3000만 명이 넘는 이용자들이 세계 각지의 여행정보를 얻는 곳이다.

루브르 박물관 앞마당에 있는 루이 14세 동상

루브르 박물관 앞뜰에
유리 피라미드를 만들 때 파리
사람들의 반대가 심했다. 지금은
유리 피라미드가 없는
루브르 박물관을 생각할 수 없을
정도로 루브르의 명물이 되었다.

루브르에 있는 모든 전시물을 보려면 꼬박 35일이 걸린다고 한다.

1980년대 초반에 들어서면서 루브르 박물관은 엄청난 양의 예술품을 전시할 공간을 확보하기 위해 건물 전체에 걸쳐 대대적인 개조작업을 벌였다. 미테랑 대통령이 1981년에 루브르의 전시공간과 편의시설 확충을 위해 발표한 '그랑 루브르 프로젝트(Grand Louvre Project)'가 그것이다. 'ㄷ' 자형 박물관 건물에 있는 안마당을 파서 지하 공간을 만들고 여기에 출입구를 새로 지었으며, 출입구를 덮기 위해 높이 23m의 유리 피라미드를 만들었다. 프랑스혁명 200주년을 기념하여 1989년에 세워진 이 유리 피라미드는 처음에는 강한 찬반양론을 불러일으켰지만 지금은 루브르의 명물로 자리 잡게 되었다. 유리 피라미드는 박물관 안으로 들어가는 주 출입구다.

루브르는 그 명성만큼이나 훌륭한 전시물을 갖춘 박물관이다. 많은 관광객들이 유명하고 대표적인 작품만 찾아보고 가지만, 조금 더 시간과 열정을 가지고 둘러보면 정말 다양한 보물들을 만날 수 있다. 특히 많은 관람객들의 관심을 끄는 것은 나폴레옹 3세의 아파트다. 엄청나게 호사스러웠던 나폴레옹 3세였기 때문에 파리에 머무를 때 썼던 아파트는 대단히 화려하다. 온통 금빛으로 빛나는 실내 디자인과 부담스러울 정도로 큰 샹들리에가 눈길을 사로잡는다.

화려하기 그지없는 왕관도 루브르의 멋진 볼거리 중 하나다. 그중 보석의 향연이라고 할 수 있는 루이 15세의 왕관이 돋보인다. 나폴레옹의 황비이자 오스트리아 공주였던 마리 루이스의 작고 아름다운 왕관도 눈길을 끈다. 루브르는 오랜 시간 동안 궁전으로 쓰였기 때문에 건물 구경도 의미가 있다. 왕가의 사람들이 살았던 방 천장화도 놓칠 수 없는 볼거리다. 보티첼리의 프레스코화는 루브르의 대표적인 그림 가운데 하나다.

# 프랑스의 영광을 상징하는
# 개선문
# Triumphal Arch

'파리' 하면 떠오르는 것 가운데 하나가 '샹젤리제 거리'. 파리를 대표하는 이 거리는 프랑스를 대표하는 명품을 파는 상점들과 유명한 카페들이 모여 있어 파리의 화려한 문화를 피부로 느낄 수 있다. 나폴레옹의 승전을 기념한 개선문은 샹젤리제 거리 끝자락의 샤를 드골 광장에 있다.

PLACE
CHARLES DE GAULLE

## 패션과 유행이 시작되는 샹젤리제 거리

파리의 중심축인 시테 섬에서 서북쪽으로 뻗어나간 길은 루브르 박물관 앞에서 바스티유 광장에서 나온 한 줄기의 길과 만난다. 루브르 박물관 앞 카루젤 개선문에서 서쪽으로는 큰 대로가 이어진다. 루브르 광장과 튈르리 정원을 지나면 유럽에서 가장 큰 광장이자 오벨리스크가 있는 콩코드 광장에 이른다. 이곳에서부터 샹젤리제 거리가 시작된다. 샹젤리제는 파리를 대표하는 거리이기 때문에 파리를 찾아온 사람들이 잊지 않고 들르는 관광 명소다. 여름에는 푸른 가로수들이, 겨울에는 화려한 전구 장식이 관광객들을 낭만의 길로 인도하고 있다.

'샹(champs)'은 앞마당, '엘리제(élysées)'는 천국이라는 뜻으로, '샹젤리제'는 '천국의 앞마당'을 의미한다. 현재 프랑스 대통령 관저로 사용되는 엘리제 궁이 바로 이 길에 자리하고 있다. 센 강 우안 지역에 있는 샹젤리제 거리는 1667년 이전까지 센 강이 범람할 때면 항상 피해를 입던 습지대였다. 그러나 제방을 쌓고 숲을 조성하는 등 치수 사업을 벌여 아름다운 거리로 바뀌었다. 지금의 샹젤리제 거리는 19세기에 완성되었다.

콩코드 광장에서 출발해 개선문으로 유명한 샤를 드골 광장에 이르는 길 양쪽에는 마로니에, 플라타너스 등의 가로수가 울창하다. 동쪽에 너비 300~400m, 길이 700m의 산책용 공원이 있다. 서쪽은 귀족의 저택이 많았던 곳이었으나 현재는 호텔, 레스토랑, 카페, 영화관, 상점들이 늘어서 있다.

샹젤리제 거리는 큰 규모의 스포츠 행사가 있거나 역사적인 날이 되면 이를 기념하는 행사가 벌어지는 의미 있는 장소다. 세계에서 가장 큰 규모의 자전거대회인 투르 드 프랑스(Tour de France)의 결승점이 샹젤리제 거리가 시작되는 콩코드 광장에 있다. 프랑스 전역을 달려온 선수들이 샹젤리제 거리를 지나 개선문 앞까지 온 뒤 다시 샹젤리제 거리를 달려 콩코드 광

∴Travel Tip **그랑팔레와 프티팔레(Grand & Petit palais)** 샹젤리제 거리 중간에 있는 건축물. 에펠탑, 알렉산드로 3세 다리와 함께, 1900년에 개최된 파리 만국박람회를 기념하여 건립했다. 그랑팔레는 건축 당시부터 그 시대를 휩쓸었던 아르누보 양식으로 주목을 받았다. 건물 앞에는 이오니아 양식의 둥근 기둥이 서 있고, 모서리에는 마차 석상이 아래를 내려다보고 있다. 높이 43m의 지붕은 유리 돔 형태이다. 지금은 미술관과 박물관으로 사용되고 있으며 미술관 내부에는 '발견의 궁'으로 불리는 과학박물관이 있다. 프티팔레는 그랑팔레와 길 하나를 두고 마주 보고 서 있는 건물로, 파리시 미술관으로 이용되고 있다. 주로 전시되는 작품은 중세와 르네상스 미술작품이다. 18세기 장식미술에 중점을 둔 컬렉션들도 전시되고 있다.

유행이 시작되는 패션의 거리 샹젤리제

나폴레옹이 아우스터리츠 전투에서의 승리를 기념하기 위해 만들기 시작한 개선문. 로마에 있는 티투스 황제의 개선문을 그대로 본떠 설계되었으며 30년이 지나서야 완공되었다.

장의 결승선을 통과하게 된다. 파리 마라톤 대회의 출발점과 결승점도 샹젤리제 거리에 있으며 프랑스혁명 기념일 행사도 샹젤리제 거리에서 벌어진다.

샹젤리제는 프랑스뿐만 아니라 세계를 대표하는 패션과 유행의 거리다. 상점들의 면면을 보면 구찌, 루이비통, 지방시, 샤넬, 프라다 등 프랑스를 대표하는 수많은 명품 매장이 대로변과 골목길에 자리 잡고 있다. 전 세계에서 가장 큰 향수 판매점 세포라도 이곳에 있다.

### 프랑스 역사의 영광을 상징하는 개선문

파리를 여행하다 보면 나폴레옹과 관련된 역사적인 장소나 건축물들을 많이 만나게 된다. 코르시카 섬 출신에 보잘 것 없는 체구의 나폴레옹이었지만 프랑스 역사에 큰 흔적을 남긴 영웅이었다는 사실을 눈으로 확인할 수 있다. 샹젤리제 거리가 끝나는 샤를 드골 광장 한가운데에 만들어진 개선문도 나폴레옹의 큰 발자취를 느낄 수 있는 명소다.

샤를 드골 광장은 지름 240m의 원형 광장이다. 원래 에투알 광장이었지만 지금은 샤를 드골 광장으로 이름이 바뀌었다. 에투알(etoile)은 '별' 혹은 '방사형'의 의미를 지니고 있다. 샹젤리제를 비롯해 12개의 큰길이 이곳으로부터 출발하는데, 공중에서 보면 별 모양으로 길이 뻗어나가기 때문에 이런 이름이 붙었다. 샤를 드골 광장의 한가운데 있는 개선문은  프랑스 역사의 영광을 상징하고 있다.

개선문은 나폴레옹이 독일, 오스트리아, 이탈리아 연합군과 맞서 전쟁을 벌였을 때 아우스터리츠 전투에서 승리하고 난 뒤 이를 기념하기 위해 1806년 건설하기 시작했다. 장 프랑수아 샬그랭이 설계하고 30년이 지난

1836년에 완공된 개선문은 로마에 있는 티투스 황제의 개선문을 참고하여 만들어졌다. 그러나 나폴레옹은 살아있을 때 이 개선문의 완공을 보지 못했다. 워털루 전투에서 패배한 뒤 유배지인 세인트헬레나 섬에서 1821년 5월 5일 사망했으며, 개선문 완공 이후인 1840년 12월 15일 시신이 파리로 이송되면서 비로소 개선문을 지나게 된다.

개선문은 폭 45m, 높이 50m의 거대한 구조물로, 벽면에 각종 전쟁의 승리를 기념하는 부조가 조각되어 있다. 1920년 이후에는 제1차 세계대전에서 전사한 무명 용사의 묘를 중앙 아치 아래 만들었다. 영원히 타오르는 불로 전투에 나가 산화한 무명용사들의 위대함을 기리고 있다. 개선문 위로는 입장료를 내고 엘리베이터를 이용해 올라갈 수 있다. 고층건물이 없는 곳에 우뚝 서 있는 개선문 옥상에서는 파리를 대표하는 관광 포인트를 내려다볼 수 있다. 동쪽으로 콩코드 광장과 루브르 박물관, 남쪽으로는 에펠탑, 서쪽으로는 라데팡스가 손에 잡힐 듯 보인다.

샹젤리제 거리가 본격적으로 시작되는 콩코드 광장

## 파리를 상징하는 대표 건축물 **샤요 궁**

# *Palais de Chaillot*

**파리를 상징하는 대표 건축물 가운데 하나인 샤요 궁. 에펠탑에서 내려다보는 샤요 궁은 유난히 아름답다. 샤요 궁은 에펠탑을 조망하기 가장 좋은 곳으로 소문나 있다.**

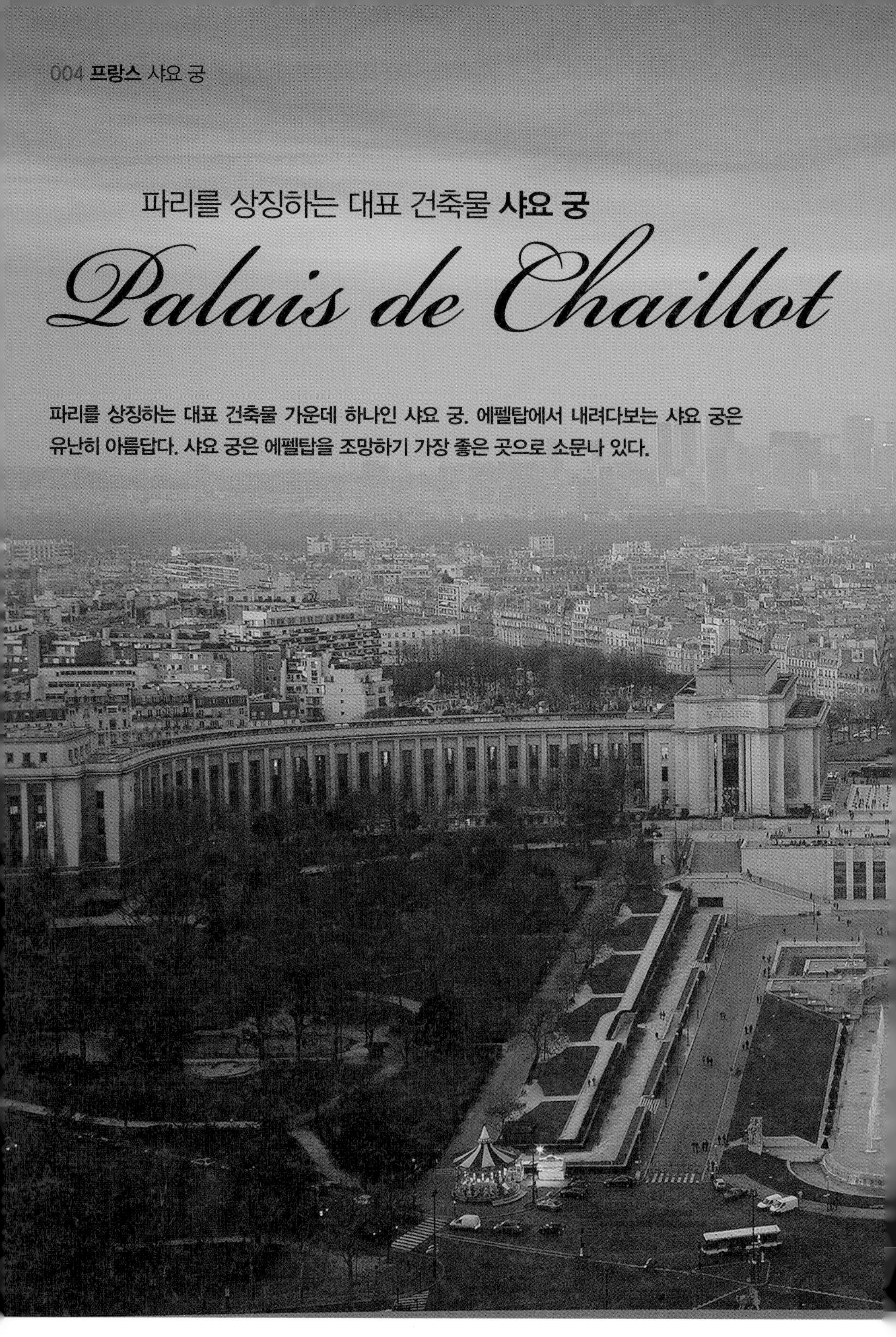

동서로 길게 늘어서 있는 샤요 궁의 동쪽 건물은 프랑스 기념박물관이다. 서쪽 건물에는 인류박물관과 해양박물관이 있다.

에펠탑에 오르기 전에 미리 에펠탑 전경을 보려면 샤요 궁을 찾는 것이 좋다. 샤요 궁은 에펠탑을 보기에 가장 좋은 장소로 에펠탑을 배경으로 한 CF들도 이곳에서 많이 촬영되었다. 샤요 궁은 1878년의 박람회를 위해 만든 트로카데로 궁을 1937년 만국박람회 때 전시관으로 이용했던 곳이다. 1948년 제3회 국제연합총회 회장으로 사용되기도 했던 역사적인 건물이다. 조각상들이 늘어서 있는 중앙광장 아래에는 약 3,000명을 수용할 수 있는 샤요 극장이 있다.

동서로 길게 늘어서 있는 샤요 궁의 동쪽 건물은 프랑스 기념박물관이다. 이 안에는 건축 · 조각 · 벽화 등 뛰어난 수집품과 모형이 소장되어 있다. 서쪽 건물에는 인류박물관과 해양박물관이 있다. 인류박물관 안에는 세계 각국의 인류학 · 민속학 수집품이 진열되어 있으며 해양박물관에는 프랑스 해군 및 상선의 발전사 자료들이 전시되어 있다. 1991년 센 강 일대는 '센

∴Travel Tip **샤요 궁은 셀카 포인트?** SNS에서 여행자들의 셀카 게시가 가장 활발하게 일어난 곳이 파리의 에펠탑이라는 이야기가 있다. 그렇다면 에펠탑을 함께 담을 수 있는 셀카 포인트는 어디일까? 바로 샤요 궁이다. 이곳에선 에펠탑과 이에나 다리, 센 강 모두를 화각이 좁은 휴대폰 카메라에 담을 수 있기 때문이다. 그다음으로 좋은 곳은 에펠탑을 중심에 놓고 보았을 때 샤요 궁 반대편에 있는 샹 드 마르스 공원이다. 잔디밭이 융단처럼 깔려 있고, 공간이 넓어 에펠탑을 손 위에 놓고 찍을 수 있다. 오후 9시부터 매 정시에 5분간 조명쇼가 펼쳐지는 에펠탑을 만나보려면 샤요 궁이나 샹 드 마르스 공원으로 가면 된다.

강변의 파리'란 이름으로 세계문화유산으로 등록되어 보존되고 있다. 저녁이 되어 에펠탑에 조명이 들어오기 시작하면 샤요 궁 발코니에서 에펠탑이 시시각각 변하는 모습을 감상하는 것 또한 색다른 즐거움이다.

샤요 궁에서 에펠탑으로 건너가려면 이에나 다리를 건너야 한다. 센 강을 가로지르고 있는 이 웅장한 다리는 1806년 프러시아와의 전쟁에서 승리하자 나폴레옹이 건설을 명령했으나 그의 실각과 함께 건축이 늦춰졌다. 다리가 건설된 후에도 여러 차례 파괴되는 고난을 겪었던 인고의 다리다. 많은 사람들이 에펠탑을 감상하며 건너는 이 다리의 교각에는 독수리 부조가 새겨져 있다.

샤요 궁 발코니에서 에펠탑이 시시각각 변하는 모습을 감상하는 것 또한 색다른 즐거움이다.

# 파리의 상징 **에펠탑**

# *Eiffel Tower*

파리의 대표 건축물 가운데 하나인 에펠탑은 20세기 산업사회를 상징하는 기념비적인 작품으로 평가받고 있다. 에펠탑에서 내려다보는 파리의 야경이 유난히 아름다워 밤에도 찾는 사람이 많다. 샤요 궁은 에펠탑을 조망하기 가장 좋은 곳으로 소문나 있다.

파리의 대표 명물 에펠탑.
처음 세워질 때는 안전성과 외관 때문에 거친 반대에 부딪혔으나 차츰 호감과 관심을 얻기 시작했다. 자주 보면 차츰 좋아지는 '에펠탑 효과'라는 용어도 에펠탑에서 나왔다.

파리 관광의 중심이 되는 에펠탑은 비교적 일직선으로 흐르던 센 강이 남서쪽으로 굽어지는 곳에 세워져 있다. 에펠탑은 320m의 철근을 노출시킨 격자형 철탑으로 1889년의 프랑스혁명 100돌 기념 파리 만국박람회를 위해 만들어졌다. 탑의 이름은 이 탑을 세운 프랑스 건축가인 구스타브 에펠의 이름에서 유래한다. 안전성과 외관에 회의를 가졌던 시민들의 거친 반대에도 불구하고 세워진 에펠탑은 1909년 박람회의 사용권이 만료되었을 때 철거될 위기에 빠졌으나, 라디오 방송을 위한 안테나로서의 가치 때문에 그대로 남겨지게 되었다. 텔레비전 방송이 시작되면서 전파 송출을 위해 원래 300m이던 탑 높이를 18.4m 더 높이기도 했다.

처음 에펠탑이 세워질 때에만 해도 사람들은 곱지 않은 눈으로 바라보았다. 지금까지 보지 못했던 모양에, 높이도 이집트의 가장 큰 피라미드보다 2배나 높았기 때문이다. 하지만 에펠은 적은 노동력과 싼 비용으로 25개월 만에 이 탑을 세워버렸다. 당시에는 1만 8000개의 철근으로 된 대들보와 250만 개의 리벳으로 조립해 나가는 첨단공법을 도입했는데, 더운 여름에는 철근이 12cm가 늘어나고 바람이 불면 좌우로 흔들리는 것까지 계산했다. 모두 3개 층으로 만들어진 에펠탑의 가장 높은 층으로 올라가면 맑은 날에는 64km 이상 떨어진 곳까지 볼 수 있다.

∴Travel Story **에펠탑과 모파상** 에펠탑은 1889년에 파리 만국박람회를 위해 세워졌는데, 박람회 이후 철거해야 한다는 지식인들의 주장 때문에 몸살을 앓았다. 많은 파리 시민들이 에펠탑이 파리의 미관을 훼손하는 흉물스런 건축물이라고 생각했기 때문이다. 특히 모파상은 에펠탑 1층 식당에서 식사를 자주 했는데 그 이유가 에펠탑이 보이지 않는 곳에서 식사를 하기 위해서였다. 어느 날 종업원이 "선생님은 에펠탑을 무척 사랑하시나 봅니다. 하루가 멀다 하고 이곳에 오시다니…" 하자 모파상이 "이 꼴 보기 싫은 탑이 안 보이는 곳이 여기 말고는 없지 않은가!"라며 불같이 화를 냈다는 일화가 전해진다.

에펠탑 아래부터 육군사관학교까지 이어지는 산책 공간, 샹 드 마르스 공원

에펠탑은 '에펠탑 효과'라는 용어도 만들어 냈다. 탑을 세울 당시 파리 시민들은 고층건물이 거의 없는 파리에서 높이 솟은 흉물스런 철탑이 우아한 도시의 이미지를 망친다는 이유로 반대를 했다. 파리 시내의 어느 곳에서나 보이는 에펠탑을 처음에는 싫어하거나 혹은 무관심했으나 차츰 에펠탑에 호감을 가지게 되어 에펠탑이 철거 위기로부터 벗어나게 되었다. 이러한 현상을 에펠탑 효과라고 하는데, 자주 보면 좋아지고 긍정적인 견해를 가지게 되는 현상을 통칭하는 용어로 자리 잡게 되었다.

에펠탑 아래에서 남쪽에 있는 육군사관학교까지 이어지는 너른 공간도 인상적이다. '마르스(전쟁의 신)의 들판' 혹은 '3월의 들판'이라는 뜻의 '샹 드 마르스'로 불리는 이 공간은 파리 사람들이 휴일 오후에 산책을 많이 한다.

에펠탑에서 센 강 서편으로 해가 지는 시간. 센 강 유람선이 한가롭게 오가고 기품 있는 도시 위로 황금빛 저녁놀이 장막을 치기 시작한다. 에펠탑에서만 만날 수 있는 파리의 낭만 가득한 풍경이다.

## 파리 언덕마을 **몽마르트르**

# *Montmartre*

**몽마르트르는 언제 가도 '파리스러운' 분위기가 넘치는 곳이다. 어디서나 파리 특유의 분위기를 담고 있는 거리 풍경부터, 진한 에스프레소 커피 한 잔을 앞에 두고 생각에 잠겨 있는 노천카페의 사람들과 거리의 화가들로부터 파리의 낭만을 찾을 수 있다.**

보불전쟁에서 패한 프랑스 정부가 전사한 군인들의 영혼을 위로하기 위해 세운 성심 성당. 진정한 신이자 인간인 예수의 성심에 바쳐진 성당이기도 하다.

파리 북쪽에 위치한 언덕 마을 몽마르트르. 높이 130m의 작은 동산에 불과하지만 파리 시내 대부분이 내려다보인다. 파리가 분지에 자리 잡고 있기 때문이다. '몽마르트르'라는 지명은 '순교자의 산(Mont des Martyrs)' 혹은 '머큐리 산(Mont Mercure)'에서 유래한 것으로 알려져 있다. 20세기 초까지만 해도 뜨거운 태양 아래 자라는 포도밭과 밀밭, 석고 광산이 여기저기 있는 목가적인 곳이었다.

한때 30여 개의 풍차가 몽마르트르의 스카이라인을 만들었던 아름다운 시절도 있었다. 그러나 급격히 도시화가 진행되면서 가난한 사람들이 모여 사는 곳으로 변했고 가난한 예술가들의 보금자리로 자리 잡았다. 피카소가 청년 시절이던 1904년부터 1909년까지 〈아비뇽의 처녀들〉을 그린 곳이고, 모딜리아니 등 미술사를 장식한 대가들이 둥지를 틀었던 곳이기도 하다. 지금 몽마르트르는 가난한 거리 화가들이 이젤을 펴고 마음속에 담아두었던 풍경을 되새김질하듯 천천히 화폭으로 옮기는 풍경이 낯설지 않은 곳이다. 얼마짜리 초상화인지 모르지만 삶을 위해 붓질을 하는 사람들이 자연스러워 보이는 곳이기도 하다.

몽마르트르 언덕 위를 지키며 관광객을 맞이하고 있는 것은 '사크레 쾨르 사원'이라 부르는 성심 성당이다. 프랑스가 프러시아와 벌인 보불전쟁에서

∴Travel Story **파리 사람들의 생활이 시작되는 카페** "프랑스 사람은 자기 마누라보다 단골카페에 더 충실하다"라고 어느 파리 시민이 털어놓을 만큼 카페는 가난한 사람들의 응접실, 동네의 클럽, 학생들의 제2의 집이다. 때문에 그곳에서 편지를 받고 전화 전갈을 받는 사람들도 많다. 카페에도 범절이 있다. 우선 과음은 할 수 없다. 손님이 술을 다시 청하면 웨이터는 먼저 마신 잔의 컵받침은 그대로 두고 새 컵받침을 가져다 그 위에 포갠다. 잔 수를 세기 위해서다. 사람들끼리 서로 무릎이 닿을 정도로 붐비는 수가 있어도 남의 대화를 엿듣는 사람은 아무도 없다. 세 번 찾아가고 나서야 주인과 악수한다. 어떤 남자가 여자와 함께 들어오면 그는 동행한 여자에게만 미소를 지어 보일 수 있다.

패한 후 정부는 프랑스가 다시 일어서기를 기원하는 마음에서 성당을 지어 진정한 신이자 인간인 예수의 성심(聖心)에 바쳤다. 보불전쟁에서 전사한 5만 8000여 명의 영혼을 위로하기 위해 세운 성당이기도 하다. 1885년부터 경배의 행렬이 밤낮으로 줄을 잇는 순례자들을 맞이하고 있다.

성심 성당의 하얀 돔과 아름다운 파리 시가지를 뒤로 하고 성당 왼편으로 돌아가면 초상화가들의 거리 테르트르 광장이 나타난다. 파리의 유명한 관광지 중 하나로, 이곳을 뺀 몽마르트르는 상상할 수 없을 정도다. 관광객들에게 초상화를 그려주는 화가의 모습을 자주 발견할 수 있다. 광장에는 등용을 원하는 젊은 화가들과 예술가들이 모여들며, 각기 서로 다른 개성을 연출하는 사람들로 붐비는 예술가의 광장이다.

오늘날 몽마르트르는 주거지역이기도 하면서 역사, 문화의 중심지역이다. 오래된 파리의 전형적인 골목길을 거닐기 위해 몽마르트르를 방문하는 여행객이 여전히 줄을 서고 있다. 이곳에서 그림을 그리는 무명화가들을 볼 수 있고 영화 촬영 현장을 발견할 수도 있다.

몽마르트르 언덕 아래에 있는 파리의 대표적인 유흥가 물랭 루즈

## 파리의 사연들을 찾아가는 **센 강의 다리** 여행

# *Pont rivière Seine*

**파리를 관통하며 흐르는 센 강은 파리 관광의 중심이다. 따라서 센 강에 있는 다리를 찾아가는 여행은 파리에 얽힌 많은 사연을 찾아가는 여행이 된다. 파리의 예술, 역사와 궤적을 같이한 센 강의 다리는 세계문화유산으로 등재돼 있어 문화유산을 찾아가는 코스로도 손색이 없다.**

### 파리 관광의 시작은 퐁네프 다리에서

파리의 관문 샤를드골 공항에서 시내로 들어오는 RER B선 열차를 타면 파리를 찾는 관광객이 여전히 많다는 사실을 눈으로 확인할 수 있다. 오랜 비행에 시달려 피곤한 얼굴이지만 유럽의 대표적인 낭만도시를 이제 찾았다는 설렘에 눈빛을 반짝이는 사람들로 가득하다. 자주는 아니지만 유명한 배우가 주인공을 맡은 영화의 촬영지 가운데 하나가 파리이고, 명장면이 센 강의 다리 위에서 촬영됐다면, 그 다리는 기름에 물 붓듯 새로운 관광객을 불러 모은다.

센 강 위에 걸려 있는 다리는 약 30여 개. 저마다 개성과 사연이 다르다. 그 많은 다리 가운데 몇 개만 골라 걸어도 파리의 근현대사와 파리지엔의 흔적을 느낄 수 있다. 파리를 찾아오는 사람들에게 센 강의 몇몇 유명한 다리는 꼭 찾아가고픈 절실한 여행 테마가 되는 것이다. 관광객들은 센 강의 다리들을 다양한 방법으로 즐긴다. 다리 위를 가로지르거나 강변을 따라 거닐며 다리와 도시가 만들어내는 실루엣을 감상하기도 한다. 유람선을 타고 지나면 다리에 얽힌 이야기를 들으며 지나간 세월까지 더듬을 수 있다.

파리를 찾은 관광객들이 가장 많이 건너는 다리는 생 미셸 다리와 퐁네프 다리 등이다. 파리가 태동한 시테 섬과 센 강변을 잇고 있기 때문이다. 파

∴Travel Story **미라보 다리와 아폴리네르** '시간이 흐르고 세월이 지나도/ 흐르는 시간과 떠난 사랑은 돌아오지 않고/ 미라보 다리 아래 센 강은 흐른다'

젊은 시인 기욤 아폴리네르(Guillaume Apollinaire, 1880~1918)는 절도범이 그림 감정을 하러 왔기에 꾸짖은 후 놔두고 간 그림을 돌려주러 갔다가 범인으로 몰렸다. 결국 무혐의로 풀려났지만 사랑하는 여인으로부터 절교를 당하고 친구 샤갈의 아틀리에에서 신세 한탄을 하며 밤새 술을 마셨다. 해 뜰 무렵 집으로 돌아가다 센 강을 지나면서 지은 시가 바로 「미라보 다리」다. 제1차 세계대전에 참전해 다친 후 당시 대유행하던 스페인 독감에 걸려 사망했다.

'오래된 다리'이지만 '새로운 다리'로 불리는 퐁네프 다리

리를 찾는 사람들이 가장 많이 들르는 노트르담 사원과 먹자골목이 있는 라탱 거리, 낭만 가득한 강변 산책코스가 있는 말라케 강변 등을 방문하려면 이 두 다리를 건너야 한다. 특히 생 미셸 다리는 소르본 대학이 있는 예술가의 거리를 잇고 있어 파리의 예술과 역사와 묶어주는 소중한 역할을 한다.

시테 섬을 연결하는 퐁네프 다리는 파리에서 가장 오래된 다리다. '퐁네프'는 프랑스어로 '새로운 다리'를 뜻하는데 그 이유는 다리를 만들 당시 새로운 양식을 도입해 지었기 때문이다. 이미 세월은 흘렀지만 다리 이름은 여전히 그대로 남아 있어 '오래된 다리'가 '새로운 다리'로 불리는 시간의 아이러니가 존재한다. 이 다리는 '연인의 다리'로 잘 알려져 있다. 영화 〈퐁네프의 연인들〉은 퐁네프에서 노숙하는 남자와 시력을 잃어가는 여인의 운명적 사랑을 담고 있다. 이 영화가 유명해진 뒤 퐁네프 다리는 연인들이 사랑을 속삭이기 위해 찾는 명소가 됐다. 영화를 만든 레오 까락스 감독은 영화 촬

이 다리를 건너면 콩코르드 광장이 시작된다.

영을 위해 파리시에 다리 위 교통 통제를 요청했으나 거절당하자 별도의 세트를 지어 촬영을 강행했다는 이야기가 전해진다.

### 영화와 시의 무대가 된 다리들

비라켕 다리는 파리에서 가장 아름답거나 오래된 다리는 아니지만 영화를 사랑하는 사람들에게는 특별히 관심이 가는 다리다. 〈파리에서의 마지막 탱고〉 (1972) 등 오래된 영화부터 〈인셉션〉(2010) 등 많은 영화 속 배경으로 등장했다. 에펠탑에서 멀지 않은 곳에 있다. 머리 위로 열차가 지나가고 아래로는 센 강 유람선이 지나가는 독특한 구조다.

센 강의 여러 다리 가운데 가장 걷기 좋은 다리는 어딜까? '예술의 다리'라는 이름의 퐁데자르는 보행자 전용 다리다. 다리 위에는 거리의 화가와 음악가들이 몰려들어 공연장이 되고 전시장이 된다. 해가 지고 어둠이 슬그머니 찾아오면 병에 담긴 와인을 기울이는 젊은이들이 모여들기 시작한다.

건설된 지 200년 이상 된 퐁데자르는 오랫동안 파리의 예술가들에게 사랑을 받아왔다. 카뮈, 사르트르, 랭보 등이 즐겨 찾던 곳으로, 이들은 다리 위에서 센 강을 바라보며 숱한 작품을 구상했다. 난간에 시집 한 권 들고 고독을 씹으러 오는 청춘들이 유독 많은 데는 이유가 있다.

강 하류 쪽으로 더 내려가는 곳에 있는 미라보 다리는 시 한 편으로 유명해졌다. 아폴리네르의 '미라보 다리 아래 센 강은 흐르고'라는 시구(詩句)는 미라보 다리를 단번에 센 강의 대표적인 다리로 만들어버렸다. 1890년경에 지어진 이 다리는 이전의 돌다리나 나무다리와는 달리 철제로 건축됐다. 또 파리의 고풍스런 구시가를 연결하기보다 현대풍의 건물들 사이에 위치하고 있어 100년이 훌쩍 넘은 다리지만 아직도 충분히 현대적이다.

1856년 나폴레옹 3세 때 크림전쟁의 승리를 기념하기 위해 건립됐던 알마 다리는 센 강을 오가는 유람선 바토무슈의 승선장 부근에 있어 쉽게 찾아

갈 수 있는 곳이다. 재미있는 것은 다리 교각에 크림전쟁 때 공을 세운 군인들의 동상이 있는데 예전에는 이 동상이 홍수 때 수위 측정 용도로 사용됐다는 점이다. 교각 동상의 발목까지 수위가 오르면 강변도로가 폐쇄됐고 허벅지에 이르면 강 위로 배가 다닐 수 없었다고 한다. 다이애나 왕세자비가 다리 밑 지하도에서 일어난 교통사고로 사망해 더욱 유명해지기도 했다. 다리 초입 레지스탕스를 기념하는 불꽃 모양의 동상은 다이애나 추모비처럼 이용되고 있다.

서울의 한강처럼 파리 시내 한가운데를 가로지르는 센 강은 한 잔의 시원한 '에비앙 샘물' 같은 구실을 하고 있다. 하루 종일 바쁠 것 없다는 듯 한가롭게 오가는 유람선을 타고 파리의 하늘 아래 있음을 실감해보는 느낌은 정말 특별하다.

# **센 강 유람선**을 타고 파리의 역사를 엿보다

*Bateaux Mouches*

Corinth
Musée d'Orsay
ACTE
P15802

파리를 찾는 사람들은 유람선을
타고 센 강을 오르내리면서 파리를
대표하는 유서 깊은 건물이나
다리를 구경하기도 한다.

파리는 생각보다 작다. 모든 경계선이 노트르담 대성당으로부터 직선으로 9.6km를 넘지 않는다. 도시의 대부분은 센 강이 감돌아 나가면서 만들어 놓은 우묵한 저지대에 형성되어 있다. 센 강은 파리 시가지를 관통하면서 뱀처럼 구불구불한 곡선 형태로 흐른다. 이 12.8km의 구간이 파리 시내를 둘러싸고 있는 센 강은 도로면보다 약 10m 낮은 곳을 흐르고 있다.
파리를 찾는 사람들은 센 강을 다양한 방법으로 즐긴다. 다리 위를 가로지르거나 센 강가의 산책로를 따라 거닐며 강과 다리, 도시가 만들어내는 매혹적인 실루엣을 감상하기도 한다. 그리고 유람선을 타고 센 강을 오르내리며 파리를 대표하는 유서 깊은 건물이나 다리를 구경하기도 한다. 파리를 가로질러 흘러온 센 강이 파리의 역사적인 유적지와 잘 어우러지는 모습을 보면서 파리의 험난한 과거와 함께 세월까지 더듬을 수 있다.
센 강에 유람선을 띄우는 회사는 여럿 있다. 예전에는 크고 작은 유람선들이 있었지만 지금은 4개 정도의 유람선 회사가 영업 중이다. 파리를 여행하는 사람들이 주로 이용하는 유람선은 바토무슈(Bateaux Mouches)와 바토파리지엥(Bateaux Parisiens). 이 두 회사는 수백 명이 동시에 탑승할 수 있는 대형 유람선이 여러 대 있어 언제 찾아가도 오래 기다리지 않고 유람선을 탈 수 있다. 파리를 찾는 여행객들의 대부분은 짧은 시간에 많은 곳을 구경 다녀야 하는 상황이기 때문에 이 두 회사의 유람선을 주로 이용한다.

∴Travel Tip **특별한 셔틀 유람선 바토뷔스** 바토뷔스(Batobus)는 파리의 주요 관광지를 운행하는 오픈투어버스를 센 강으로 옮겨왔다고 생각하면 꼭 맞는 유람선이다. 셔틀 형태로 운행되는 이 유람선은 24시간권, 48시간권이 있고 유효기간 안에 무제한 탑승이 가능하다. 에펠탑, 오르세 미술관, 노트르담 대성당, 시청사, 루브르 박물관 등 주요 관광지에서 자유롭게 타거나 내릴 수 있어 센 강 유람과 주요 관광지를 자세히 돌아볼 수 있는 장점이 있다. 각 구간별로 약 5~15분 정도씩 소요된다.

바토무슈는 우리에게 가장 많이 알려진 센 강 유람선이다. 패키지 상품을 이용한 여행객들이 주로 이용하기 때문에 파리 여행을 한 사람들 중에는 센 강 유람선을 일컫는 말이 바토무슈인 줄 아는 경우도 있을 정도다. 한글 홈페이지도 갖추고 있어 예약이나 운항정보 등을 미리 확인해볼 수 있다. 바토무슈가 출발하는 선착장은 나폴레옹 3세 때 크림전쟁의 승리를 기념하기 위해 건립됐던 알마 다리 동북쪽에 있다. 약 1시간 정도 센 강을 따라서 유람하면서 루브르 박물관, 오르세 미술관, 노트르담 사원, 에펠탑 등 강변을 따라 늘어서 있는 파리 시내의 주요 명소들의 외관을 관람할 수 있다. 경쟁하는 바토파리지앵과 달리 하류 쪽의 자유의 여신상까지 돌아오기 때문에 자유의 여신상까지 보려면 바토무슈를 타야 한다.

바토파리지앵은 에펠탑 바로 앞에 위치한 이에나 다리의 선착장에서 이용할 수 있다. 샤요 궁과 에펠탑을 관광한 후 바로 탑승할 수 있다는 장점이 있다. 또 7가지 유람선이 있어 골라 타는 재미도 색다르다. 센 강변을 거슬러 올라갔다가 생 루이 섬을 돌아 내려오는 동안 눈앞에 펼쳐지는 명소들에 대한 설명과 음악이 제공되는 개인 헤드셋이 준비되어 있다.

센 강 유람선을 타면 유명한 다리들을 대부분 만날 수 있다.

기차역을 개조하여 만든 오르세 미술관에는 세잔 · 마네 · 모네 · 르누아르 · 고흐 등 우리에게 친숙한 인상파 · 후기인상파들의 작품이 소장되어 있다. 교과서에서 본 낯익은 그림이 가득해 학창시절의 아련한 기억도 함께 떠올릴 수 있다.

기차역의 변신은 무죄? 특이한 이력의

# 오르세 미술관

# Orsay Museum

루브르와 함께 파리를 대표하는 오르세 미술관. 프랑스가 정치적으로 변화를 겪었던 1848년 2월 혁명부터 제1차 세계대전까지 기술적·정치적 변화를 거치면서 발전한 작품들이 많이 소장되어 있다.

열차의 기적소리가 끊긴 기차역. 소란스러웠던 플랫폼에 그림이 걸리고 문화공간으로 변신하였다. 이렇듯 인적이 사라진 기차역이 미술관으로 탈바꿈하는 도시가 파리다. 오르세 역은 원래 1804년 빅토르 라루에 의해 아르누보 양식으로 설계된 최고재판소 건물이다. 이후 증기기관차가 출발하는 역으로 바뀌었지만 1939년 증기기관차보다 길이가 더 긴 전동기차가 만들어지자 더 이상 역의 기능을 할 수 없게 되었다. 용도 폐기가 되어 한동안 방치되었던 오르세 역이 우여곡절 끝에 미술관으로 탈바꿈하게 된 때는 1979년부터. 이탈리아 건축가인 가에 아울렌티에 의해 지금의 미술관 형태로 개조공사를 시작해서 1986년에 개관하게 되었다.

파리를 가로지르는 센 강을 하류 쪽으로 바라보았을 때 오른쪽으로 루브르 박물관이, 반대편에는 오르세 미술관이 자리 잡고 있다. 파리를 대표하는 두 미술관은 서로 마주보고 있다. 루브르 박물관에는 르네상스 및 로코코 시대의 작품들이 주로 소장되어 있다.

타원형의 유리 천장을 통해 들어오는 태양광 때문에 맑은 날에는 미술관 건물답지 않게 밝고 산뜻하다. 역으로 이용되기에는 너무 아름다웠던 건물이라는 생각이 든다. 모두 3층으로 구성된 미술관 안에는 사실주의, 인상주

∴Travel Tip **센 강 좌안 강변 산책** 개인적인 취향에 따라 선택은 달라지겠지만 센 강의 낭만 넘치는 길보다는 활기찬 거리 모습이나 오래된 파리의 고건물(古建物)들을 바라보며 눈요기할 수 있는 제방 길을 택하는 것을 권한다. 오르세 박물관, 프랑스 학술원 등 센 강 남쪽의 오래된 건물들도 보기 좋지만 강폭이 좁아 바로 건너다보이는 루브르 궁전이 아름답기 때문이다. 오르세 박물관을 지나 로얄 다리까지 가면 서서히 강변으로 내려갈 준비를 하는 것이 좋다. 조금만 더 걸으면 센 강의 명물 말라케 강변길이 시작되기 때문이다. 만약 시간이 없어 센 강 도보여행을 즐길 수 없는 여행자라도 이 말라케 강변길만은 꼭 걸어보길 권한다. 특히 저물 무렵, 그것도 분위기 있는 가을 저녁이라면 정말 환상적인 산책길로 변한다. 이런 길을 그냥 두고 돌아온다면 두고두고 후회할지도 모른다.

**좌** 고흐의 대표작 〈오베르 교회〉 **우** 기차역 대합실이 미술관 로비로 바뀐 오르세 미술관

의, 후기 인상파들의 유명 작품이 가득하다. 학창시절 미술 교과서에서 자주 보던 작품들이 많이 전시되어 있어 친근감을 느낀다. 미술관 1층에는 주로 바르비종파 화가들의 그림이 전시되어 있다. 우리에게 친숙한 작품인 밀레의 〈이삭줍기〉나 〈만종〉도 1층에서 만날 수 있다. 마네의 〈피리 부는 소년〉, 쿠르베의 〈화가의 아틀리에〉도 감상할 수 있다. 2층에는 로댕의 대표작 가운데 하나인 〈지옥의 문〉이 있다. 3층에서는 인상파 화가들의 작품이 기다리고 있다. 고흐의 〈화가의 방〉 〈별이 빛나는 밤에〉 〈오베르 교회〉 등과 드가의 〈프리마발레리나〉, 세잔느의 〈카드놀이를 하는 남자들〉, 고갱의 〈타이티의 여인들〉 등을 감상하다 보면 시간이 어떻게 지나갔는지 모를 지경이다. 3층에는 파리 시내와 센 강이 한눈에 들어오는 테라스도 있어 잠시 쉬어가며 파리의 평화로운 풍경을 감상할 수 있다.

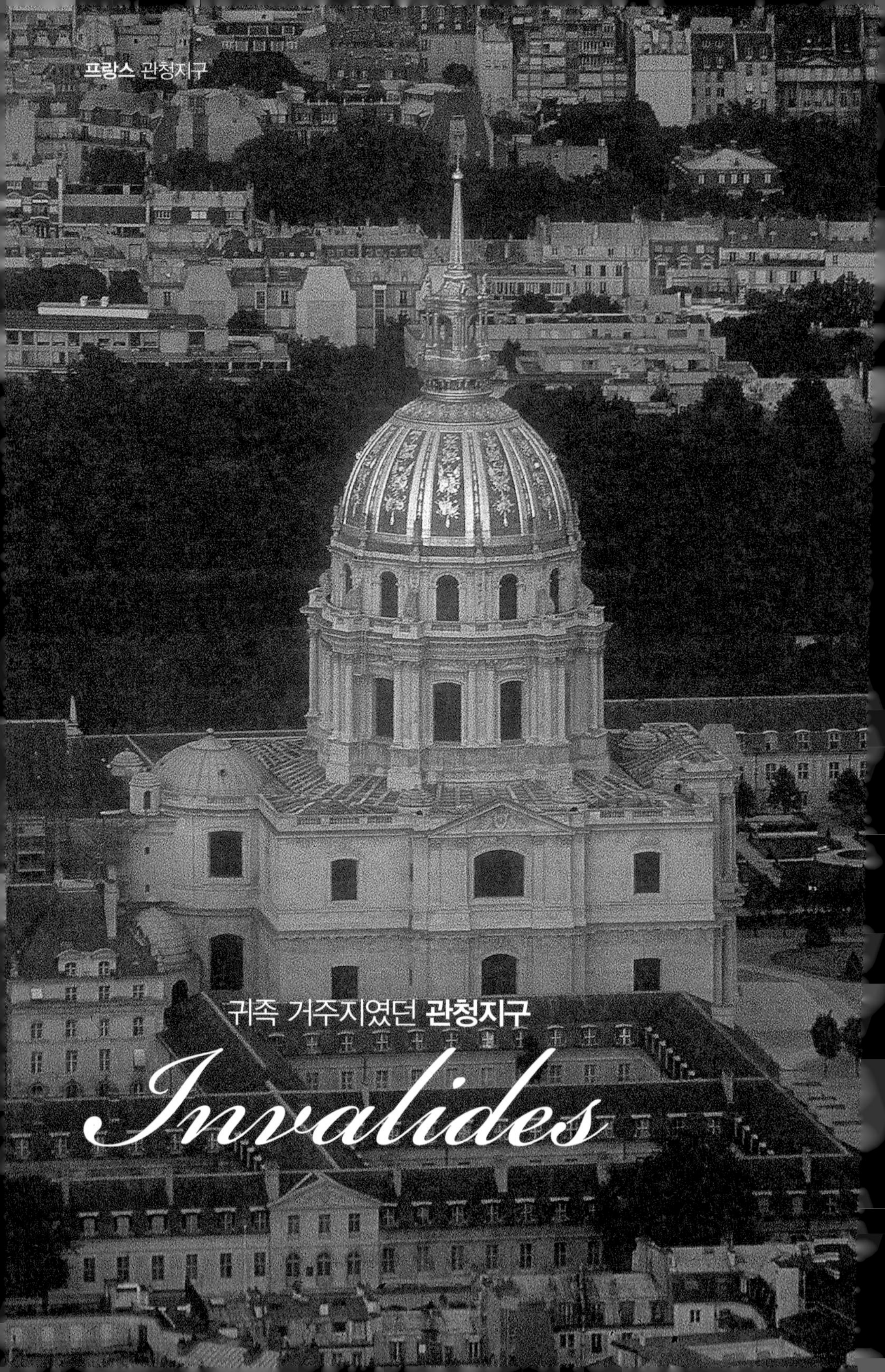

귀족 거주지였던 **관청지구**

# *Invalides*

**오래된 관청 건물이 독특한 분위기를 만들어내는 관청지구. 오르세 미술관을 찾아 왔거나 센 강 좌안 강변 산책에 나섰을 때 꼭 찾아가볼 만한 곳이다. 나폴레옹의 유해가 안치되어 있는 앵발리드가 이 지역 나들이 명소다.**

오르세 미술관 지척에 있는 제7구역은 센 강 좌안의 카루젤 다리로부터 에펠탑까지 강과 나란히 하며 길게 뻗은 곳이다. 이 지역은 원래 크고 훌륭한 대저택들이 모여 있던 귀족 주거지역이었다. 프랑스혁명이 일어난 뒤에 이 지역의 대저택들은 정부기관이나 사무실로 조성되었는데 이때부터 이곳이 파리의 '관청지구'로 알려지게 되었다. 관청지역에는 현재 지방 및 중앙정부의 다양한 기관들이 들어서 있는 아름답고 웅장한 건물들이 많아 건축에 관심 있는 사람들에게는 흥미로운 여행지가 된다.

이 구역의 건물들 가운데 가장 유명한 것은 앵발리드 광장과 국회 사이의 케도르세(오르세 강변도로)에 있는 외무부 건물이다. 나지막하고 장식이 많아 귀부인을 연상시킨다. 국회의사당은 부르봉 궁전 건물에 있는데 프랑스혁명 이후부터 이곳에 자리 잡고 있다. 이 궁전은 혁명 이후의 정권들에 의해 증축되었는데, 특히 센 강에서 보이는 그리스식 주랑(柱廊)은 1807년에 나폴레옹에 의해 만들어진 것이다.

앵발리드는 성당과 병원, 무덤 등의 다양한 기능을 가진 복합건물이다. 원래는 루이 14세의 명령에 따라 7000명의 노령 · 상이군인들의 보호시설로서 1671년에 착공해 5년에 걸쳐 만들어졌다. 병원 건물들 위로 솟아 있는 금도금된 돔이 인상적인데 생 루이 교회에 속한 것으로 알려지고 있다.

고대 로마에서 유행했던 고전양식을 적극적으로 받아들인 건축기법을 적용한 이 건물은 17세기 파리의 대표적인 건축양식이 되었다. 돔 구조물 바로 아래에는 붉은 반암(斑岩) 석관(石棺)으로 덮인 6개의 관이 있다. 관 속에 또 다른 관이 들어가 있는 독특한 6개의 관에는 1840년 세인트헬레나 섬으로부터 반환된 나폴레옹의 유해와 유물들이 들어 있다.

∴Travel Tip **뮈제 드 라르메 박물관** 전 세계에서 가장 많은 군사 관련 자료들을 전시한 박물관으로 앵발리드에 있다. 각종 무기와 화포, 공격 및 방어용 갑주 등 전쟁용구뿐만 아니라 깃발이나 제복, 전쟁의 역사를 설명하는 다양한 그림까지 소장하고 있다. 인류의 역사에서 중요한 부분을 차지하는 전쟁의 역사를 이해할 수 있다.

011 **프랑스** 몽파르나스

## 파리 사람들이 모여드는 문화명소 **몽파르나스**

# Montparnasse

**한때 유명한 문인이나 화가 등이 모여들어 활발한 활동을 펼치던 몽파르나스. 파리가 세계 문화의 중심지로서 자존심을 내세울 수 있었던 원동력이 되었던 곳이다. 지금은 파리 사람들이 영화를 보거나 유명한 카페에서 즐거운 시간을 보내기 위해 모여드는 곳이다.**

파리에서 남쪽으로 떠나는 테제베(TGV)의 발착역인 몽파르나스. 영화나 소설 속에서 자주 보던 익숙한 지명이다. 파리 사람들이 열차 여행을 위해 모여드는 몽파르나스가 유명해진 것은 1852년에 발생했던 사건 때문이다. 당시 몽파르나스 역은 파리의 남쪽과 남서쪽에서 들어오는 기차의 종착역으로, 더 이상 기차가 달릴 수 없는 곳이었다. 그런데 그 당시 남쪽에서 달려오던 기차가 정차하지 못하고 종단점에 충돌하는 사고가 발생했다. 신문이 대서특필한 이 사건을 파리 사람들은 지금까지 기억하면서 파리 여행 가이드나 파리 역사를 다루는 책에서 거르지 않고 언급하고 있다.

피카소 같은 많은 아방가르드 예술가, 시인, 소설가가 파리의 몽마르트르나 몽파르나스 등지에서 활약하기 시작한 것은 1912년부터다. 이후 파리는 30년 가까이 이들의 활동 덕에 세계 문화의 중심지로 자리 잡게 되었다. 조각가 부르델이나 자킨 등의 아틀리에가 자리 잡았었고, 로댕이 이곳에서 습작의 세월을 보내기도 했다. 그러나 안타깝게도 이 지역들은 1970년 개발 바람이 불면서 예전의 빛을 잃어가기 시작했다.

몽파르나스에는 70년대에 들어오면서 파리 시내를 내려다볼 수 있는 몽파르나스 타워가 세워지고 주변에 고층 건물이 들어서면서 스카이라인이 바뀌기 시작했다. 지금 몽파르나스 타워에 가면 파리 전체 시가지가 펼쳐지는 파노라마 같은 장관을 구경할 수 있다. 고층건물을 짓지 못하는 파리에서 59층의 몽파르나스 타워는 찾아보기 힘든 고층건물이다. 56층과 테라

주말이면 많은 사람들이 몽파르나스로 모여들어 먹고 마시고 보고 즐기는 즐거움을 만끽한다. 떠들썩한 도시 분위기가 가득 넘쳐나는 곳이 몽파르나스다.

스에서 360도로 보는 파리 풍경은 정말 장관이다.

1973년 완공된 이 건물은 세워질 당시만 해도 유럽에서는 가장 높은 건물이었다. 제2차 세계대전 이후 승전국이었던 미국의 문화에 유난히 후한 점수를 줬던 프랑스 사람들이 미국의 마천루를 파리에 세워볼 요량으로 지은 몽파르나스 타워였다. 그러나 높고 삐죽한 건물이 파리의 경관과는 어울리지 않자 이런 고층 건물은 그 이후 건설되지 않았다. 당시 파리에서는 미국 샐러리맨들의 도회적인 생활 패턴을 모방하는 것이 유행이었는데 그런 유행이 몽파르나스 타워를 세우는데 한 몫 했던 것으로 알려지고 있다. 이런 이유 때문인지 지금 몽파르나스 타워는 59개 층 가운데 52개 층이 사무실로 사용되는 오피스 빌딩이다.

파리 시내에서 가장 많은 영화관이 모여 있는 몽파르나스 타워 근처는 파리 사람들이 문화의 향기를 그리워하며 모여드는 곳이다. 몇 개의 지하철과 시내버스 노선이 교차하고 파리 남쪽 근교에서 들어오는 철도와 연결되는 지리적 특성 때문에 저녁시간이나 주말에는 많은 사람들이 먹고 마시고 보고 즐기는 즐거움이 가득한 곳으로 변한다. 이렇듯 도시적인 분위기가 가득 넘쳐나는 몽파르나스이지만 문화적인 향기가 남아 있는 박물관과 묘지, 떼아뜨르, 유서 깊은 카페 등이 주변에 아직 많이 남아 있는 곳이기도 하다.

∴Travel Tip **몽파르나스 주변의 박물관들** 몽파르나스 타워의 서쪽에는 두 개의 박물관이 있다. 우표수집가들에게 환영받을 만한 우표박물관(Musée de la Poste)과, 로댕이 습작시절을 보낸 곳으로 그의 젊은 시절 작품도 볼 수 있는 부르델 박물관(Bourdelle Museum)이다. 이밖에도 조각가 자드킨의 작품이 전시된 자드킨 박물관(Zadkine Museum)과 건축가 장 누벨이 설계한 현대미술관 퐁다시옹카르티에(Fondation Cartier)도 있다.

파리의 대표적인 카페들이 모여 있는 몽파르나스

## 유명인사를 묘비로 만나는 **몽파르나스 묘지**

# *Montparnasse Cemetery*

화려하면서 고풍스런 파리의 여러 관광 포인트를 돌아보는 것도 즐거운 추억이 되겠지만 몽파르나스 묘지 같은 곳에서도 소중한 추억거리를 만들 수 있다. 사르트르와 보부아르가 함께 잠들어 있는 묘를 비롯해 요절한 시인 보들레르의 묘 등 유명한 사람을 묘비로 만날 수 있다.

ICI
REPOSE
L'ARCHIMANDRITE
JOSAPHAT ZNAGOVEANO
FONDATEUR DE LA CHAPELLE ROUMAINE
À PARIS
NÉ LE
22 AVRIL 1797
DÉCÉDÉ LE
16 NOVEMBRE 1872
MITROPOLIT VISARION PUIU
27.02.1879 - 10.08.1964
FONDATOR AL
EPISCOPIEI ORTODOXE ROMÂNE
DIN EUROPA OCCIDENTALA
"LA RÂUL VAVILONULUI ACOLO AM
ŞEZUT ŞI AM PLÂNS..."
FAMILLE PONS
DORON

몽파르나스 묘지 순례의 첫 기항지가 되는 사르트르와 보부아르의 묘. 시멘트로 만든 초라한 묘는 그들이 남긴 철학, 이념, 사랑의 화려함과는 큰 대조를 이루고 있다.

젊은 날 한때 감명 깊게 읽었던 시나 소설의 작가를 떠올리면서 그들의 삶이 묻혀 있는 묘지에서 묘비명(épitaphe)을 한 줄 읽는 것도 별스런 체험이 될 수 있다. 특히 늦가을에 낙엽이 뒹구는 몽파르나스 묘지를 찾아가면 음산하면서도 차분한 분위기와 인생의 무상함이 뒤섞여 다가온다. 발걸음마저 무겁게 만드는 분위기는 들뜬 여행객의 마음을 묘한 곳으로 이끌고 간다.

묘지 구경은 가능하면 입구에 들어서자마자 오른쪽에 보이는 사르트르와 보부아르의 합장묘를 시작으로 시계 반대 방향으로 돌면서 할 것을 권한다. 이 방향으로 돌면 비교적 우리에게 친숙한 사람들의 묘를 먼저 만날 수 있기 때문이다. 몽파르나스 묘지 순례의 첫 기착지가 되는 사르트르와 보부아르의 묘는 의외로 초라하다. 화려한 대리석에 금박을 한 묘비들이 숲을 이루는 가운데 시멘트로 만든 작은 묘는 옹색하기 그지없다. 이런 묘지의 모습은 그들이 남긴 철학, 이념, 사랑의 화려함과는 대조를 이루고 있다.

사르트르는 파리의 명문 에콜 노르말 쉬페리외르에 다녔는데, 평생의 반려자가 된 보부아르와의 만남도 그때의 일이다. 당시 보부아르는 소르본 대학을 졸업하고 1929년에 철학교수 자격을 얻기 위한 자격시험을 준비하고 있었는데 그 즈음부터 2살 위의 사르트르와의 만남을 시작했다. 보부아르는 사르트르의 영향을 받아 실존주의 철학을 익혔으며, 이를 사상과 행동의 기조로 삼기도 했다. 세상이 다 알다시피 그들의 사랑은 1929년에 시작되어 서로 간에 아무런 구속도 계약도 없는 자유로운 상태에서 작가로서 학자로서 애인으로서 20세기 역사에 적극적으로 동참하여 발자취를 남겼다. 1964년 노벨문학상을 거부하기도 했던 사르트르는 1980년 영면했고, 6년 뒤인 1986년 보부아르도 눈을 감아 이 몽파르나스 묘지에 합장했다.
사르트르 묘에서 묘지 담장을 끼고 한 블록 떨어진 곳으로 발걸음을 옮기면 광기에 쌓였던 천재 시인 보들레르의 묘를 만날 수 있다. 보들레르의 묘는 사르트르의 묘보다 훨씬 초라하다. 사르트르의 묘는 묘지 입구 길가에 있어 쉽게 찾을 수 있지만 보들레르의 묘는 잡초처럼 무성해진 커다란 묘비 숲을 헤쳐 들어가야 한다. 묘지의 모습은 비록 초라하고 궁색하기 짝이 없지만 다른 묘보다 많은 사람들이 기억하고 찾아주는 흔적이 남아 있어 그 초라함을 어느 정도 감춰주고 있다.
다른 묘에는 꽃들이 놓여 있지만 보들레르의 묘에는 그를 추모하는 몇 줄의 메모를 적은 작은 메모지가 놓여 있다. 그가 잠들어 있는 묘지는 의붓아버지인 오피크 집안의 묘지 가운데 초라한 일부분이다. 1866년, 뇌연화증(腦軟化症)의 징후로 브뤼셀에서 응급치료를 받은 다음 파리로 돌아온 그는 이듬해 여름 실어증으로 46세의 나이에 사망, 이곳에 묻혔다.
보들레르의 묘에서 묘지 담장을 오른쪽에 두고 직선으로 뻗어 있는 큰길은 가로수 터널처럼 보이는 아름다운 길이다. 특히 가을이 깊어져 낙엽이라도 눈처럼 내린다면 이곳은 묘지가 아니라 아름다운 숲 속의 공원이라는 착각을 일으킬 정도다.
몽파르나스 묘지를 천천히 걸으면서 돌아보는 데 걸리는 시간은 약 2시간 남짓. 의외로 유명한 사람들의 초라한 묘를 많이 발견할 수 있다. 경제적으로 성공한 사람의 화려한 묘가 촘촘히 들어서 있는 묘지 틈새에 이름만 남은 철학자와 예술가들의 쓸쓸한 자취들이 남아 있고, 이것이 몽파르나스 묘지의 장중한 진혼곡을 더 무겁게 만든다.

∴Travel Tip **몽파르나스 묘지는?** 몽파르나스 묘지가 있는 곳은 본래 14~15세기경에 농장이 있던 자리다. 3개의 농장을 묶어 지금의 묘지로 만들었다. 그 흔적으로 지금도 묘지 안에 물레방아 터가 남아 있다. 몽파르나스 묘지는 입장료가 따로 없다. 아무 생각 없이 이곳저곳 발 가는 대로 다니고 싶다면 상관없지만 평소에 관심 있거나 조금이라도 익숙한 사람의 묘를 찾아가려면 구글지도의 도움을 받는 것이 좋다. 몽파르나스 묘지에는 사르트르와 시몬 드 보부아르, 쉐베르그, 시트로엥, 보들레르, 세자르, 모파상 등 많은 유명인이 잠들어 있다.

# 반짝 벼룩시장이 서는 에드가 키네 거리

# Edgar Quinet

**몽파르나스 역에서 묘지로 가는 길목인 에드가 키네 거리는 가로수가 아름다워 걷기 좋은 길이다. 토요일이면 반짝 시장이 열려 파리 사람들뿐만 아니라 몽파르나스 묘지를 찾아왔던 관광객들에게 즐거운 시간을 만들어준다.**

몽파르나스 타워가 눈앞에 올려다보이고 떼아뜨르가 있는 게테 거리가 연결된 에드가 키네 광장에서 몽파르나스 묘지 앞으로 시원스레 뚫린 길은 가로수가 아름다운 곳으로 유명하다. 에드가 키네 거리라고 부르는 이 길에서 토요일이나 일요일 오전 자주 반짝 벼룩시장이 선다. 일용품이나 다양한 액세서리와 의류, 먹거리 등을 팔고 있다. 이 시장은 구경만으로도 파리 여행의 새로운 즐거움을 맛볼 수 있다.

벼룩시장에서 파는 여러 물건을 구경하다 보면 파리 사람들의 일상을 엿볼 수 있다. 우선 치즈나 해산물, 야채 등의 먹거리를 통해 파리 사람들의 보통 입맛을 짐작해볼 수 있다. 음식문화가 발달한 나라이기 때문인지 식재료가 정말 다양하다. 치즈나 소시지 같은 저장식품의 종류는 헤아릴 수 없을 정도로 많다. 옷가지나 가방, 액세서리 등을 파는 가게부터 공예품을 파는 가게까지 여러 종류의 노점이 들어서므로, 운만 좋으면 제법 정교하고 예술성도 있어 보이는 아프리카 토속 공예품 같은 것들을 부담없는 가격에 사는 행운을 누릴 수도 있다.

벼룩시장이 서는 날에는 조금 부산하지만 평소에는 산책길로도 훌륭하다. 에드가 키네 거리 중간쯤에 가면 몽파르나스 역과 함께 몽파르나스의 상징으로 자리 잡은 몽파르나스 묘지 입구가 있다. 파리 시내에 있는 여러 묘지 가운데 가장 규모가 작지만 우리에게 친숙한 유명인사들이 많이 잠들어 있는 곳이다.

∴Travel Tip **몽파르나스에서 만나는 크레페** 크레페는 원래 프랑스 브르타뉴 지방의 음식이다. 16세기 다리올이라는 파이의 한 종류로 크루아상과 함께 16세기에 만들기 시작했고 유럽에서는 2월 성축제 때 성당에서 구워 먹었다. 17세기가 되어서야 일반 가정에서도 먹을 만큼 보편화되었다고 한다. 몽파르나스 역은 브르타뉴를 출발한 기차가 도착하는 곳으로서, 이 역 주변에는 브르타뉴 출신의 사람들이 고향의 솜씨를 뽐내며 크레페의 전통을 이어가는 곳이 많은 것으로 알려지고 있다. 크레페를 주문하면서 토핑에 관하여 어떤 것은 얹고 어떤 것은 빼고 하는 까다로움을 떨어도 아무도 불평하지 않는다. 크레페는 원래 그런 음식이고 각자의 식성과 개성을 수용할 수 있는 유연한 먹거리이기 때문이다.

014 프랑스 페아뜨르 거리

# 문화의 향기가 은은하게 남아 있는 몽파르나스 **떼아뜨르 거리**

*Theatre*

파리 사람들은 어디에서 저녁시간을 즐길까? 세계적인 문화와 패션 거리인 샹젤리제도 아니고 물랭 루즈가 있는 몽마르트르 부근도 아니다. 해가 저물면 서민적인 카페와 레스토랑, 영화관들이 모여 있는 몽파르나스로 발걸음을 옮긴다. 관광객들을 피해 조용하고 편안한 시간을 즐기기 위해서다.

파리를 여행하는 사람들에게는 조금 생소한 몽파르나스. 하지만 파리 사람들에게는 주말이나 저녁 시간에 친구나 연인들과 함께 즐거운 시간을 보내는 소중한 공간이다.

몽파르나스 타워에서 시내 쪽(북서쪽)을 바라보았을 때 오른편(남동쪽)으로 유명한 카페들이 모여 있는 브라세리(Brasserie) 거리가 있다. 이 구역이 바로 바뱅 사거리(Carrefour Vavin) 부근이다. 이곳은 제1차 세계대전과 제2차 세계대전 사이에 많은 문인과 예술가들이 몽파르나스 거리에 모여들면서 유명해진 카페들이 남아 있는 곳이다. 지금도 파리 사람들과 파리를 찾아오는 관광객들이 안내책자를 보고 들르는 곳이다.

이 거리에 있는 카페들은 예전에는 카페+레스토랑+시낭송 등이 열리는 복합적인 공간으로 문인들에게 많은 사랑을 받는 곳이었다. 그러나 몽파르나스가 예전의 분위기를 잃어버리면서 많이 문을 닫았고 지금은 몇몇 카페들만 명맥을 유지하고 있다. 현대미술의 새 장르를 개척한 모딜리아니나 야수파의 샤갈, 20세기 화가 가운데 가장 큰 족적을 남긴 피카소와 같은 이들

∴Travel Story **몽파르나스는?** '몽파르나스'라는 이름은 그리스에 있는 섬 이름에서 왔다. 고대 그리스 신화에서 아폴로에게 바쳐진 섬으로, 이름 때문인지는 몰라도 한때 예술의 향기가 꽃피는 문화의 거리로 자리 잡기도 했다. 몽파르나스가 파리 사람들에게 유명해진 사건은 1852년에 발생했었다. 몽파르나스는 파리의 남쪽과 남서쪽에서 들어오는 기차의 종착역으로 더 이상 기차가 달릴 수 없는 종착점이 있는 곳이다. 그런데 그 당시 남쪽에서 달려오던 기차가 정차하지 못하고 종단점에 충돌하는 사고가 발생했다. 이 사건을 파리 사람들은 지금까지 기억하면서 파리 여행 가이드나 파리 역사책에서 거르지 않고 다루고 있다.

이 자주 들렀던 '라 호똥드(la Rotonde)'와 헤밍웨이, 밀러 등이 모였던 '라 꾸뽈(La Coupole)' 등이 그런 카페다.

몽파르나스 대로 아래 있는 에드가 키네 광장과 게테(Gaité) 거리에는 카페들이 줄지어 있고 댄스홀 등 엔터테인먼트를 위한 다양한 점포들이 늘어서 있다. 특히 게테 거리에는 지금은 몇 안 되지만 게테 몽파르나스, 떼아뜨르 몽파르나스 등, 이탈리안 코미디 등을 공연하는 떼아뜨르(극장)들이 남아 있다. 뮤지컬로 유명한 보비노나 1868년부터 지금까지 문을 열고 있는 연극 공간인 게테 몽파르나스 등도 유명한 떼아뜨르다.

그러나 이런 떼아뜨르는 이미 뒷골목에서 명맥만을 유지하는 수준에 머물러 있고, 큰 길가에 자리 잡은 큰 영화관의 그늘에 가려 초라한 모습이다. 현재 몽파르나스는 파리에서 영화관이 많이 모인 영화의 거리로 자리 잡고 있는데 이런 현상은 아마 떼아뜨르가 모여 있던 곳이기 때문이라는 추측도 어느 정도는 가능하다. 다만 떼아뜨르(Theatre)가 씨어터로 바뀐 것은 아닐까? 현재 몽파르나스 거리에 크고 작은 영화관이 여전히 성업 중이다.

몽파르나스에는 오래된 카페들이 많다.

먹자골목과 대학거리가 있는
# 라탱 지구
# Quartier Latin

센 강을 유람했던 관광객이나 시테 섬에 있는 노트르담 사원을 방문했던 사람들은 해가 저물 무렵 생 미셸 다리를 건너온다. 하루의 피로와 허기를 달래줄 카페와 레스토랑이 라탱 거리에 있기 때문이다. 파리에서 처음으로 대학이 세워진 라탱 지구는 여행자들에게 맛있는 저녁식사와 휴식을 제공하는 먹자골목으로 바뀌었다.

출판사와 카페가 밀집해 있던 라탱 거리. 이곳 카페들은 예술가, 작가, 출판업자가 모이던 곳이다. 지금은 파리의 낭만을 찾아온 관광객들이 나이트라이프를 즐기는 곳으로 바뀌었다.

대학이 세워지고 라틴어가 공용어가 되었던 라탱 지구

생 루이 섬 건너편으로 센 강 좌안에는 오래 전부터 예술가들의 집결지였던 라탱 지구가 있다. 프랑스 사람들은 이곳을 '카르티에 라탱(Quartier Latin)'이라고 부른다. 이 지역에는 19세기에 옮겨온 출판사들과 카페들이 밀집해 있다. 이 카페들은 예술가 · 작가 · 출판업자들이 모이던 장소이다. 그러나 지금은 전 세계에서 파리의 낭만을 찾아 온 관광객들을 상대로 한 음식점이나 카페 등이 밀집한 나이트라이프의 명소로 바뀌었다.

라탱 지구에는 왕의 권한 밑에서 자치를 누렸던 대학지구가 있었다. 이곳에서는 1789년까지 수업 외의 시간에도 선생과 학생 모두 라틴어를 사용했기 때문에 라탱 지구라 불렀다는 이야기가 전해온다. 12세기에 학문을 익히려는 학생들이 모여들고 학생을 가르치는 교수들의 조합이 생기면서 현재의 대학이 되었다. 이런 배경에서 파리의 대학가 근처로 라틴어를 공용어로 쓰는 사람들이 생겨났다. 식당에서도 이들의 학문적인 언어들이 끊이질 않았고 결국 라틴어가 사용되는 구역이 생겨났다.

대학들이 있는 곳에서 남쪽으로 조금 떨어진 곳에 판테옹(Pantheon)이 있다. 루이 15세가 병에서 회복된 후 성 주느비에브에게 봉헌하기 위해 1755년 세운 그리스 고딕 양식 신전이다. 원래 파리의 중심 교회로 삼기 위해 세운 것이지만 혁명 정부는 이를 세속화시켜 판테옹이라고 개칭하고는 혁명 영웅들의 마지막 안식처로 삼았다. 지하의 묘지에는 빅토르 위고, 볼테르, 루소, 졸라 등의 작가들과 제2차 세계대전 당시 레지스탕스의 지도자였던 장 물랭이 있다. 사원 내에는 기념품 판매점과 그림엽서를 파는 매점이 있고, 내부에서의 사진촬영은 금지되고 있다.

파리에서 가장 지적인 장소는 라탱 지구 안에 있는 생 제르맹 데 프레 거리다. 문학자, 철학자들이 토론을 벌이며 열정을 불태웠던 그곳 카페들에선 지금도 지성의 숨결이 느껴지는 듯하다. 이 거리의 가장 대표적인 카페가 바로 '카페 뒤 마고'. 이곳에 사르트르, 보부아르를 비롯, 보들레르, 랭보, 말라르메, 생텍쥐페리, 헤밍웨이 등 대문호들이 단골로 찾아와 예술과 철학을 논했다. 피카소와 브라크가 자주 만나 '입체파'라는 새로운 미술사조를

대학가의 흔적이 남아 있는 생 미셸 대로의 헌책방

라탱 지구는 파리의 대표적인 먹자골목이다. 주머니가 가벼운 여행객들에게 싸고 푸짐한 먹거리인 케밥은 라탱 지구에 유난히 많이 모여 있다. 프랑스를 대표하는 먹거리 크레페는 얇은 반죽 위에 생크림이나 잼, 초콜릿 등을 발라 접어주지만 샌드위치처럼 야채를 넣어 먹을 수도 있다.

탄생시킨 곳이기도 하다. 지금도 그들이 앉았던 자리에는 당시 그들이 읽고 쓰던 모습을 담은 사진이 남아 있다.
생 제르맹 대로와 생 미셸 대로가 만나는 곳에는 로마 시대에 세워진 목욕탕 유적이 있다. 이 유적은 1486~1500년에 지어진 고딕 양식의 저택인 클뤼니 중세 박물관 구내에 있는데, 이 박물관에는 중세기 예술품이 수집되어 있다. 강가에 솟아 있는 구릉 꼭대기에는 뤽상부르 공원의 가장자리를 따라 생 미셸 대로가 지난다. 뤽상부르 궁전은 마리 드 메디시스를 위해 건축된 것이다. 뤽상부르 공원에는 밤나무가 심어져 있고, 장난감 배를 띄울 수 있는 연못, 꼭두각시 인형극장, 조상(彫像)들이 있다.

### 파리의 먹자골목 라탱 지구

예전의 파리는 프랑스 요리의 화려함과 자존심으로 그곳을 찾는 관광객들의 허영심을 자극했었다. 그러나 지금은 파리 사람들마저 손쉽고 간편한 음식에 길들어가고 있다.
세계 각국의 음식점들을 쉽게 만날 수 있는 라탱 거리의 먹자골목을 가도 이런 인스턴트 음식점을 찾는 이들이 늘어가는 현장을 목격할 수 있다. 격식 있는 레스토랑보다는 브로일러에서 베어낸 고기를 밀가루 전병에 싸서 파는 케밥 집 테이크아웃 코너에 사람들이 몰려 차례를 기다리는 모습을 자주 발견할 수 있다.
그만큼 지금의 파리는 이전에 추구했던 멋과 품위보다는 실용적인 생활로 변화했다는 느낌을 준다. 특히 먹거리의 유행 패턴에서 느껴지는 그런 인상은 파리의 변화를 아주 가까이에서 말해주고 있다.

∴Travel Story **라탱 지구에서 만나는 케밥** 6월을 지나 7월로 접어들면 유럽의 대도시들은 배낭객들에게 점령당한 느낌이다. 배낭을 등에 메고 한 손에는 지도를 거머쥔 젊은이들이 거리를 가득 메우면서 여름의 낭만을 더해준다. 사실 배낭여행은 그 이름만으로는 매우 낭만적으로 들리지만 실제 여행을 하다 보면 피곤하고 배고픈 나날의 연속인 경우가 많다. 제한된 예산에 볼 것도 많고 들릴 곳도 많은 유럽에서 긴축할 수 있는 부분은 잠자리와 먹거리뿐이다. 자연히 먹는 곳에 소요되는 예산을 최소화하다 보면 저렴한 가격에 한계효용을 극대화할 수 있는 먹거리를 찾게 된다. 이런 상황에서 국적과 인종을 초월하여 배낭객에게 가장 친숙한 식사는 케밥이 아닌가 싶다. 어떤 사람은 맥도날드나 버거킹과 같은 햄버거를 가장 대중적인 식사로 얘기하지만 유럽에서는 가격이 만만치 않다. 케첩 한 봉지도 따로 돈을 받고 크기 · 모양 · 조립법이 규격화된 햄버거보다는, 주인의 넉넉한 인심이 묻어나는 케밥이 확실히 반가운 식사임에는 틀림이 없다. 만약 여러분이 배낭여행을 떠난다면, 그것도 유럽 배낭여행객들의 필수 코스이면서 유럽의 관문인 파리에 들른다면 노트르담 사원 부근에 있는 라탱 거리에 한번 가보라. 유독 케밥 전문점이 자주 눈에 뜨이고 그 앞에서 차례를 기다리는 사람들을 심심찮게 발견할 수 있을 것이다.

시테 섬에서 콩코드 광장까지 **도보여행**

# *Quai Malaquais*

처음 파리가 시작된 시테 섬에서 출발하는 도보여행. 센 강변을 따라가다 보면 파리의 행정과 교육, 문화에 관련된 다양한 볼거리를 만나게 된다. 연인들의 다리인 퐁네프 다리에서 마주치는 파리 사람들의 다정스런 모습과, 루브르 광장에서 보는 파리의 중심축에 깊은 인상을 받는다.

퐁네프 다리를 건너 강가로 내려서면 키 큰 나무들이 강변에 늘어서 있다. 가지 뻗은 나무들과 대화하듯 산책을 즐길 수 있다.

지금은 일 드 프랑스(파리를 중심으로 반경 100km 주변을 일컫는 말)로 퍼져나간 파리의 모태가 된 곳이 센 강의 작은 섬인 '시테'다. 이 섬에서 출발해 센 강가를 따라가는 도보여행은 파리 여행의 백미라고 할 수 있다. 시테섬은 교회, 경찰, 법원 등의 건물이 들어서 있는 파리 행정의 중심지다. 이곳에서 출발해서 세계 3대 박물관 가운데 하나인 루브르 궁전 광장까지 도보로 여행하면 파리의 행정과 문화 예술을 아우르는 여행을 즐길 수 있다.

센 강변을 따라가는 도보여행의 출발은 강변 어느 곳에서 시작해도 무방하지만 비교적 찾기 쉬운 노트르담 성당 앞에서 하는 것이 편하다. 나중에 센 강변을 걷다 출발점으로 다시 돌아왔을 때에도 허기진 배를 채울 수 있는 라탱 거리가 가까이 있어 출발점으로 적당하다. 방향은 시계 반대 방향이 좋겠다. 또한 저물 무렵의 아름다운 센 강은 보너스 풍경이다.

노트르담 성당에서 생 루이 섬으로 가는 작은 다리를 건너 센 강 북쪽으로 가면 낭만 넘치는 도보여행이 시작된다. 샤틀레를 거쳐 퐁네프 다리로 가는 길은 자동차들이 속도를 내어 달리는 강변도로가 있어 조금은 소란한 느낌을 준다. 하지만 주변에 볼만한 아름다운 건물들이 많고 길가에 늘어서 있는 고서적이나 음반 등을 파는 작은 노점들이 있어 잠시 걸음을 멈추고 이 책 저 책 뒤져볼 수 있다. 요즘 많이 볼 수 있는 것은 50~60년 정도 지난 잡지나 그때의 영화 포스터 등이다. 그리고 유난히 책값이 비싼 프랑

∴ Travel Tip **프랑스 최고의 스테인드글라스가 있는 생트 샤펠 성당** 신앙심이 지극했다던 루이 9세가 지은 고딕 양식의 성당이다. 자신이 모은 성유물을 보관하기 위해 세웠다. 그리스도의 가시면류관의 일부와 십자가, 형벌기구 등을 보관하고 있다. 프랑스에서 가장 오래된 스테인드글라스가 있어 노트르담 성당 방문길에 함께 들르는 사람이 많다. 시테 섬 서쪽의 최고재판소 안뜰에 있으므로 최고재판소 부근에서 입구를 발견할 수 있다.

스이지만 이곳에서는 조금 오래된 책을 헐값에 팔기도 한다.

퐁네프 다리는 '연인의 다리'라는 애칭이 붙은 파리의 명소다. '새로운 다리'라는 뜻의 퐁네프는 아이러니하게도 현재 센 강의 다리 가운데 가장 오래된 다리다. 작은 벽돌을 부챗살 모양으로 촘촘히 박아 차도를 만들고 우아한 교각에 조각을 아로새긴 퐁네프는 16세기말 30년간에 걸쳐서 완공됐다. 다리 이름과 역사가 지닌 역설은 사랑의 의미에 대한 역설이기도 하다.

퐁네프에서 강가로 내려서면 키 큰 나무들이 열병(閱兵)을 기다리듯 강변에 늘어서 있는 것을 볼 수 있다. 지나가는 이에게 말을 걸듯 가지를 뻗은 나무들과 대화하며 산책을 즐길 수 있다. 자주 지나가는 유람선 안의 사람들에게 가볍게 손이라도 흔들어줄 만한 여유가 있다면 누구나 파리지엔느가 될 수 있다. 그러나 짧은 일정으로 파리를 찾은 사람이라면 강변길로 내려서지 말고 루브르 궁전 담 길을 따라가다 조그만 문이라도 나오면 루브르 안으로 들어가 보자.

수많은 명품들을 소장하기로 유명한 루브르 박물관이 이 안에 있지만 명품을 감상하는 부담스러움보다는 오래된 건물과 너른 광장, 그리고 유리로 만들어진 피라미드 등이 있는 루브르 궁전 안쪽 산책이 더 여유 있고 가벼울 것이다. 무조건 많은 것을 눈에 담고, 귀에 담고, 그것도 모자라 사진에 담아오는 실속 있는(?) 여행보다는 마음에 부담 없는 한 순간의 여유가 나중에 더 소중한 추억으로 남을 수 있을 것이다.

루브르 광장에서 서쪽을 바라보면 저 멀리 콩코드 광장 한가운데를 차지하고 있는 오벨리스크가 눈에 들어온다. 실제로는 거리가 제법 떨어져 있기 때문에 시력이 좋지 못한 사람은 잘 구별하지 못할 수도 있으나 분명히 그곳에 오벨리스크가 서 있다. 만약 저물 무렵 이곳을 찾았다면 서녘으로 지는 태양의 강렬함과 그 진한 감동이 낯선 이방인의 노스텔지어를 자극하는 것을 가슴으로 느낄 수 있을 것이다.

이렇게 별스런 감동을 느낄 수 있는 루브르 광장에서 파리의 중심축은 서북쪽으로 뻗어나가고 있다. 루브르 광장–튈르리 정원–콩코드 광장–엘리제 거리–샹젤리제–개선문을 거쳐 신도시인 라데팡스까지 이어지는 직선길은 파리가 어느 정도 잘 다듬어진 도시라는 것을 이해시켜준다. 그러나 그 화려함에 감탄하면서도 이런 사치를 위해 얼마나 많은 시민이나 농민들이 착취를 당해야 했는지, 그리고 프랑스혁명이 일어날 수밖에 없었는지를 다시 생각해보게 한다.

## 프랑스적인 미래도시 **라데팡스**

# *La Defense*

파리 사람들은 오랜 세월이 담겨 있는 거리에 대한 자부심이 대단해서 도시 미관을 해치는 개발에 적극적으로 반대한다. 파리의 난개발을 피하기 위해 새로 만들어진 신도시가 라데팡스다. 그곳에 가면 프랑스적인 아름다움이 도시개발에 어떻게 적용됐는지를 눈으로 확인할 수 있다.

라데팡스의 중심에 있는 신개선문. 프랑스대혁명 200주년을 기념하여 세워졌고 노트르담 성당이 문 안에 들어갈 수 있는 높이로 주목받기도 했다. 샹젤리제의 에투알 개선문, 루브르 박물관 앞의 카르젤 개선문과 직선으로 열을 짓고 있다.

파리에도 신도시가 있다? 라데팡스를 찾아가 본 여행객들은 라데팡스를 보고 수도권에 간재한 신도시의 느낌을 받는다. 5층을 넘기지 않는 고풍스런 건물들이 어깨를 나란히 하고 군데군데 자리한 광장을 중심으로 방사형으로 뻗어나간 파리 시내 풍경에 익숙해져 있다가 고층건물이 숲을 이루는 라데팡스를 만나면 갑자기 100년 정도의 시간을 뛰어넘은 듯한 착각에 빠질 정도다.

라데팡스는 파리의 일부분이지만 행정구역상 뇌이(Neuilly)시에 속한다. 라데팡스는 '방어'라는 뜻을 지니고 있는데, 이 지역이 파리를 방어하는 데 적합했기 때문이라고 한다. 파리의 중심에 있는 개선문 위의 전망대에서 보면 손에 잡힐 듯 보이는 라데팡스는 지형이 V자형이라 파리로 들어오는 외적을 상대로 방어 전략을 펼치기 적당한 곳에 자리 잡고 있다.

파리 근교의 신도시 계획이 수립되기 시작한 해는 1958년. 파리 자체를 너무나 사랑하는 파리 사람들 때문에 파리를 재개발하지 못하자 그 대안으로 만든 도시가 라데팡스다. 개발의 첫 삽을 뜬 후 프랑스적인 감성이 담긴 새로운 도시계획이 수립되고, 파리에서는 엄격하게 제한되었던 고층건물 건

∴ Travel Story **개선문과 라데팡스** 유난히 나폴레옹의 흔적이 많이 남아 있는 곳이 파리다. 나폴레옹이 전투에서 승리하고 돌아왔을 때 세운 것이 개선문인데 파리에 두 개 만들어졌다. 라데팡스에 만들어진 신 개선문까지 합하면 모두 세 개의 개선문이 파리에 있는 셈이다. 가장 먼저 만들어진 개선문은 나폴레옹 1세가 아우스터리츠 전투의 승리를 기념해서 1808년 만든 카루젤 개선문이다. 높이가 15m 정도밖에 안 되는 개선문에 실망한 나폴레옹의 지시로 만들어진 것이 샹젤리제 부근 샤를 드골 광장의 에투알 개선문이다. 라데팡스에 있는 신개선문은 1989년에 만들어졌다. 재미있는 것은 루브르 박물관 앞의 카루젤 개선문과 샤를 드골 광장의 에투알 개선문, 라데팡스의 신개선문이 일직선상에 만들어져 있다는 점이다. 시간이 흘러도 여전히 존재하는 역사적인 건축물은 파리의 특별한 이야기를 담고 있어 의미를 알고 보면 더 흥미롭다.

설이 시작되었다. 1970년대 당시에는 유럽에서 가장 큰 규모였던 고층건물군이 들어섰다. 1990년대에 들어오면서 대부분의 공사가 마무리된 라데팡스는 46만 평의 대지 위에 첨단 업무, 상업, 주거시설이 고층·고밀도로 들어섰다.

라데팡스에서는 우선 자동차나 기차 등을 발견할 수 없다는 점이 특이하다. 고속도로, 지하철, 자동차도로 등이 지하에 만들어져 있어 이 도시에서 교통 혼잡은 찾아볼 수 없다. 지하철이나 자동차를 타고 지하로 라데팡스로 들어와 도시 위에 올라서면 상가와 사무용 빌딩 그리고 아파트와 넓은 광장, 분수대, 조각작품 들이 눈에 들어온다. 인상적인 것 중 하나는 그 많은 건물들이 모두 다른 형태를 띠며 예술작품처럼 도시를 형성한다는 것이다.

라데팡스에서 가장 눈길을 끄는 구조물은 프랑스대혁명 200주년을 기념해 1989년에 세워진 신개선문이다. 이 작품은 설계 단계에서 국제공모를 통해 36개국 471개의 작품이 경합을 벌였고, 그 결과 덴마크의 코펜하겐 왕립예술학교 건축과장이었던 오토 폰 스프렉켈슨의 작품이 당선되었다. 그러나 설계자인 스프렉켈슨은 완성된 신개선문을 보지 못하고 1987년 세상을 떠났다. 이후 프랑스 건축가 폴 앙드뢰가 1989년 7월 14일 완성했다.

지상으로는 사람만 걸어 다닐 수 있는 라데팡스

개성적인 건물들이 만들어내는 현대적인 분위기가 라데팡스를 찾는 관광객들을 사로잡는다. 넓은 광장과 독특한 라인의 건물들이 묘한 조화를 이룬다.

유명 현대미술가들의 거리 전시장 같은 라데팡스

신개선문(Grande Arche)은 높이 105m, 안쪽 길이 70m, 깊이 112m의 매우 큰 개선문이다. 당시 화폐로 약 32억 프랑(우리 돈 약 3500억 원)의 엄청난 건설비용 때문에 큰 주목을 받기도 했다.
하늘을 찌를 듯이 높은 건물이지만 거의 모든 빌딩들이 제각각 아름다운 디자인으로 건축되어 눈길을 어디에 두어야 할지 모를 정도다. 이런 개성적인 건물들이 만들어내는 현대적인 분위기가 라데팡스를 찾는 관광객들에게 두고두고 잊지 못할 강렬한 인상을 준다. 라데팡스를 가득 채운 많은 오피스빌딩들은 프랑스를 대표하는 기업이나 다국적 기업들이 입주해 있는 것으로 알려져 있다. 라데팡스의 수많은 건물 중 대표 건축물은 조개껍데기를 엎어 놓은 듯한 형태의 팔레드 라데팡스이다. 천장을 받치는 기둥 사이가 238m로, 세계에서 가장 먼 것으로 알려지고 있다.
라데팡스 지역은 지상에 차가 다니지 않으므로 대부분의 빈 공간이 광장과 공원으로 만들어졌다. 이런 공간에 나무와 분수뿐만 아니라 콜더나 미로, 세자르, 타키스 같은 현대 미술가들의 작품 60여 점을 설치해 자칫 삭막해질 수 있는 도시 경관을 부드럽게 만들고 있다. 이것은 라데팡스 도시계획이 시작될 때부터 자연과 예술이 조화되는 환경으로 만들 것을 결정하여 여러 현대 작가들이 라데팡스 환경 조형물 설치에 참여해 이룬 결과다. 라데팡스는 우선 상가와 사무실 그리고 주거지역이 공존하는 독특한 도시다. 출퇴근 시간에 장을 보며 산책을 즐기고, 분수대 옆에서 대형스피커를 통해 나오는 클래식 음악을 들으며 명상에 잠길 수도 있다.

화려함의 극치 **베르사유 궁전**

# *Versailles Palace*

파리의 남서쪽에 있는 베르사유 궁전은 루이 14세가 만든 절대권력의 상징이다. 궁전 안에는 헤라클레스 방, 예배당, 그리고 풍요의 방, 비너스 방 등 다양한 이름의 방들이 있는데 거울의 방은 그중 인상 깊다. 베르사유에 담겨 있는 권력의 위세는 아름다운 정원에 여전히 스며들어 있다.

화려함이 극에 달한 바로크 양식의 왕실 예배당

화려한 궁전을 떠올리면 가장 먼저 생각나는 곳이 파리 근교에 있는 베르사유 궁전이다. 17세기경 루이 13세가 사냥을 하다가 세운 오두막이 루이 14세에 이르러 엄청난 대 역사의 현장이 되어 오늘에 이른 것이다. 왕위를 물려받은 젊은 국왕 루이 14세는 새로운 궁을 필요로 했다. 귀족의 반란으로 혼이 난 루이 14세는 다시는 귀족이 반란을 일으키지 못하도록 견제할 필요성을 통감했다. 그리하여 귀족들을 한자리에 불러 모아 관리하고자 베르사유 궁전을 만들었다.

정문에 들어서면서부터 베르사유의 구석구석을 둘러보고 나올 때까지 내내 느낄 수 있는 것은 베르사유의 모든 것이 '절대권력의 상징'이라는 점이다. 정문에 들어서면서 무심코 밟는 돌로 만든 길은 지하 1m 이상 거대한 돌들을 층층이 깔아 단단히 다진 것이다. 말과 마차에 의해 바닥이 패이지 않도록 한 것이다. 또 말 탄 루이 14세의 동상이 군림하듯 버티고 서 있어 절대 군주 태양왕의 위용을 느끼게 한다.

베르사유 궁전은 어처구니없을 정도로 화려하다. 커다란 샹들리에와 조각, 부조로 장식된 복도와 복도 좌우에 배치된 각각의 방이 지닌 화려한 아름다움이 말문을 닫게 한다. 마리 앙투아네트조차 이 궁전보다 프티 트리아농이란 작은 별궁을 좋아하였다 하니 그 당시에도 베르사유 궁전은 아름답고 쾌적하기보다 화려하고 번잡한 곳이었음을 느낄 수 있다. 왕비조차 불편하게 만드는 베르사유는 사람을 위한 궁이 아니라 권력을 자랑하기 위한 건축물일 뿐이란 생각이 들었다.

궁전 안을 관람할 때 가장 먼저 들르게 되는 곳이 왕실예배당이다. 이 예배당은 프랑스의 건축가 망사르에 의해 바로크 양식으로 건축되었는데 화려

∴Travel Story **보 르 비콩트 성과 베르사유 궁전** 루이 14세가 베르사유 궁전을 지은 또 하나의 이유는 당시 막강한 권력을 누리던 재무장관 니콜라 푸케 때문이라는 이야기가 전한다. 푸케 장관은 훌륭한 문화적 취향을 가지고 있었고 예술가를 후원했기 때문에 그의 주변엔 온갖 재능 있는 예술가들이 모여들었다. 그가 지닌 예술적 아이디어는 그의 보 르 비콩트(Vaux le Vicomte) 성을 화려하고 아름다운 장소로 만들었다. 성의 멋진 건축, 실내를 장식한 도자기, 요리에 이르기까지 훌륭한 취향이 돋보였다. 그러나 이러한 화려한 아름다움이 오히려 젊은 루이 14세를 질투에 빠지게 만들었다. 재무장관이 그렇게 훌륭한 성에서 호의호식하며 연회를 베푸는데, 정작 국왕인 자신은 낡아빠진 우중충한 고성에서 지내야만 했다. 어느 날 자존심이 극도로 상한 루이 14세는 보 르 비콩트의 축연이 채 끝나지 않았는데도 거처인 퐁텐블로로 돌아가 버렸다. 루이 14세는 재정총감 콜베르와 논의해 푸케를 1661년 부정부패와 반역 혐의로 파면, 투옥하고 재기가 불가능하게 재산을 압류했다. 그리고 보 르 비콩트를 만들어낸 건축가 루이 르 보, 화가 샤를 르 브룅, 조경설계사 르 노트르, 극작가 라신과 몰리에르와 같은 예술가들을 전부 데려왔다. 그리고는 더 훌륭한 성을 지으라고 명령한 결과 베르사유 궁전이 만들어졌다.

미의 극치를 보여주는 베르사유 궁전 화단과 분수의 조경. 거울의 방 아래 있는 물의 화단, 그리스 신화의 내용을 담은 조각 분수 라톤 분수, 아폴로 분수 등 좌우 화단과 분수가 베르사유 궁전 건물과 완벽한 조화를 이룬다.

함과 경건함이 잘 조화된 베르사유 궁전의 대표 공간 가운데 하나다. 관람객들은 예배당 안으로 들어가 볼 수 없지만 문밖에서 건너다 본 흰 대리석과 금박 장식은 기품과 화려함이 묘한 조화를 이루고 있다. 예배당 천장에 그려진 벽화는 성삼위일체와 성경 이야기를 담고 있는데 예배당 안으로 들어가지 못하는 관람객들에게는 가장 큰 볼거리다.

거울의 방은 외국 대사들을 접견하고 궁정의 주요 사교모임을 개최하는 홀로 사용되었다. 거울의 방은 궁전 중앙부에 위치해 있기에 국왕을 알현하려면 반드시 이곳을 거쳐 가야만 했다. 이를 통해 우리는 바로크 건축이 군

긴 회랑을 따라 걸려 있는 그림을 통해 프랑스의 역사를 볼 수 있다.

주를 중심으로 존재하며, 동시에 언제나 왕의 감시 눈길 아래 모든 것이 통치되었음을 알 수 있다.

대관식의 방과 기념품점까지 보고 나오면 정원이 기다리고 있다. 정원에 물을 대기 위해 만든 거대한 인공 운하와 언덕, 그리고 기아학적 아름다움을 갖춘 프랑스식 정원이 감탄을 자아낸다. 화단과 분수의 조경이 가공할 만한 권력과 미의 극치를 여실히 보여주고 있다. 거울의 방 아래 있는 물의 화단, 그리스 신화의 내용을 조각한 라톤 분수, 아폴로 분수 등 좌우 화단과 분수가 베르사유 궁전 건물과 완벽한 조화를 이루고 있다.

이곳에서 센 강까지 연결한 대운하 소운하가 모두 10km 이상이다. 왕의 수렵지이기도 한 베르사유 정원은 상상했던 것보다 훨씬 넓다. 걸어서 구경하는 것이 도무지 엄두가 나지 않는 사람들은 무궤도 미니열차 도움을 받으면 된다. 1시간 정도 열차를 타고 돌아보는 베르사유의 이곳저곳은 무척 인상 깊지만 한편으로는 지나치게 인공적인 느낌도 든다. 베르사유에 담겨 있는 권력의 위세는 아름다운 정원에 여전히 스며들어 있는 듯하다. 권력은 무상하지만 그 자취는 지금까지 남아 베르사유의 정원에서 아름다움으로 꽃피고 있고, 관람객들은 그것을 구경하러 간다.

# 밀레의 대표작 '만종'의 무대, 바르비종

*Barbizon*

만종의 무대 바르비종은 밀레를 비롯한 바르비종파 화가들이 살았던 곳이다. 지금도 미술을 사랑하는 사람들이 모여 사는 조용한 마을이다. 프랑스 특유의 평온하고 목가적인 분위기가 인상적인 바르비종에서의 하루는 따뜻하고 즐겁다.

하루가 저물고 오늘도 무사히 지나간 하루를 감사하며 기도를 드리는 밀레의 〈만종〉. 이 그림의 무대가 바르비종이다. 밀레는 1849년 유럽을 휩쓸었던 콜레라를 피해 가족과 함께 이곳으로 이주해와 살았다.

반세기 전, 동네 이발소나 식당 벽에 흔히 걸려 있던 경건한 풍경을 기억하는 사람들이 있을 것이다. 저물녘에 무사히 지나간 하루를 감사하며 기도를 드리는 밀레의 〈만종〉이라는 그림이다. 이 〈만종〉의 무대가 바로 바르비종이다. 19세기 초반까지만 해도 이곳은 그저 작은 시골 마을이었다. 19세기 중반, 당시 유럽을 휩쓸던 전염병인 콜레라를 피해 파리를 떠나 가족들과 함께 이 마을로 이사 온 화가 루소와 밀레에 의해 근대 미술사에 큰 획을 그은 바르비종파의 근거지로 변하게 되었다.

바르비종으로 들어서면 전형적인 프랑스 농촌 풍경을 만난다. 갑자기 과거로 시간 여행을 한 것처럼 눈앞에 펼쳐진 밀밭은 밀레의 그림 그대로다. 경건하게 기도를 드리던 두 사람은 이제 없고 다만 이곳이 〈만종〉의 배경임을 알리는 푯말이 그 사실을 확인이라도 해주려는 듯 밀밭 가에 자리 잡고 있을 뿐이다.

∴Travel Tip **밀레의 집** 유럽 곳곳에서 창궐했던 콜레라를 피해 파리에서 바르비종으로 이주해온 밀레는 이 집에서 가족들과 함께 살며 작업을 했다. 당시 바르비종 마을에 있던 집들 가운데 가장 소박해서 그의 소박한 성품과 취향을 짐작할 수 있다. 밀레는 이곳에서 자신의 작품 중 가장 유명한 〈만종〉과 〈이삭 줍는 사람〉을 그린 것으로 알려지고 있다. 실내에는 19세기에 밀레가 실제로 사용했던 가구와 집기들을 그대로 전시해 방문객들이 밀레의 인간적인 모습을 살펴볼 수 있도록 했다.

밀레를 비롯한 바르비종파 화가들이 살았던 마을답게, 지금도 미술을 사랑하는 사람들이 모여 살고 있다. 주말에는 관광객들이 많이 찾아오지만 평일 오전에는 인적이 드물다. 자동차 두 대가 스쳐 지나다닐 만한 좁은 길을 따라 마을을 둘러보는 데 불과 10분 정도 걸린다. 그러나 눈길 가는 곳마다 자리하고 있는 작은 화랑, 카페, 아틀리에 들이 이 마을이 소문난 화가들의 마을이라는 사실을 알려주고 있다.

바르비종에서 그림을 그리는 사람들을 바르비종파 화가라고 말할 수는 없겠지만 지금도 여전히 바르비종에 터를 잡고 그림을 그리는 화가들이 많다. 이들은 작은 갤러리에 그림을 걸고 사람들이 찾아와주기를 기다린다. 주말에는 그림 감상과 짧은 여행을 즐기는 파리 사람들로 북적인다. 거리 곳곳에 있는 기념품 가게들도 덩달아 들떠 있다.

이 마을에서 그림을 그렸던 바르비종파 화가들 가운데 가장 친숙한 이름은 밀레다. 밀레가 생활하기도 하고 작업실로도 사용했던 집은 담쟁이덩굴에 둘러싸여 있다. 지금은 밀레 전시관으로 이용된다. 밀레의 집에서 조금 떨어진 곳에는 루소의 작품들을 보관하고 있는 루소의 옛 작업실이 있다.

# 나폴레옹이 사랑했던<br>**퐁텐블로 숲**과 성

# *Fontainebleau*

밀레의 만종으로 유명한 목가적 마을 바르비종과 가까이 있는 퐁텐블로 숲, 그 숲의 끝부분에 성문이 문득 나타난다. 루이 14세가 거처했고 보나파르트 나폴레옹이 사랑했던 퐁텐블로 성이다. 화려하지는 않지만 장중하고 품위 있는 성 분위기는 짧은 사색에 잠기기에 부족함이 없다.

Forest

폰텐블로 성을 찾는 이들은 관광객 보다 프랑스 사람이 많은 편이다. 화려하지 않은 친근한 정원과 자연스러운 숲이 모든 것을 감싸주는 느낌인데 프랑스 사람들은 이런 분위기를 즐기는 것 같다.

퐁텐블로 숲은 오래 전부터 왕실의 수렵지로 널리 알려진 곳이다. 그 아름다운 숲속에 오랜 세월에 걸쳐 세워진 퐁텐블로 성이 장중한 성채를 드러내며 서 있다. 16세기 초 프랑수아 1세가 이곳에 있던 사냥용 별장을 헐고 지은 것이 르네상스 양식의 퐁텐블로 궁전이다. 1981년 유네스코에 의해 세계문화유산으로 지정되었다.

퐁텐블로 성의 첫인상은 상당히 소박하다. 화려한 프랑스 궁의 이미지가 전혀 느껴지지 않는다. 그러나 궁 안으로 들어가면 생각했던 것보다 더 오랜 역사의 흔적이 느껴진다. 바르비종파 화가를 만들어낼 수 있었던 초기 퐁텐블로파 화가들의 그림과, 12~13세기부터 파리 왕가와 귀족들이 스쳐 지나가며 남긴 것들이 마치 역사의 주마등처럼 늘어서 있다.

봉건왕조 시대부터 나폴레옹 3세까지의 흔적들이 다양하게 전시되어 있다. 한 번도 사용된 적이 없다는 황녀의 금빛 침실이나 황제에 올랐었던 나폴레옹의 유품 등이 전시되어 있지만 정작 이 성에서 관심을 끄는 것은 다른 데 있다. 바로, 궁 뒤편에 자연에 가까운 조경으로 이뤄진 정원과 퐁텐블로 숲이다. 본래 프랑스 정원의 특징은 잘 꾸며진 조경을 바탕으로 한 세련된 아름다움에 있다.

∴Travel Story **히틀러와 퐁텐블로 성** 한 때 퐁텐블로 성의 주인이었던 나폴레옹이 오스트리아를 정복하여 신성로마제국을 해체했다. 독일에게는 이런 역사가 치욕이었다. 이미 사라진 제국이지만 그 끈을 놓지 않고 있다고 생각한 '제3제국'의 히틀러는 프랑스를 손에 넣자마자 조국에게 치욕을 안겨준 프랑스로 건너갔다. 그는 파리에 잠깐 머물고는 곧장 퐁텐블로 궁전으로 달려갔다. 나폴레옹이 정사를 보았던 집무실과 휴식을 취한 침실 등을 자신의 두 눈으로 보고 싶어서였다. 나폴레옹은 독일 제국을 무너뜨린 원수이기 전에 그가 개인적으로 숭배했던 인물이었던 것이다. 퐁텐블로 성을 찾은 히틀러는 궁전의 위용에 압도되어 이렇게 말했다.

"건축은 누가 뭐라 해도 예술 중의 예술이야! 저 퐁텐블로를 보면 알 수 있잖아?."

퐁텐블로 성에서 가장 큰 관심을 끄는 곳은 백마 광장이다. 나폴레옹이 폐위 조치되어 엘바 섬으로 유배될 때 이곳에서 근위병들에게 이별을 고했다 하여 흔히 이별 광장이라고 부르기도 한다. 평민의 신분으로 황제에 올랐고, 역대 왕들이 고급 위락시설로 이용한 이 성에서 머무르며 영광과 오욕의 절정을 체험했을 나폴레옹을 떠올리게 된다.

성채 뒤쪽에는 인공으로 만든 커다란 연못이 있다. 호수라는 느낌이 들 정도로 커다란 연못을 일깨우고 있는 분수대가 한가롭게 보인다.

퐁텐블로 성은 규모나 볼거리 면에서 베르사유 궁전과 비교할 수 없을 만큼 소박하다. 그러나 프랑스의 역사와 의미 있는 이야기들이 담겨 있어 찾아가볼 만하다. 프랑수아 1세부터 루이 16세까지 7대를 거치며 증개축이 있었고 프랑스혁명 뒤에도 나폴레옹 1세가 황제로서 최후를 보낸 곳이며, 나폴레옹 3세도 마지막 왕으로 살았던 곳이다. 8세기에 걸친 프랑스 역사와 다양한 건축양식, 미술품을 볼 수 있다.

나폴레옹이 폐위되어 궁을 떠날 때 근위병들과 이별을 고했던 백마 광장

## '로마의 휴일'이 생생한 스페인 광장과 **트레비 분수**

# *Fontana di Trevi*

**영화 로마의 휴일을 느낄 수 있는 스페인 광장과 트레비 분수는 로마를 찾는 사람들에게는 성지와도 같은 곳이다. 영화 속의 한 장면처럼 아이스크림을 들고 스페인 광장 계단을 걸어 내려오거나 다시 로마를 찾아올 수 있도록 기도하면서 동전을 던지는 사람들에게서 로마 여행을 유쾌하게 즐기는 모습을 발견할 수 있다.**

PON·MAX
SOLVTVM A·DOM·MDCCLXII
CLEMENTIS XIII PONT

'이탈리아인이 설계하고 프랑스인이 지불하고 영국인이 배회하다 지금은 미국인들이 점령하고 있다'는 스페인 광장은 오드리 햅번의 인상적인 연기가 지금도 생생한 영화 '로마의 휴일'의 무대로 유명하다.

## 사철 관광객이 끊이지 않는 스페인 광장

로마의 중심 베네치아 광장에서 북쪽으로 열린 코르소 거리를 따라 한참을 걸으면 포폴로 광장이다. 광장에 있는 포폴로 문 왼쪽으로는 보르게세 공원이 있다. 철도가 없었던 시대의 여행자들은 이 포폴로 문을 통해 로마로 들어왔다고 한다. 로마를 찾아왔던 괴테도, 바이런도, 키이츠도 이 문을 통해 들어온 것으로 전해진다. 이 문은 3세기 때 만들어진 것이지만 17세기에 스웨덴의 여왕 크리스틴느의 로마 방문을 기념해서 다시 꾸며졌다.

보르게세 공원은 토스카나 시에나 출신의 추기경 보르게세가 17세기에 그의 가족을 위해 만든 정원이다. 그 때문인지 공원 안에서는 언제나 가족끼리 산책하는 모습과 연인들의 여유로운 데이트 광경을 쉽게 발견할 수 있다. 포폴로 광장에서 스페인 광장으로 가려면 보르게세 공원 쪽에 붙어 있는 판초 언덕으로 오른 다음 공원 가장자리 길을 따라 동남쪽으로 15분 정도 내려가면 된다.

오드리 헵번의 인상적인 연기가 지금도 생생한 스페인 광장은 영화 〈로마의 휴일〉의 무대로 유명하다. 이 영화 때문인지 스페인 광장 계단에는 언제나 꽃들이 피어 있고 초상화가나 꽃가게들도 줄지어 늘어서 있다. 그리고 계단 앞에는 항상 거리의 악사들이 기타를 치고 있고 사진 찍는 관광객들로 번잡하다. 스페인 광장은 17세기에 교황청 스페인 대사가 이곳에 대사관을 두면서 '스페인 광장'이라 불리게 되었다. 그러나 세계적인 관광명소로 알려지게 된 배경에는 영화 〈로마의 휴일〉이 있다.

'이탈리아인이 설계하고 프랑스인이 지불하고 영국인이 배회하다 지금은 미국인들이 점령하고 있다'고 하는 스페인 광장은 실제로 1725년에 프랑스 대사의 금전적인 도움으로 만들어졌다. 광장 주변에는 영국 풍의 찻집이 많이 남아 있고 지금은 미국 관광객들이 몰려들기 때문에 이런 이야기가

∴Travel Tip **젤라또를 꼭 즐겨보자** 로마 거리에서 젤라또(Gelato, 아이스크림)를 먹는 사람들을 보는 것은 흔한 일. 이탈리아는 미국, 호주에 이어 아이스크림의 소비량 세계 3위국이다. 로마인들은 맛있다고 소문난 가게라면 아무리 먼 거리도 서슴지 않고 찾는다. 유명한 젤라또 가게는 홈메이드 방식으로 직접 제조하는 것이 특징. 맛에서도 보통 아이스크림과 약간 차이가 있다. 내부에 함유된 공기의 양이 적어 쫀득하고 입에 착 달라붙으며 샤베트에 가까운 맛이 난다. 트레비 분수에서 판테온으로 가는 길목, 국회 하원의사당 부근에 있는 지올리띠(Giolitti)는 1900년경 문을 연 곳으로 로마에서 가장 유명한 젤라테리아 중 하나다. 100여 가지 종류가 있는 젤라또 가운데 '리쏘(riso, 이탈리아어로 쌀)'가 최고 인기 메뉴다. 더블컵이 3.5유로 정도로 비싸지만 세계 어디서도 맛보지 못한 맛있는 젤라또가 있는 로마 여행은 두고두고 기억에 남을 것이다.

스페인 광장 계단에는 언제나 꽃들이 피어 있고 초상화가나 꽃가게들도 줄지어 늘어서 있다. 계단 앞에는 항상 거리의 악사들이 기타를 치고 있고 사진 찍는 관광객들로 북적거린다.

나도는 것으로 알려져 있다. 예전에 스페인 광장에는 스탕달, 발자크, 바그너, 리스트, 브라우닝 등 문호나 예술가 들이 몰려들었다. 스페인 계단 오른쪽에는 아직도 키츠의 집이 키츠·셸리 기념관으로 보존돼 있을 정도로 예술인들의 자취가 남아 있는 곳이다.

### 로마에 다시 오기 위해 동전을 던지는 트레비 분수

스페인 광장에서 남쪽으로 발길을 돌리면 10분 거리에 트레비 분수가 기다리고 있다. 그러나 초행의 관광객들이 쉽게 찾을 수 없는 골목길이기 때문에 지도를 참조하거나 행인에게 길을 물어야 한다. "미 디카 라 스트라다 페르 라 폰타나 디 트레비(Mi dice la strada per la fontana de Trevi, 트레비 샘으로 가는 길을 가르쳐주십시오)"라고 부탁하면 손짓으로 방향을 가르쳐줄 것이다. 이때 "그라치에(Grazie, 고맙습니다)"라고 말하면 된다. 분수에 동전을 던지면 다시 로마를 찾아올 수 있다는 전설로 유명한 트레비 분수는 지금도 많은 여행자들이 이곳에 동전을 던지면서 로마의 매력에 빠져 있음을 확인하는 곳이다. 트레비 분수에 동전을 던지는 자세도 특이하다. 우선 분수를 등지고 선 다음 오른손에 동전을 쥐고 왼쪽 어깨 뒤로 던진다. 동전을 한 번 던지면 로마에 다시 올 수 있고, 동전을 두 번 던지면 사랑이 이루어지며, 동전을 세 번 던지면 사랑하는 사람과 이별한다는 이야기가 전해온다. 동전을 세 번 던지면 새로운 사랑을 만날 수 있다는 이야기도 되는 셈이다. 이렇게 분수에 동전을 던지며 염원을 비는 것은 고대 로마 사람들이 여행을 떠날 때 집 앞 우물이나 샘에 동전이나 꽃을 던지며 무사히 집에 돌아올 수 있게 되길 기원했던 풍습과 관련 있다는 이야기도 있다. '트레비'라는 말은 원래 '삼거리'라는 뜻이다. 이곳에서 길이 세 갈래로 나눠지기 때문에 이름 붙은 것으로 알려져 있다. 1792년 만들어진 이 분수는 교황 크레멘스 12세가 주최한 분수 경연대회에서 우승했던 니콜라 사비노가 설계한 것이다. 분수 뒤의 궁전을 배경으로 하고 바다의 신 넵튠과 트리톤이 힘차게 약동하는 형상으로 만들어져 있다.

로마를 찾는 이들에게 빼놓을 수 없는 명소인 트레비 분수에는 언제나 로마에 다시 오기를 기원하는 사람들의 소망이 넘실댄다. 로마에는 어느 시대나 로마를 방문하는 사람을 매료시키는 관능이 존재하기 때문이다. 교황 그레고리 14세는 3주일을 채우지 못한 여행자들과 헤어질 때에는 "그러면 안녕히 가십시오"라고 인사했고 몇 개월을 머문 사람들에게는 "로마에서 다시 만납시다"라고 인사를 했다고 한다. 로마를 사랑하려면 잠깐 머무는 것으로는 부족하고 한번 매료되면 다시 방문하게 된다는 것을 나타내는 이야기다.

**좌** 스페인 광장 계단 위에 있는 트리니타 데이 몬티 교회 앞 오벨리스크 **우** 스페인 교황청 대사관 앞 광장

## 로마 시민들의 휴식처
# 나보나 광장
# *Piazza Navona*

로마 관광은 '광장'을 중심으로 이뤄진다. 하루 일정이 끝난 뒤 자신이 다녀온 곳을 되짚어보면 제법 많은 광장에 다녀온 것을 알 수 있다. 베네치아 광장, 스페인 광장, 트레비 샘 곁에 있는 콜로나 광장, 판테온에 있는 런던 광장…. 광장을 순례하다 보면 어느덧 로마 구경이 끝나가는 것이다. 그리고 위에 열거한 광장들이 로마 관광의 '필수'라면 로마인들의 휴식처 나보나 광장은 '특별한 선택'이 되는 곳이다.

나보나 광장에는 베르니니가 만든 4대 강의 분수, 넵튠의 분수, 무어인의 분수가 주변 건물들과의 조화 속에 아름다움을 더한다. 무명 화가들과 다양한 퍼포먼스를 펼치는 사람들, 노점상과 로마 시민들이 모이는 저녁 무렵은 활기가 가득하다.

여행사의 패키지 상품을 이용해 유럽을 여행하는 사람들에게 나보나 광장은 생소한 관광지다. 짧은 로마 일정 때문에 후순위로 밀린 탓도 있지만 넉넉한 마음으로 찾아가야 광장의 진정한 매력을 알 수 있기 때문이다. 주마간산 식으로 로마를 둘러보는 여행을 할 경우에는 절대 추천할 수 없는 '느림의 미학'이 있는 곳이다.

나보나 광장은 바로크식 궁전이 있는 넓고 아름다운 광장으로, 차가 다니지 않아 한적하다. 관광객들이 밀려오기 전 시간인 오전에 가면 탁 트인 광장이 유난히 넓어 보인다. 그렇지만 작은 카페나 레스토랑 들이 문을 열기 시작하면 광장은 서서히 활기를 띤다. 이 시간쯤 되면 광장의 이곳저곳에는 즉석에서 그림을 그려 파는 거리의 화가들이 판을 벌인다. 본격적으로 관광객들이 광장으로 몰려오기 시작하면 독특한 분장을 하고 다양한 포즈로 퍼포먼스를 하는 사람들이 등장해 분위기를 달군다.

로마제국이 몰락한 후 로마가 십수 세기를 폐허로 버려지다시피 했을 때 이 지역도 전차 경기를 벌인 트랙의 흔적이 희미하게 남아 있는 황무지였다. 17세기에 들어서면서 바로크 양식의 궁전이 세워지고 베르니니의 걸작 '4대 강의 분수'와 '넵튠의 분수' '무어인의 분수' 등 3개의 분수가 만들어지면서 지금의 모습을 갖추기 시작했다.

나보나 광장을 낮 시간에 찾아오는 여행객은 로마를 두 번 이상 방문해 로

∴ Travel Story **베르니니와 보로미니** 나보나 광장에는 베르니니와 그의 라이벌이었던 보로미니 이야기가 전해진다. 베르니니가 4대 강의 분수를 만들 때 보로미니가 지은 성당은 볼 가치도 없다는 의미로 4대 강 중 나일강의 신이 얼굴을 두 손으로 가린 모습으로 만들고 네 명의 강의 신이 모두 몸을 뒤틀어 성당 쪽을 보지 않도록 만들었다고 한다. 이에 화가 난 보로미니는 성당 돔의 오른쪽 아랫부분에 분수가 보기도 싫다는 의미를 담아 고개 돌린 여인을 넣었다는 이야기가 있다.

마를 어느 정도 알고 있는 사람들이다. 그러나 저물 무렵이 되면 여행객보다는 로마 사람들이 점점 많아지기 시작한다. 하루의 피로를 풀기 위해 유쾌한 볼거리를 찾아 나보나 광장으로 나오는 것이다. 로마에서 가장 많은 퍼포먼스가 벌어지는 곳이기 때문이다. 보통 '거리공연' 정도로 번역할 수 있는 퍼포먼스는 광장의 분위기를 들뜨게 만드는 양념 구실을 한다.

판테온은 나보나 광장에서 스페인 광장 방향으로 걸어서 10분 거리에 있다. 미켈란젤로가 '천사의 설계'라고 극찬한 고대 로마 건축의 걸작이다. '판테온'이라는 말에는 '모든 신을 제사 지낸 신전'이라는 의미가 있다. 기독교가 공인되기 전에 다신교였던 로마의 신들을 모신 곳이다. 기원전 27년 아우구스투스 황제의 사위인 아그리파에 의해 건축되었으며 기원 후 125년 경에 하드리아누스 황제에 의해 복원되어 지금까지 보존되고 있다.

로마 건축미술의 최고 걸작 가운데 하나로 알려진 판테온은 돔의 중심이 하늘을 향해 뻥 뚫려 있어 맑은 날에는 따뜻한 태양빛이 들어온다. 이런 시간에 판테온의 실내는 경건함과 따스함이 가득하다. 로마의 여러 신들을 모셨던 공간이지만 지금은 르네상스 시대 예술의 거장, 라파엘로가 묻혀 있다. 자신의 천재성을 다 펼치지 못하고 아깝게 요절한 라파엘로의 흉상을 보기 위해 판테온을 찾는 관광객들도 많다.

그리스어로 '모든 신들'이란 의미인 판테온은 신전을 의미한다.

로마 제국의 영광이 느껴지는

**대전차 경기장**

# *Circus Maximus*

대제국 로마의 거대한 규모와 역동성을 미루어 짐작할 수 있는 대전차 경기장. 지금은 잡풀만 남아 있어 세월의 무상함을 느끼게 한다. 오히려 대전차 경기장 한쪽 끝에 있는 작은 성당 입구의 조각 '진실의 입'에서 로마에서의 유쾌한 추억을 발견할 수 있다.

'진실의 입'은 거짓말쟁이가 손을 넣으면 그 손을 삼켜버렸다는 전설이 있지만 '거짓말 탐지기'는 아니다. 그렇다면 원래의 용도는 무엇이었을까?

로마를 배경으로 만들어진 영화 〈벤허〉의 하이라이트는 대전차 경기장에서 벌어지는 치열한 경주 장면이다. 목숨을 건 질주와 유혈이 낭자한 장면 등을 영화관의 70mm 대형 스크린에서 만났던 엄청난 감동은 전 세계 영화 팬들을 한순간에 사로잡았다. 많은 사람들이 이 스펙터클한 장면을 콜로세움에서 도보로 10분 거리에 있는 대전차 경기장에서 촬영한 것으로 알고 있다. 그러나 이는 소문에 불과하다. 실제로는 캐나다에서 촬영했다고 한다.

고대 로마 시대 대전차 경기장인 '치르쿠스 막시무스(Circus Maximus)'는 로마제국에서 가장 큰 경기장이다. 약 25만 명의 관중을 수용할 수 있었던 것으로 전해진다. 여기서 주로 벌어졌던 전차 경주는 두 필의 말이 끄는 2륜 전차 또는 네 필의 말이 끄는 4륜 마차를 타고 결승점에 가장 먼저 도착하는 '전사'가 이기는 경기. 경기 도중 자주 전차끼리 충돌해 전사와 말이 부상을 입거나 최악의 경우 사망에 이르는 위험한 경기라 손에 땀을 쥐고 봐야 했던 것으로 알려져 있다. 2천 년 이상이 지난 지금은 그 웅장하고 화려했던 옛 모습은 없고 터만 휑하게 남아 있다. 하지만 이 터의 크기만으로도 얼마나 큰 경기장이었는지 미루어 짐작할 수 있다.

로마가 시작되었다는 팔라티노 언덕 방향으로 서면 대전차 경기장의 왼쪽 끝에 황토색 건물이 보인다. 이곳은 대전차 경기가 열릴 때 말과 전사들이

∴Travel Story **영화 로마의 휴일에서 '거짓말과 진실의 입'** "온종일 좋은 것만 할 거예요. 머리를 깎고, 젤라또를 먹고, 노천카페에 앉고…" 로마를 방문한 알 수 없는 나라의 공주 오드리 헵번은 일탈을 꿈꾸며 몰래 빠져나와 로마의 일상을 즐긴다. 항상 바른 말과 행동만을 해야 했던 그녀였지만 로마에서의 짜릿한 순간을 위해 거짓말이 필요했다. 공주를 취재하기 위해 의도적으로 접근한 기자인 그레고리 팩이 묻는다. "아가씨의 집은 어디예요?" "콜로세움." 베스파 스쿠터를 마구잡이로 몰다 경찰서에 잡혀가지만 "결혼하러 가는 도중이었거든요" 라는 말로 빠져나온다. 그런 그녀를 진실의 입으로 데려가 마치 정말로 손이 잘린 양 능청스런 연기를 한 그레고리 팩의 행동은 순진한 오드리 헵번에게 여러 가지 의미로 다가온다.

대기하던 곳으로 알려져 있는데 지금은 이 자리에 산타 마리아 인 코스메딘(Santa Maria in Cosmedin) 성당이 들어서 있다. 로마의 거대한 성당들에 비해 산타 마리아 인 코스메딘 성당은 작고 소박해 보인다. 그러나 로마를 소개하는 가이드북에서는 로마 시내에서 가장 아름다운 성당으로 손꼽힌다고 소개하고 있다. 매우 독특한 로마네스크 양식 종탑과 모자이크된 바닥 장식이 관람의 키포인트다.

성당 입구에는 '진실의 입'이라는 둥근 조각이 한쪽 벽면에 붙어 있고 많은 관광객들이 줄지어 서서 이 조각의 입에 손을 넣고 사진을 찍는다. 해신인 트리톤의 얼굴이 조각된 진실의 입은 로마의 분수 장식으로 보인다. 일설에는 하수구 뚜껑이라는 이야기도 있지만 값비싼 그리스 산 대리석으로 만들었고 크기도 하수구 뚜껑치고는 너무 커서 이야기를 만들어내기를 좋아하는 사람들이 지어낸 말로 보인다. 재미있는 점은 이 조각의 입 부분에 뚫린 구멍에 손을 넣고 거짓말을 하면 손을 깨물어 잘라버린다는 전설이 중세부터 내려오고 있는 것이다. 부부나 연인들이 손을 넣어 서로의 사랑이 진실함을 확인하는 장소이기도 하다.

로마에서 가장 소박하고 아름다운 성당이라고 평가받는 산타 마리아 인 코스메딘 성당

# Colosseo

## 로마 제국의 영광이 남아 있는 **콜로세움**

**베네치아 광장은 복잡한 로마 도심을 관광하다 방향감각을 잃었을 때 되돌아와 다시 출발할 수 있는 중요한 포인트다. 로마 관광의 핵심이라고 할 수 있는 포리 임페리알리와 포로 로마노, 콜로세움 등도 베네치아 광장 가까운 곳에 있다. 이런 이유로 많은 사람들이 베네치아 광장을 로마 관광의 출발점으로 삼는다.**

고대 로마의 참모습을 확인하기에 충분한 포로 로마노.
원로원 의사당과 신전을 비롯한 공공기관과 일상시설 등이 있고,
이곳을 중심으로 동쪽으로 콜로세움, 서쪽으로 테베레 강,
남쪽으로 팔라티노 언덕, 북쪽으로 카피톨리노 언덕이 위치해 있다.

로마는 한때 역사의 주인공들이 살던 흔적이 거리 곳곳에 생생하게 남아 있는 곳이다. 도시의 젖줄 구실을 하는 테베레 강을 따라 7개의 언덕 위에 펼쳐진 로마를 사람들은 영원의 도시라고 부른다. 고대 로마 시대부터 다양한 드라마가 연출된 로마의 도심은 생각보다 작아서 이쪽 끝에서 저쪽 끝까지 돌아보는 데 여유 있는 걸음으로 1시간 30분 정도면 충분하다.

로마를 찾아오는 많은 관광객들은 베네치아 광장을 출발점으로 한다. 베네치아 광장은 '웨딩케이크' 또는 '타이프라이터'라는 별명을 지닌 비토리아노 기념관 앞에 있다. 거대한 케이크 같은 외형으로 누구나 쉽게 찾을 수 있는 이 기념관 앞마당에서 로마의 동서남북으로 길이 이어져 있다. 방향감각을 잃었을 때 다시 되돌아와 다음 여행지로 떠날 수 있기 때문에 많은 관광객들이 베이스캠프로 삼는 곳이다.

베네치아 광장에서 북동쪽으로 뻗어 있는 길은 나치오날레 거리이고 그 반대쪽인 바티칸 방향으로 비토리오 에마누엘레 2세 거리가 열려 있다. 동남쪽으로는 고대 유적과 콜로세움이 있는 포로 임페리얼 거리가 이어져 있고, 북쪽으로는 로마의 주도로인 코르소 거리와 최고급 쇼핑가인 콘도티 거리가 계속 이어지고 있다.

베네치아 광장은 여행객들의 출발지로도 훌륭하지만 볼거리도 많은 곳이다. 광장에 있는 비토리아노는 1911년 이탈리아의 통일을 기념하여 세운 기념당으로 네오클래식 양식의 멋진 건물이다. 계단 아래 양쪽에 있는 두 개의 분수는 오른쪽이 티레니아 해를, 왼쪽이 아드리아 해를 나타내고 있다. 한가운데에 있는 기마상은 이탈리아의 통일을 이룬 비토리오 에마누엘레 2세의 동상이다.

광장 왼편에는 베네치아 궁전이 있다. 고딕 르네상스식의 이 건물은 옛날 베네치아 공화국 대사관이 이곳에 있었기 때문에 이름 붙여진 곳이다. 이 궁전에 집무실을 두었던 무솔리니가 2층 발코니에서 광장을 가득 채운 군중들에게 연설을 한 것으로도 유명한데 지금은 이탈리아 각지에서 모아놓

∴Travel Story **포로 로마노에서 가장 신성시했던 건물은?** 로마의 여러 신전 가운데 불의 신을 모시던 '베스타 신전'은 포로 로마노의 중심에 있다. 이 신전에 모셔졌던 신성한 불은 '베스탈'이라 불리던 6인의 무녀들에 의하여 지켜졌다. 베스탈들이 살았던 집은 3층 건물에 방이 50개나 되는 큰 규모였으니 베스탈의 숫자를 미루어 짐작할 수 있다. 신성한 불을 지키던 베스탈들은 6세부터 10세 사이의 귀족의 딸 가운데 선택되었으며 30년간 신성한 불을 지키는 일을 해야만 했다. 만약 불씨를 꺼트리면 가혹하리만큼 큰 벌을 받았다. 베스탈들은 신성한 처녀성을 지켜야 했으며 만약 이를 지키지 못하는 경우에는 생매장을 당하는 중형을 받기도 했다.

베네치아 광장은 로마의 동서남북으로 길이 이어져 있어 방향감각을 잃었을 때 다시 되돌아와 다음 여행지로 떠날 수 있기 때문에 많은 관광객들이 베이스캠프로 삼는 곳이다.

은 공예품 박물관과 도서관으로 이용되고 있다.

거대한 고대 유적 박물관인 로마의 진면목을 보려면 포리 임페리알리 거리를 택하는 것이 좋다. 베네치아 광장에서 콜로세움을 향해 열려 있는 큰 길인 포리 임페리알리 거리의 길 양편으로는 황제들의 유적이 발굴되는 현장이나 황제들의 동상이 늘어서 있는 모습이 보인다. 고대 로마제국이 가장 넓은 영토를 차지했을 때와 쇠퇴해가는 과정을 지도로 만들어 알려주는 타일 벽화도 만난다.

포로 로마노는 포리 임페리알리의 콜로세움 쪽 진행 방향 오른편에 있는 고대 로마의 유적지다. 로마 시대의 정치적 암투와 격변, 애증이 서려 있는 이 거리는 성자의 길이라는 중앙 통로를 따라 계속 이어진다. 현존하는 로마 최고의 개선문인 티투스 황제의 개선문에서 그 길은 시작된다. 서기 81년 도미티아누스 황제가 형 티투스와 아버지가 유대 전투에서 승리하고 돌아오자 승전을 기념하기 위하여 만든 것이 티투스 황제의 개선문이다. 현존하는 로마의 개선문 가운데 가장 오래된 것으로 알려져 있다.

티투스 황제의 개선문에서 콜로세움 방향을 보고 섰을 때 오른편에 있는 팔라티노 언덕은 로마의 건국신화가 있는 곳이다. 로마에 있는 7개의 언덕 중 평지가 많고 테베레 강과 가까운 언덕에서 로마가 시작된다. 버려진 쌍둥이 형제 로물루스와 레무스는 늑대의 젖을 먹고 자라다 로물루스가 레무스를 죽이고 로마를 세웠는데, 만약 레무스가 이겼다면 로마는 '레마'가 됐을지도 모른다.

로마의 주요 관광 포인트 가운데 하나인 콜로세움은 포리 임페리알리 거리의 끝에 있다. 네로가 죽고 난 뒤 베스파시아누스 황제에 의해 서기 72년에 착공되어 8년이 지난 서기 80년에 아들인 티투스 황제에 의해 완공되었다.

로마 최대의 경기장으로, 무려 5만 명의 관람객이 동시에 들어올 수 있는 거대한 규모이다. 이 원형경기장은 맹수와 검투사 혹은 검투사끼리 격투를 벌인 곳으로 유명하다. 일설에는 많은 유대인들이 이곳에서 박해를 받아 죽어간 것으로 묘사되었고 이 때문에 기독교인들에게는 순교 성지로 알려져 있다. 그러나 네로 황제의 유대인 박해는 콜로세움이 만들어지기 전이었으므로 잘못 만들어진 이야기라는 설이 힘을 얻고 있다.

콜로세움을 찾았을 때 곁들여 구경할 수 있는 건축물이 콘스탄티누스 개선문이다. 서기 312년 콘스탄티누스 대제가 막센티우스와 전투를 벌여 승리하고 로마로 귀환한 다음 전승을 기념하기 위해 세운 것이다. 3개의 아치 형태로 이루어져 있으며, 상단에는 콘스탄티누스 대제의 업적과 전쟁 장면을 새긴 부조가 있다. 이 개선문은 파리 샹젤리제 거리 끝 샤를 드골 광장에 있는 나폴레옹의 개선문을 세울 때 참고 모델이 된 것으로도 잘 알려져 있다.

기독교를 공인한 콘스탄티누스 대제가 세운 콘스탄티누스 개선문

# *San Pietro*

## 가장 작지만 가장 큰 나라 바티칸의
## 박물관과 **성베드로 성당**

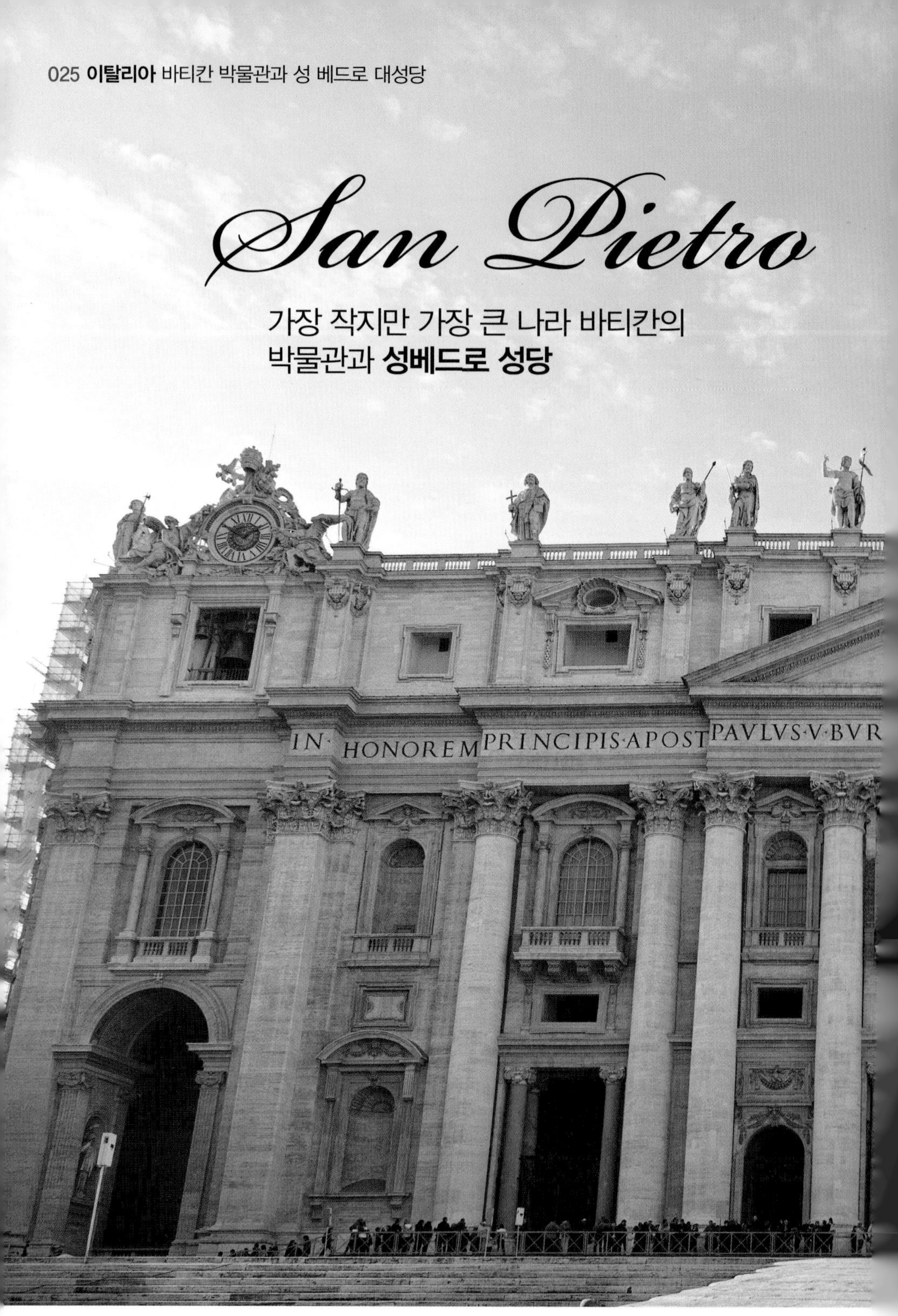

# *Basilica*

바티칸을 둘러보는 데 보통 반나절이 걸린다. 그러나 성당, 미술관, 박물관을 꼼꼼히 보려면 하루로도 모자랄 만큼 볼거리가 많다. 바티칸을 찾은 관광객들이 바티칸을 둘러보는 동선은 바티칸 박물관–시스티나 성당–성 베드로 성당–성 베드로 광장 순이다.

바티칸 박물관에는 고대 그리스 미술부터 중세에 이르는, 미술사적으로 가치 있는 다양한 작품들이 소장되어 있다. 특히 르네상스 시대의 또 미켈란젤로, 라파엘로 등 대화가의 내부 벽화와 장식도 눈여겨볼 것들이다.

유네스코가 지정한 세계문화유산이 가장 많은 나라는 어딜까? 정답은 이탈리아다. 2023년까지 등록된 유산으로는 1,199개가 올라 있는데 이 가운데 53개가 이탈리아에 있다. 그리고 그 이탈리아 유산의 한가운데에 로마와 바티칸시티가 우뚝 서 있다. 바티칸은 나라 전체가 세계 유산인 셈이다.

바티칸은 세계에서 가장 작은 나라다. 1929년, 당시 이탈리아 수상이었던 무솔리니와 로마 교황 비오 11세와의 합의 아래 세워졌다. 면적은 불과 0.44$km^2$로 미국 국회의사당보다 작다. 이 안에 성 베드로 대성당, 시스티나 대성당, 성 베드로 광장, 바티칸 박물관, 교황 거처 및 교황청 건물들과 그 주변의 거리 등이 촘촘히 들어서 있다. 독자적인 통신 체계 · 은행 기관 · 화폐를 갖추고 있다.

독립국가인 바티칸의 입국은 간단하다. 성 베드로 광장으로 들어가는 바로 앞 도로 위에는 흰 줄이 그어져 있는데, 이것이 바로 이탈리아와 바티칸의 국경이다. 이곳을 지나는 것만으로 이탈리아 출국 절차와 바티칸 입국 절차가 간단히 끝난다. 바티칸의 중심이라고 할 수 있는 성 베드로 성당이 보이는 광장에 서면 로마를 떠나 바티칸으로 들어선 셈이다.

바티칸 관광의 출발점인 바티칸 박물관은 1400여 개의 방이 있는 세계적인 규모의 박물관이다. 이곳에는 고대 그리스 미술부터 중세에 이르는, 미술

∴Travel Story **성 베드로 성당이 세워진 유래** 세계에서 가장 크고 아름다운 성 베드로 성당은 제정 로마의 후기 콘스탄티누스 시대에 만들어졌다. 당시는 황제난립시대로 6명의 황제가 있었는데 그중 콘스탄티누스와 막센티우스가 가장 강력했다. 이들은 312년 10월 28일 로마의 밀비오 다리에서 전투를 벌였다. 이 싸움에서 콘스탄티누스는 대천사 미카엘과 가브리엘의 도움을 받아 기적적인 승리를 얻는다. 승리 후 그의 모친 헬레나 왕후와 그리스도교 신자들이 공경해오던 사도 베드로와 바오로의 무덤 위에 대성당을 건축할 것을 공포하고 324년에 공사를 시작하여 349년에 완공하였다.

유네스코에 의해 나라 전체가 세계 유산으로 지정된 바티칸

사적으로 가치 있는 다양한 작품들이 소장되어 있다. 특히 르네상스 시대의 유명한 대리석 조각들과 회화들은 미술교과서에 수록되어 눈에 익은 작품이 많다. 또 미켈란젤로, 라파엘로 등 대 화가가 남긴 내부 벽화와 장식도 눈여겨볼 것들이다.

교황을 선출하는 장소로 유명한 시스티나 성당에 들어서면 미켈란젤로의 천장화 〈천지창조〉를 만날 수 있다. 교황 율리우스 2세의 간곡한 요청을 받아들여 1508년부터 1512년까지 4년 동안의 긴 작업 끝에 완성한 대작이다. 미켈란젤로가 〈천지창조〉를 완성한 후 22년 동안 매달려 작업을 마친 〈최후의 심판〉도 시스티나 성당에서 감상할 수 있다.

전 세계 성당 중 가장 큰 성 베드로 대성당은 돔의 크기만 해도 어른 80명이 껴안아도 부족할 정도다. 미사를 드리는 제단 수만 해도 44개나 되는 거대한 성당이다. '큐폴라'라고 부르는 거대한 반구형 돔이 인상적인 이 성당은 로마 르네상스 건축의 정점으로 평가된다. 해마다 1000만 명이 넘는 사람들이 다녀가는 성 베드로 대성당 앞에는 이탈리아의 거장 베르니니가 디자인한 성 베드로 광장이 있다. 베드로가 순교한 이 광장 중앙에는 오벨리스크가 있고, 옆에는 바로크식 분수가 대칭으로 놓여 있다.

바티칸은 언제나 많은 사람들이 줄 서서 기다리고 있고 입장할 때까지 기다리는 시간도 길다. 이런 이유로 바티칸 일정을 오전부터 잡고 일찍 입구에 가서 기다리는 것이 좋다. 자유 여행으로 로마를 찾았더라도 바티칸 구경만은 가이드를 구해 갈 것을 권한다. 바티칸 박물관의 방대한 작품들을 대충 둘러보고 나오기에는 너무 아깝기 때문이다.

# 로마 제국의 길이 시작되는 **아피아 가도**

# *Via Appia*

로마에 가면 가장 먼저 접하게 되는 것이 바로 '길'이다. '모든 길은 로마로 통한다'는 말이 만들어진 이유는 로마에 가면 쉽게 알 수 있다. 로마에서 시작된 길 가운데 고대 로마제국의 길 형태가 온전히 남아 있는 곳이 아피아 가도다. 이 길은 군사적, 경제적 측면에서 중요한 도로였기 때문에 '길의 여왕'이라고 불리기도 했다.

비밀 지하묘지 카타콤은 기독교도 중에서도 예수부활교도들의 묘였다. 이들은 로마 황제의 박해를 피하기 위해 해안가 특유의 지층을 파내려가 복잡한 미로를 만들어 생활했다.

로마 시내에는 고대 로마 집정관에 의해 만들어진 8개의 집정관 도로를 비롯해 커다란 간선도로가 사방팔방으로 뻗어 있다. 그리고 그 길은 2000년이 지난 지금도 옛 제국의 영토를 향해 동쪽으로는 유프라테스 강, 서쪽으로는 대서양, 남쪽으로는 사하라 사막에서 북쪽으로는 스코틀랜드까지 이어지고 있다. 로마에서 시작되어 남동쪽으로 통하는 길이 아피아 가도다.

2300년이 지난 지금도 비아 아피아(Via Appia)로 불리는 아피아 가도는 기원전 312년 로마의 감찰관 아피우스 클라우디우스 카에쿠스에 의해 만들어졌다. 길 이름도 그의 이름을 따서 지어졌다. 작은 도시국가였던 로마가 세계로 뻗어나가는 데 중요한 역할을 했던 이 도로는 이탈리아반도 남동쪽 항구도시인 브린디시(Brindisi)까지 이어진다. 그 길이가 536km나 된다. 군사적, 경제적 측면에서 중요한 도로였기 때문에 '길의 여왕'이라고 불리기도 했다.

아피아 안티카 가도는 카라칼라 욕장에서 출발한다. 큰 대로를 따라 남동쪽으로 걷다 보면 로마를 보호하기 위해 아우렐리우스 황제가 세운 성벽과 성 세바스티아누스의 문을 만나게 된다. 이 문은 원래 아피아 성문이라고 불렸었다. 이 문을 지나 버스 두 대가 빠듯하게 교행할 수 있는 좁은 길로 들어서면 본격적인 아피아 안티카 도보 순례가 시작된다. 사각 돌이 박힌 길을 따

∴Travel Story **그들이 카타콤에서 생활했던 이유는?** 그리스어로 '움푹 파인 곳'이라는 뜻의 카타콤은 기독교도 중에서도 예수부활교도들의 묘였다. 이들은 해안가 특유의 지층을 파내려가 복잡한 미로를 만들었고 그곳에서 생활을 했다. 1700년쯤 성서고고학자들에 의해 발견된 이후 지금까지 확인된 카타콤의 지하통로 길이를 합치면 무려 900km에 이른다. 로마에 거주하던 초기 기독교인들이 지하로 내려와 생활했던 이유는 크게 두 가지인 것으로 전한다. 그 당시 기독교인들은 대부분 빈민이나 노예 출신이어서 정상적인 방법으로 묘를 만들 경제적 형편이 안되었다. 자연히 지하에 공동묘지 형태로 묘를 만들게 되었다. 또 다른 이유는 박해를 피하기 위해서였다. 당시 로마법은 묘지를 성역으로 간주했기 때문이다.

라 걷다 보면 도미네 쿼바디스 성당에 이른다.

도미네 쿼바디스 성당은 예수의 열두 제자 가운데 한 사람이었던 베드로가 로마의 기독교 박해로부터 도망치던 중 예수를 만났던 곳에 세워진 성당이다. '쿼바디스 도미네(Quo Vadis, Domine?)'는 '주여 어디로 가시나이까?'라는 뜻으로, 베드로가 예수에게 던졌던 질문이다. 예수를 만난 베드로는 그 길로 다시 로마로 돌아와 십자가에 거꾸로 못 박혀 순교했다. 성당 안에 예수의 발자국이 새겨진 아피아 가도의 돌이 있었지만 지금은 '산 세바스티아누스 성당'에 옮겨졌다. 도미네 쿼바디스 성당 앞 삼거리의 왼편 길은 산 세바스티아누스의 카타콤(지하묘지)을 지나는 직선 길이다. 아피아 가도의 옛 모습을 간직한 구간으로 알려져 있다.

초기 기독교인들의 로마법에 의하면, 죽은 자는 도시 성벽의 바깥 편 지하묘지에 매장한다. 로마 주변에는 40여 개의 카타콤이 있는데 그중 산 칼리스토, 산 세바스티아노, 산타 도미틸라 등 세 곳이 유명하다. 산 칼리스토 카타콤은 많은 성인들이 묻힌 곳으로, 현재는 일부만 발굴되어 공개되고 있다. 시신은 서랍식 무덤인 '로쿨리' 형태로 안치되어 있다. 중요한 방들은 벽토세공 및 프레스코화로 장식되어 있고 교황의 무덤과 성녀 세실리아의 지하묘지도 있다.

베드로가 도망 길에 예수를 만났던 곳에 세워진 도미네 쿼바디스 성당

## 세계 3대 미항 중 하나인 **나폴리 항구**

# *Naples Port*

**에메랄드빛 바다 위로 찬란한 태양이 떠 있고 시원한 해풍이 밀려오는 나폴리. '나폴리를 꼭 한번 본 후에 죽으라(Vedi Napoli e poi muori)'라는 이 고장 속담이 가슴 깊이 와 닿는 이탈리아 남부의 대표 도시다. 이곳에서 만나는 산타 루치아 해변과 카스텔 델로보가 있는 풍경은 두고두고 잊지 못할 추억이 된다.**

HOTEL

산타 루치아 해변에 가면 황혼의 바다로 배를 저어 떠나는 광경을 노래한 이탈리아 가곡 '산타 루치아'를 흥얼대며 해변의 낭만을 즐기는 관광객을 여기저기서 발견할 수 있다.

에메랄드빛 바다, 파란 하늘, 찬란한 태양 아래 눈이 부시게 아름다운 해안선, 많은 요트들이 정박해 있는 항구, 멀리 보이는 산세와 잘 어울리는 해변가의 멋진 풍광이 있는 곳. 바로 세계 3대 미항 가운데 하나인 나폴리다. 이런 아름다운 풍광 이면의 나폴리는 전반적으로 낙후된 도시, 여유가 가득한 곳이라는 인상을 준다. 나폴리에 사는 사람들은 환경친화적으로 산다고나 할까. 고대인의 기상에 눌려 야심 없는 것처럼 소박하면서도 낙천적으로 삶을 향유하고 있다는 느낌이 든다.

'나폴리'라는 이름은 BC 6세기경 그리스의 식민시절의 이름 '네아폴리스(Neapolis)'에서 유래했다. 로마제국이 멸망한 후 나폴리는 중세 이래로 비잔틴, 노르만, 프랑스, 스페인의 통치를 받았다. 여러 이질적인 문화들이 섞이면서 복잡한 양상을 띠기도 했으나 그때그때 그 나름대로 적응하면서 독자적인 나폴리 문화가 형성되었다.

지금 나폴리에 가면 이곳의 복잡한 역사가 담긴 여러 건축물들을 도시 곳곳에서 볼 수 있다. 그중 대표적인 것이 해안가에 위치한 '카스텔 누오보(Castel Nuovo)'와 '카스텔 델로보(Castel Dell'Ovo)'다. 특히 카스텔 델로보는 나폴리를 대표하는 아름다운 바닷가인 산타 루치아 해변에 있어 관광객들이 많이 찾는다. 산타 루치아(Santa Lucia)는 나폴리 수호신의 이름이다. 예전에는 고깃배가 드나들던 해변이었지만 지금은 호텔이나 고급 빌

∴Travel Story **나폴리와 마르게리타 피자** 마르게리타 피자는 1889년 나폴리를 방문한 마르게리타 여왕을 위해 만든 피자다. 당시 요리사였던 돈 라파엘 에스폰트는 여왕을 위해 바질(초록색), 모차렐라치즈(흰색), 토마토(빨간색)를 이용해 이탈리아 국기를 상징화한 피자를 만들었다. 이 피자를 보고 여왕이 감동받았다고 하여 여왕의 이름을 따서 이름 지어졌다. 얇은 도우의 바삭한 식감에 토마토소스의 담백한 맛이 일품인 마르게리타 피자는 이탈리아를 대표하는 피자로 지금까지도 널리 사랑받고 있다.

라, 카페들이 들어섰다. 산타 루치아 해변에서는 황혼의 바다로 배를 저어 떠나는 광경을 노래한 이탈리아 가곡 '산타 루치아'를 흥얼대며 해변의 낭만을 즐기는 관광객을 여기저기서 발견할 수 있다.

산타 루치아 해변에서 방파제를 따라 300m쯤 가면, 바다 위에 떠 있는 듯한 카스텔 델로보와 만난다. '카스텔 델로보'는 '달걀 성'이라는 뜻이다. 성의 모양이 달걀을 닮았기 때문에 이러한 이름이 붙었다고 한다. 비르질리오(Virgilio)라는 사람이 깨지면 재앙이 온다는 달걀을 항아리에 넣어 묻은 곳 위에 성이 세워졌다는 재미있는 전설도 전해진다. 카스텔 델로보는 12세기에 노르만족이 나폴리의 해안을 담당하는 요새로 세웠다. 그 후 몇 세기 동안 왕가의 거주지였으며, 감옥으로 사용되기도 했다. 이 성이 군사시설로 이용되었을 때는 지리적 특성 때문에 중요한 전략적 역할을 했다. 12세기에 건립된 이 델로보 성 위에서 바라본 나폴리 만과 베수비오 화산의 모습은 마치 그림엽서를 보는 것 같다. 야간에 조명을 받아 물에서 떠오르는 델로보 성의 모습은 가히 환상적이다.

감옥의 모양이 달걀을 닮은 '카스텔 델로보'는 '달걀 성'이라는 뜻이다.

# 화산재 속에서 고대 유적을 보는 **폼페이**

*Pompeii*

'이탈리아에 가서 뭘 보시려고요?' 누군가 물으면 나는 늘 '고대인의 생활을 보러 가죠' 그리고 덧붙여 한마디, '살아 있는 고대인들의 모습을 보기를 원한다면 폼페이로 가야겠지요'라고 답한다. 이탈리아를 여행하는 사람들이 폼페이를 찾는 이유를 되살아난 유물 유적을 음미하는 것에서 발견할 수 있다.

베수비오 산자락이 지중해로 내려오는 길목에 폼페이가 있다. 베수비오 산은 화산 분출로 폼페이를 흔적도 없이 집어삼켰다. 하지만 우아한 곡선의 산세는 여전히 기품 있다. 베수비오 산이 폼페이를 집어삼킨 때는 79년 8월 24일 새벽. 열어젖힌 창문 너머로 베수비오 산이 불꽃을 번쩍였다. 타는 듯한 유황 냄새와 연기로 호흡이 어렵고 날아드는 죽음의 재에 공포와 절망의 두려움을 느낀 순간, 폼페이는 그대로 폭발해버린 용암 불덩어리와 화산재 속에 사라져 버렸다. 그리고 이 죽음의 도시에 대한 이야기는 시간이 지남에 따라 차츰 잊혀져갔다.
이후 1594년에 폐허가 처음으로 발견되었다. 많은 사람들이 보물찾기를 하기 위해 이곳으로 몰렸고, 1754년 명문의 발견으로 이 지역의 본래 이름이 폼페이라는 것을 알 수 있었다. 그러나 당시 유럽의 정치적 혼란 속에서 지속적이고 체계적인 발굴이 이루어지지 못하고 있었다. 세계적 문호 괴테는 「이탈리아 여행기」에서 도적 같은 자들에 의해 함부로 파헤쳐져 고대의 예술품이 다량으로 파괴 또는 분실되었다고 쓰고 있다. 그러다 1860년 젊은 고전 연구가 주세페 피오넬리(Giuseppe Fiorelli)가 발굴책임자가 되면서 합리적인 발굴 시대가 도래하였고, 기원전 10세기부터 형성되어 번영을 누렸던 도시 폼페이는 점차 그 실체를 드러내게 된 것이다.
굵은 쇠창살로 접근을 막아 놓은 자료관에서 보이는 화석화된 사람들의 모습은 그날의 참변을 말해준다. 양편으로 늘어서 있는 것은 대부분 가재도구들로서 그릇이나 화로 같은 것을 쉽게 알 수 있다. 그리고 중앙에는 순간

검투사들이 경기를 했던 검투장

순간적으로 화석이 되어버린
사람들의 모습. 낮잠을 자다 순식간에
화산재에 뒤덮이는 등 집 안에서
혹은 거리에서 만난 재난의 순간이
상상만 해도 소름끼친다.

적으로 화석이 되어버린 사람들의 모습이 드문드문 진열되어 있다. 엎드려 있는 모습, 누워 있다 일어나려던 채로 굳어진 모습, 무릎을 껴안고 웅크린 모습, 재난을 피해보려고 두 팔로 머리를 감싸 안고 엎드려 웅크린 모습 등, 집안에서 혹은 거리에서 만난 재난의 순간이 상상만 해도 소름끼친다.

폼페이 유적을 구경하다 보면 많은 것에 놀라게 된다. 2000년 전에 벌써 우마차가 다니기 편리하고 비가 오면 사람들의 발이 젖지 않도록 길을 만들었다. 비너스 신전과 법정 역할을 했다는 바실리카, 아폴로 신전 등에 남아 있는 바닥과 벽면, 원주의 건축물과 여기에 남아 있는 조각과 그림으로 그들의 종교생활을 짐작할 수 있다. 로마 법 등의 영향으로 기강도 바로 서 있었을 뿐 아니라 낙천적인 그들의 기질로 신과 더불어 즐기는 생활의 질서도 확립되어 있었던 것으로 보인다. 해시계, 물시계에 의해 근무시간을 맞추고 법정의 개정 시간을 공고했다는 기록으로 볼 때 상당히 앞선 문명의 혜택을 누린 도시국가였다는 점도 확인할 수 있다.

만약 한여름 작열하는 태양 아래 폼페이를 찾는다면 더위 때문에 고통스럽기는 하겠지만 그 당시의 생활 모습을 이해하는 데 도움이 되는 유적들을 만날 수 있다. 거리에 설치된 수도시설이나 완벽에 가까운 음향효과로 지금도 훌륭하게 제구실을 할 수 있다는 대극장 등을 둘러볼 때 그들의 앞선 문명에 다시 한번 놀라게 된다.

∴Travel Tip **베수비오 화산?** 나폴리 만 연안에 있는 해발 1281m의 활화산으로 79년 8월, 폼페이를 화산재와 용암으로 뒤덮어 전설 속의 도시를 만들었다. 베수비오 화산은 폼페이를 죽음의 도시로 만들어 버린 이후에도 수십 차례 화산활동이 계속되고 있다. 1631년에는 약 반 년에 걸친 지진과 폭발로 주민 1만 8000여 명이 희생되기도 했다.

2천 년 전에 벌써 우마차가 다니기 편리하고 비가 오면 사람들의 발이 젖지 않도록 **길을 만들었던 폼페이**. 거리에 설치된 **수도시설**이나 완벽에 가까운 음향 효과로 지금도 **훌륭하게 제 구실을 할 수 있다는 대극장** 등을 둘러볼 때 그들의 앞선 문명에 다시 한번 놀라게 된다.

# 결코 잊지 못할 **소렌토** 낭만여행

# *Sorrento*

소렌토가 내려다보이는 깎아지른 절벽에 서면 멀리 카프리 섬에서 돌아오는 배가 보인다. 어디선가 전설 속의 바다 요정이 부르는 '돌아오라 소렌토로'의 선율이 들려오는 듯하다. 고대 로마 시대부터 귀족들의 휴양지로 사랑받았던 소렌토 여행은 빛나는 태양과 신선한 바람이 가득한 낭만여행이다.

소렌토로 가는 해안절벽길.
비취빛 바다가 한눈에 내려다보이는
언덕에 차를 세우고 전망대에 서면
멀리 나폴리와 베수비오 화산,
카프리 섬이 한눈에 보인다.

나폴리에서 베수비오 순환 전철이나 자동차를 타고 나폴리 만의 해안선을 따라 남쪽으로 내려오면 소렌토를 만난다. 찬란한 태양 아래 눈이 부시게 아름다운 해안선 곳곳에 바다의 향기를 놓치지 않으려는 듯 언덕 위로 빼곡히 들어선 건물들. 그리고 멀리 베수비오 화산이 보이고 거대한 유람선이 떠 있는 풍경은 소렌토 항구의 대표적인 풍광이다.

남국의 정취가 물씬 느껴지는 소렌토는 고대 로마 시대부터 귀족들의 휴양지로 각광받아 온 곳이다. 깨끗한 거리와 품위 있는 건물 등을 보면서 이곳이 '있는 사람들'이 즐겨 찾는 휴양지라는 점을 실감하게 된다.

소렌토 거리의 중심은 타소 광장이다. 이 광장에는 이 고장에서 태어난 시인 토르콰토 타소(Torquato Tasso)의 기념비가 있다. 이 타소 광장을 중심으로 고급 호텔, 레스토랑, 기념품 상점이 늘어서 있다. 광장이 소렌토 여행의 시작점이자 끝점인 셈이다. 광장에서 서쪽으로 50m 정도 걸어가면 15세기에 재건된 두오모 성당을 만난다. 성당 왼쪽에는 작지만 아름다운 칸니네 교회도 있다. 또 해안가의 시민공원 뒤에는 14세기에 건축된 아름다운 아시시의 성 프란체스코 수도원이 있어, 들뜨기 쉬운 바닷가 관광지이지만 어딘가 차분한 느낌이다.

나폴리에서 배를 이용해 소렌토로 찾아가는 방법도 있다. 나폴리에서 쾌속

∴Travel Story **타소와 소렌토** 소렌토 어딜 가나 타소와 관련된 이름이 많다. 시내 중심의 타소 광장과 타소의 집도 그렇고, 유명 레스토랑에서도 '타소'라는 이름을 많이 볼 수 있다. 타소(Torquato Tasso)는 르네상스 문학 최후의 시인으로, 1544년 소렌토에서 태어났다. 그는 바로크 문학적 요소를 담은 작품을 선보였다. 최대 걸작으로는 제1차 십자군 원정에 의한 예루살렘 점령을 쓴 서사시 「해방된 예루살렘」을 들 수 있다. 이는 후기 르네상스 정신을 완전히 종합한 것으로서 고전적 전통의 모든 가치에 결부되는 것이면서도 바로크기 고유의 위기에 직면하고 있다. 새로운 문학 취미의 대표작으로서 모든 계층 사람들에게 애독되었으며 유럽 문단에도 커다란 영향을 주었다.

선으로 약 40여 분만에 연결되는 부두에 들어서면 좌우로 그림 같은 바다가 펼쳐진다. 부두가 있는 마리나 그란데에는 호화 요트와 크고 작은 배들이 정박해 있고, 백사장이 펼쳐진 마리나 피콜라에는 푸른 바다를 바라보며 일광욕을 즐기는 사람들로 넘쳐난다. 여름에는 세계적인 해수욕장으로 겨울에는 피한지로 각광받고 있는 곳이 소렌토다.

마리나 그란데에서 타소 광장으로 걸어 올라가다 숨이 턱밑까지 차올랐을 때쯤이면 비취빛 바다가 한눈에 내려다보이는 언덕이 나온다. 이곳에 서면 멀리 나폴리와 베수비오 화산, 카프리 섬이 한눈에 보인다. 이쯤에서 우리에게도 애창되는 '돌아오라 소렌토로'의 한 구절이 나옴직하다. 1902년 피에디그로타의 가요제에서 발표된 이 노래는 소렌토의 아름다운 풍경을 찬양하면서 떠나가는 애인에게 "잊지 못할 이곳에서 기다리고 있나니 곧 돌아오라"고 노래한다. '오! 솔레미오'도 소렌토 바다에 쏟아지는 태양을 노래하는 이탈리아 가곡이다. 두 곡 모두 전세계에서 가장 친숙한 가곡 중의 하나일 것이다. 나폴리 만의 아름다운 물빛과 휴양도시다운 적당한 소음 그리고 오렌지 숲으로 쌓인 소렌토는 나폴리 여행에서 빼놓을 수 없는 특별한 여행지다.

**좌** 사철 유람선이 찾아오는 소렌토 **우** 항구에서 타소 광장으로 올라오는 좁고 가파른 길

030 이탈리아 두오모 성당

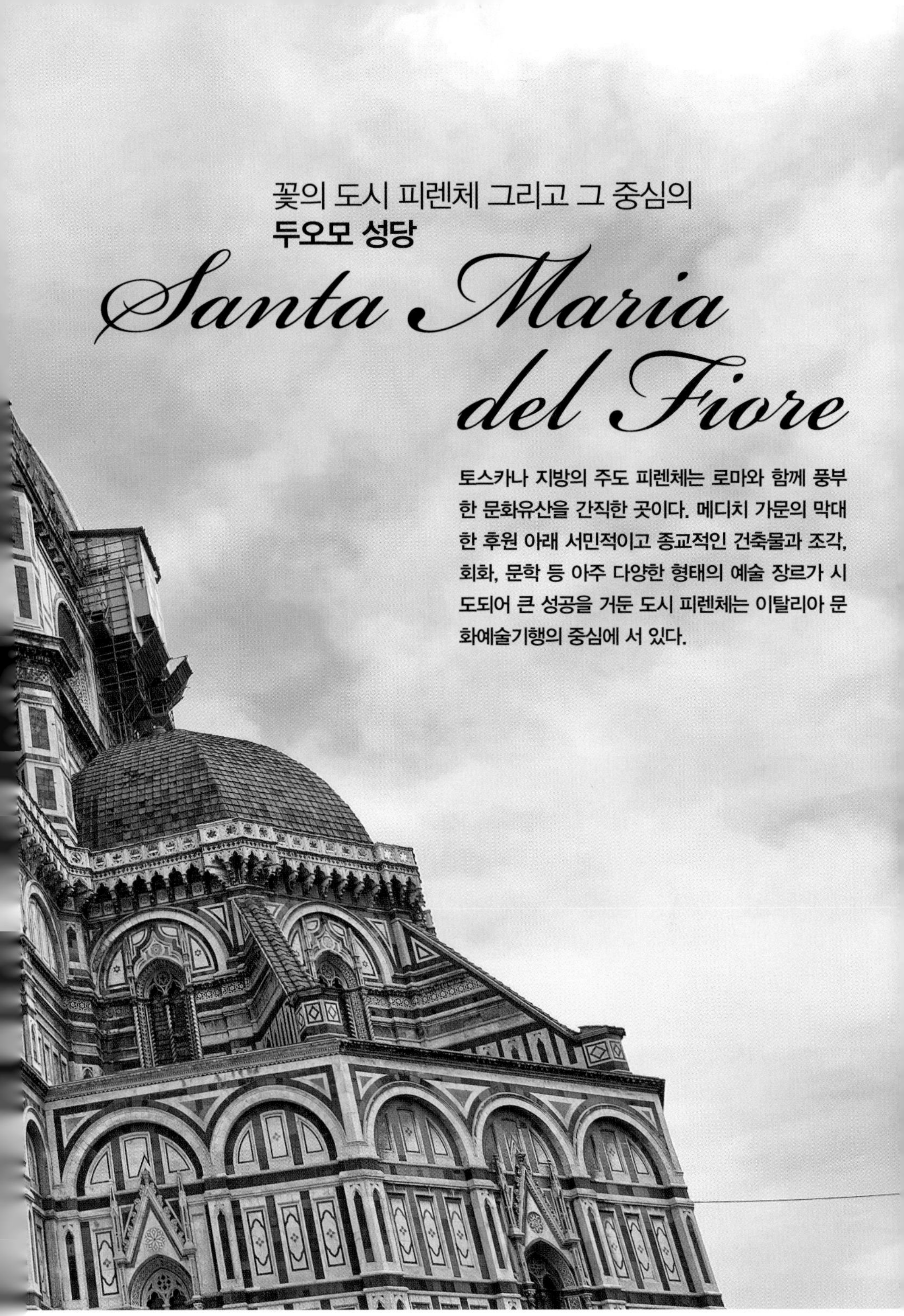

## 꽃의 도시 피렌체 그리고 그 중심의 **두오모 성당**

# *Santa Maria del Fiore*

토스카나 지방의 주도 피렌체는 로마와 함께 풍부한 문화유산을 간직한 곳이다. 메디치 가문의 막대한 후원 아래 서민적이고 종교적인 건축물과 조각, 회화, 문학 등 아주 다양한 형태의 예술 장르가 시도되어 큰 성공을 거둔 도시 피렌체는 이탈리아 문화예술기행의 중심에 서 있다.

'르네상스의 도시' '아름다운 꽃으로 환생한 도시'라는 수식어가 따라다니는 피렌체. 꽃의 도시답게 피렌체는 백합을 도시의 꽃으로 정하고 있다. 이 지역의 명문 가문의 문장과 휘장을 보면 백합을 많이 볼 수 있다.

피렌체는 찬란하게 빛났던 16세기 르네상스 문화를 그대로 간직하고 있는 이탈리아 중부 토스카나 지방의 주도(主都)다. 단테의 고향이자 인본주의와 예술이 화려하게 꽃을 피운 곳으로도 유명한 이 도시는 보카치오, 미켈란젤로, 레오나르도 다 빈치 등 유명한 예술가들의 업적과 그들의 일상이 곳곳에 남아 있어 이탈리아 문화예술기행에서 빼놓을 수 없는 곳이기도 하다.

이탈리아 사람들은 피렌체를 '꽃의 도시(Città del Fiore)'라 부르고 영어로 플로렌스(Florence)로 표기한다. 이탈리아어 피오레(Fiore)와 영어 플라워(Flower)는 꽃을 뜻하는 'Flore'에서 그 어원을 찾을 수 있다. 피렌체는 '르네상스의 도시 피렌체' '아름다운 꽃으로 환생한 도시'라는 수식어가 따라다닌다. 꽃의 도시답게 피렌체는 백합을 도시의 꽃으로 정하고 있으며 이 지역의 명문 가문의 문장과 휘장에 백합이 많은 것을 볼 수 있다. 거리를 걷다 보면 백합 문양의 장식과 메디치 가문의 문장이 자주 눈에 들어온다.

메디치 가문을 빼놓고는 피렌체의 역사를 이야기하기 어려울 정도로 메디치가는 피렌체의 중심에 있다. 그 흔적은 피렌체 중앙역 앞의 산타 마리아 노벨라 성당에서 쉽게 만날 수 있다. 아직도 자취가 보이는 메디치가의 곡물창고는 지금은 교회로 쓰이고 있는데 이곳 여기저기에 르네상스 당시의 예술혼과 경제적 번영, 종교적 냄새가 그대로 남아 있어 현대라는 시간을 잊고 그 속에 빠져들게 된다.

메디치가 사원의 성물실 중 브루넬리스키의 구(舊)성물실이 산 로렌초 교회에 있고 미켈란젤로가 설계한 신(新)성물실은 교회 뒤 메디치가의 예배당에 있다. 시대와 양식을 달리하는 묘지 공간에 예술품들이 어울려, 승화된 예술성과 성스러움을 보여준다. 특히 메디치 가문의 역사를 돌아보면 메디치 리카르디 궁전의 소박함에서는 가문의 융성을, 군주의 예배당에서 보이는 사치와 호화로움은 가문의 몰락을 이야기하고 있어 아이러니하다.
메디치 가문의 사원도 사원이지만 이 일대는 피렌체에서 가장 규모가 큰 시장을 끼고 있어서 항상 사람들로 북적거린다. 시장의 중심은 역시 식료품 시장. 이 지역의 야채나 과일 등이 값싸고 맛도 좋다. 긴 여름 해에 더구나 돌길을 걷는 일로 지친 여행자의 입맛을 살려줄 샐러드감과 다양한 향신료 등을 구경할 수 있다. 이 시장의 식료품 값은 물가에 비해 상대적으로 저렴한 편. 원래 이탈리아 물가가 편차가 크다. 귀족을 상대로 하는 유명 브랜드의 상품은 상상을 초월할 정도로 고가이지만 서민을 상대하는 상품들은 저렴하다. 관광객들은 이곳에서 길거리에 늘어놓은 가죽공예 소품들을 많이 구입한다.
산타 마리아 노벨라 성당과 메디치 가문의 교회를 거쳐 두오모 성당에 이르는 뒷골목은 더욱 중세적인 분위기다. 반면, 큰길가 광장은 수많은 관광객으로 소란스런 분위기가 가득하다. 이질적인 두 분위기가 기이한 느낌으

피렌체의 상징이라고 할 수 있는 두오모 성당

로 다가온다. 두오모 성당으로 향하는 길목에서 만나는 화려한 건축물들은 교통과 금융의 요지로서의 피렌체의 번영을 대변하는 듯하다. 그중에서도 가장 대표적인 것은 '가능한 한 장엄하고 호화롭게' 지었다는 두오모 성당이다.

피렌체의 상징이라고 할 수 있는 두오모 성당은 피렌체 시내 어디서든 아치형 돔의 일부가 보일 정도로 거대하고 화려하다. 1292년에 착공해 1436년에 완공된 두오모 성당의 정식 명칭은 '산타 마리아 델 피오레(꽃의 성모 마리아)'이다. 성당 건물은 아르놀포 디 캄비오가 설계했고 106m 높이의 돔은 필리포 브루넬레스키의 작품이다.

두오모와 같이 아름다운 대리석으로 건축된 팔각형의 건축물은 성 조바니에게 바쳐졌다는 세례당이다. 동남북에 3개의 청동문이 있는데 두오모 성당을 보고 있는 동쪽 문은 미켈란젤로가 이름 붙인 그 유명한 '천국의 문'이다. 로마네스크 양식의 팔각형 건물로 외벽은 흰 대리석의 줄무늬로 만들어져 있다. 천국의 문은 기베르띠(Renzo Ghiberti)의 작품으로, 구약성서를 상징한다. 르네상스 최고의 작품으로 손꼽힌다. 프랑스 로댕 박물관에 보관된 로댕의 생각하는 사람이 앉아 있는 '지옥의 문'과 비교해서 보면 더욱 흥미롭다. 북문도 역시 기베르띠의 작품으로 성경의 내용을 담고 있다. 세례 요한이 그려진 남문은 안드레아 피사노(Andrea Pisano)에 의해 1330년 완성되었다.

두오모의 남쪽으로 있는 조토의 종탑(Campanile Giotto)도 빼놓을 수 없다. '과거 누구의 예술보다 완전한 것'이라는 말을 들었을 정도로 그 자체가 하나의 예술 걸작품이다. 높이 85m의 거대한 고딕 양식의 종탑은 1334년 조토에 의해 기동되어 안드레아 피사노와 프란체스코 탈렌티(Francesco Talenti)에 의해 완성되었다. 당시는 페인트와 같은 안료가 없었기 때문에 흰색과 녹색 대리석을 사용하여 외관을 구성했는데 그 색채나 모양, 부조 등이 경이롭다. 근처의 두오모 성당과 성 요한 세례당과 조화를 이루어 피렌체를 찾는 관광객들에게 걸작을 감상할 수 있는 좋은 기회를 제공한다.

∴Travel Tip **피렌체와 피노키오** 피렌체는 피노키오의 고향이다. 피노키오의 작가 카를로 콜로디의 고향이 피렌체이므로 제페트 할아버지, 피노키오 모두 피렌체 출신이라고 할 수 있다. 이런 이유 때문인지 피렌체에 가면 피노키오를 자주 만나게 된다. 목각인형인 피노키오를 판매하는 상점을 둘러보고 있으면 어느새 동화 속으로 들어와 있는 것만 같은 느낌이 든다. 아기자기하게 볼거리들이 많아 시간 가는 줄 모르고 구경하다 정작 중요한 볼거리를 놓칠 수 있으므로 짧은 여정으로 피렌체를 찾은 관광객들은 조심해야 한다.

고딕 아치형 천장이 인상적인 두오모 성당 내부

# *Piazza della*

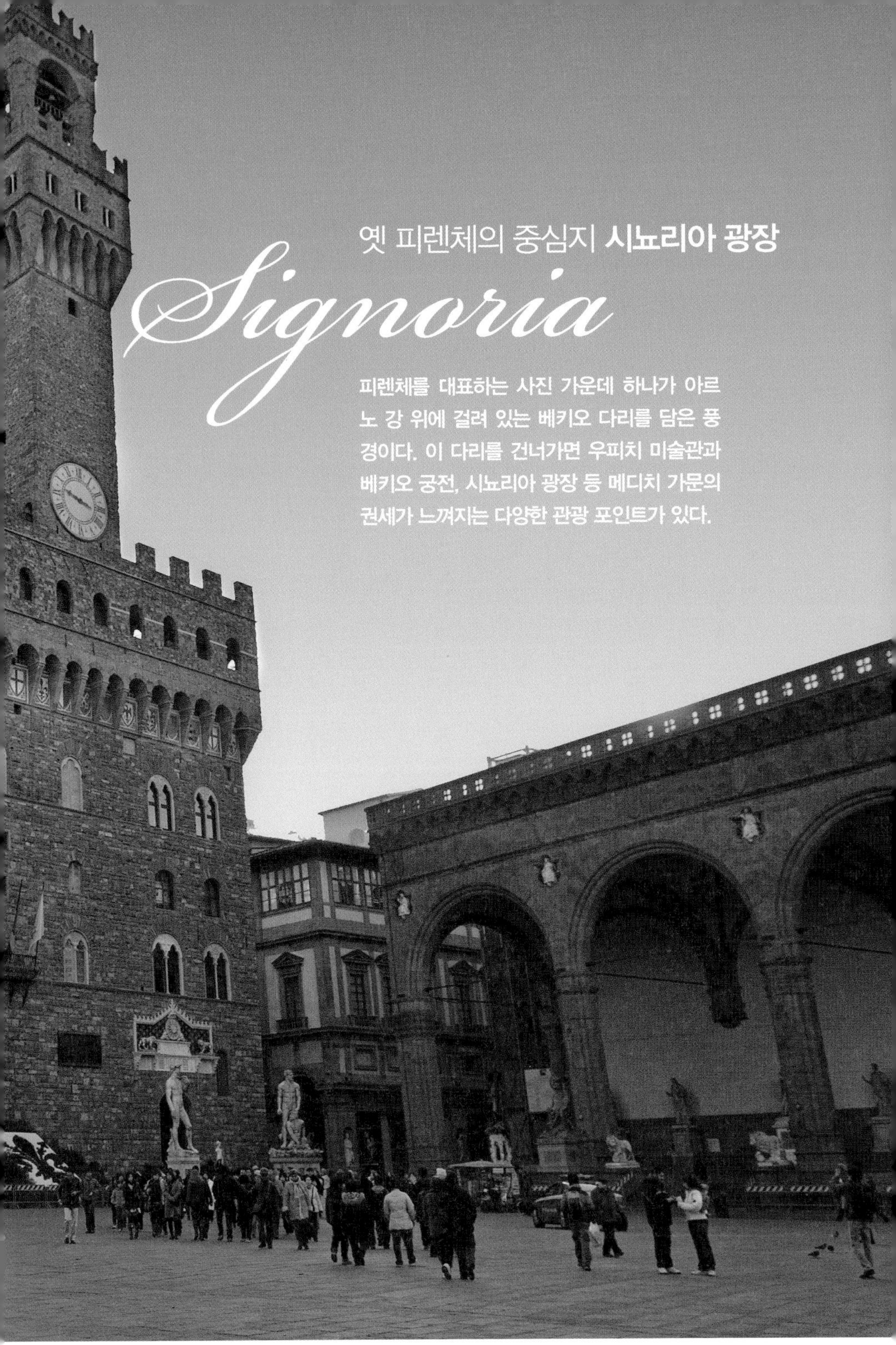

옛 피렌체의 중심지 **시뇨리아 광장**

# *Signoria*

피렌체를 대표하는 사진 가운데 하나가 아르노 강 위에 걸려 있는 베키오 다리를 담은 풍경이다. 이 다리를 건너가면 우피치 미술관과 베키오 궁전, 시뇨리아 광장 등 메디치 가문의 권세가 느껴지는 다양한 관광 포인트가 있다.

베키오 다리를 건너기 위해 강가를 따라 걷는다. 산보하는 노인, 물장난하는 사람, 낮잠 자는 사람, 작은 소품들을 길거리에 늘어놓고 파는 젊은이 등 여느 시골 마을 개울가 같은 풍경이 펼쳐진다. 베키오 다리 주변은 생각보다 많은 점포와 사람들이 몰려 복잡하다. 특이한 다리 구조와 섬세한 귀금속 세공품류가 르네상스의 영광을 빛내는 조각과 회화와 건축들을 예고하는 듯하다.

베키오 다리는 아르노 강 위의 다리 중에서 가장 오래된 것으로 1345년에 건설되었으며, 로마 시대의 마지막 다리로 알려져 있다. 1944년 연합군의 추격을 받던 독일군이 강 양쪽 기슭의 집을 모두 파괴했으나 베키오 다리만 남겨두었다고 한다. 원래는 대장간, 정육점, 가죽공예점이 있었으나 악취와 소음 때문에 다른 곳으로 밀려나고 임대료를 더 낼 수 있는 보석상들이 들어섰다는 이야기가 전해진다. 단테와 베아트리체가 처음 만난 운명의 장소가 바로 이곳이다. 단테는 이를 아름다운 문장으로 승화시켜 사랑에 목숨 거는 연인들의 대명사가 됐다.

아르노 강 위에 걸린 베키오 다리가 있는 풍경

베키오 다리가 끝나는 곳과 시뇨리아 광장 사이에 우피치 미술관이 있다. 우피치 미술관은 유럽 3대 미술관 가운데 하나다. 옛날 메디치가의 사무국이었던 장소로, 르네상스 당시의 회화 대부분이 여기에 있다. 그 유명한 보티첼리의 〈봄〉 〈비너스의 탄생〉뿐 아니라 다빈치의 〈동방박사의 경배〉, 미켈란젤로의 〈성가족〉 등이 있다. 미술관 2·3층에 45개의 전시실이 있는데 미술에 관심 있는 사람들에겐 두말할 나위 없이 황홀한 장소다. 자연 채광을 이용한 전시실이나 조개 진주층을 이용한 환상적인 팔각형의 천장 장식도 놓치고 싶지 않은 볼거리다. 그러나 바쁜 관광객의 입장에서 언제까지 그림 앞에 서 있을 수는 없는 법. 꼭 보고 싶은 회화가 걸린 전시실을 골라 하나라도 제대로 감상할 수밖에. 반드시 사전에 안내도나 설명서를 보기를 권한다.

피렌체는 13~15세기에 신 중심의 중세 암흑기를 벗어나 인간 중심의 르네상스 정신이 태동되고 개화된 본고장이다. 브루넬레스키, 단테, 미켈란젤로, 레오나르도 다빈치, 갈릴레이, 라파엘로, 마키아벨리 등이 활동한 장소

시청사인 베키오 궁전 정문 앞에는 비록 모조품이지만 **헤라클레스와 다비드 상**이 당당하게 자리하고 있다. 사바나의 약탈 상과 넵튠의 동상, 그리고 피렌체 공화국을 일으킨 코지모 메디치의 동상 등 광장 안에는 **르네상스 당시의 기념비적인 것들**이 거의 다 남아 있다.

메디치 가문의 문장을 건물 벽 여기저기서 발견할 수 있는 베키오 궁전, 남성들에게만 참정권을 주었기 때문에 남성들만 모여 투표를 했다는 시뇨리아 광장. 이 두 곳이 피렌체의 중심지이다.

로 그들의 위대한 업적들이 그대로 살아 오늘로 이어진다. 그리고 여기에는 피렌체 공화국의 지배자였던 메디치가의 후원과 가문의 이야기도 빼놓을 수 없는 역사로 살아 있다. 실제로 거리를 걷다 보면 곳곳에 있는 백합꽃과 환약의 상징인 메디치가의 문장이 자신도 모르게 중세의 어느 거리에 들어온 듯한 착각에 빠지게 한다.

시청사인 베키오 궁전 정문 앞에는 비록 모조품이지만 헤라클레스와 다비드 상이 당당하게 자리해 있다. 광장 안에는 사바나의 약탈 상과 넵툰의 동상, 그리고 피렌체 공화국을 일으킨 코지모 메디치의 동상, 분수 주변의 많은 조각과 부조, 산 마르코 수도원장이었던 사보나롤라의 화형터임을 알려주는 비 등 르네상스 당시의 기념비적인 유물이 거의 다 남아 있다.

소박하고 강건해 보이는 고딕풍의 건물 베키오 궁전 안으로 들어가면 피렌체의 상징 사자상이 먼저 눈에 띈다. 안뜰의 작은 분수와 2·3층의 '1200년대의 방' 등 재미있는 이름의 방들을 통해 당시의 회화나 내부 장식도 견학할 수 있다. 『군주론』을 쓴 마키아벨리의 서재도 볼 수 있다. 궁전 탑 위에 오르면 광장이 한눈에 들어온다. 과히 넓지 않은 광장 곳곳에 사진 찍고 휴식하는 관광객들이 있어 경쾌하고 활기차다. 걸어 다닐 수밖에 없는 피렌체 관광의 특성상 궁전 앞에는 관광객을 유혹하는 마차들이 줄지어 있지만 노천카페에서 한 잔의 차로 잠시 쉬어갈 일이다.

∴Travel Story **베키오 다리의 비밀통로 바사리 복도** 베키오 다리는 위아래 통로가 따로 있는 복층 구조의 독특한 다리다. 이 다리 2층에는 설계자인 바사리의 이름을 딴 바사리 복도가 있다. 이 복도는 코즈모 1세가 바사리에게 의뢰하여 만든 일종의 비밀통로로, 아르노 강 베키오 다리를 통해 가택인 아르노 강 남쪽 피티 궁전과 집무실인 우피치 궁을 연결했던 왕실 전용 복도이다. 메디치가 사람들은 신변을 보호하기 위해 이 복도를 통해 아르노 강을 건너다니며 사람들의 눈에 띄지 않도록 했다.

# *Piazelle Michelangelo*

## 피렌체 시내를 내려다볼 수 있는 **미켈란젤로 광장**

피렌체의 중세풍 시가지가 내려다보이는 풍경은 미켈란젤로 광장에서 만날 수 있는 익숙한 장면이다. 모조품이지만 이곳에서 감상하는 '다비드 상'과 베키오 다리가 보이는 아르노 강이 있는 풍경도 미켈란젤로 광장에서 만날 수 있는 특별한 경험이다.

∴ Travel Tip **다비드 상 진품은 아카데미아 미술관에 있다** 피렌체에 소장되어 있는 대표적인 명작은 '다비드 상'이다. 미켈란젤로가 25살 때 대리석과 2년 동안 씨름한 끝에 완성한 대작으로, 그의 최고의 걸작이기도 하다. 높이 4.1m의 거대한 석상은 투석기를 쥐고서 적을 노려보는 다비드의 모습을 하고 있다. 피렌체 시청사 앞에 세워져 있던 이 작품은 1873년에 아카데미아 미술관으로 옮겨졌다. 산 마르코 박물관 맞은 편에 자리한 아카데미아 미술관은 미켈란젤로의 주요 작품들을 만날 수 있는 곳이다. 1784년에 개관했으며 미켈란젤로의 조각을 시작으로 13~16세기 피렌체의 맥을 잇는 회화 등이 전시되어 있다.

미켈란젤로를 기념하기 위해 만든 언덕 위의 광장. 아름다운 중세풍의 피렌체 시가지를 여러 각도로 바라볼 수 있다. 르네상스 시대의 화려한 도시 모습을 상상하며 역사의 한 속으로 잠겨보는 것도 좋을 듯하다.

피렌체의 명소를 찾아가는 여행객들이 시내로 들어가는 통로는 북쪽이다. 피렌체 중심에 있는 산타 마리아 노벨라 역으로 들어가는 철도도 북쪽에서 진입한다. 그러나 버스를 이용해 피렌체로 들어가는 관광객들은 전체 도시를 조망하기 쉬운 아르노 강가 작은 언덕 미켈란젤로 광장으로 향한다. 이 공원 한가운데에 최초의 나체상인 다비드가 우뚝 서 있다.

1871년 조성된 미켈란젤로 광장은 피렌체 구시가지에서 아르노 강의 니콜로 다리를 건너 고대 로마의 성벽을 통과해야 찾을 수 있다. 처음 이곳에서 피렌체 시가지를 내려다본 사람들은 마치 언덕 아래 강변길을 지나는 사람이 누구인지를 쉽게 알아볼 수 있을 만큼 도시가 가깝게 느껴진다. 피렌체 시가지가 한눈에 들어오기 때문이다. 이곳에서 관망하는 피렌체의 아름다운 전경은 널리 알려져 있다. 아르노 강과 그 위를 지나는 유서 깊은 베키오 다리, 붉은 벽돌 지붕으로 가득한 모습…. 특히 도시 전체가 온통 붉은 벽돌 지붕으로 이루어진 모습이 아주 특이하다. 이곳에서 피렌체 시가지를 내려다보면 벌써 중세적 도시의 장미색 거리 한가운데에 들어온 기분이 든다.

광장 중앙에는 미켈란젤로 탄생 400주년을 기념해 세워진 '다비드 상'의 복제품이 있다. 그 주변으로 피렌체의 명소나 베키오 다리가 보이는 아르노 강 풍경 등을 화폭에 담아 판매하는 거리 화가들이 여럿 보인다.

피렌체의 아름다움을 카메라로 담으려는 사람들은 두오모 성당이나 시뇨리아 광장보다 이곳에서 더 많은 시간을 보내며 사진촬영을 한다. 기념엽서나 휴대폰 고리, 열쇠고리 등 간단한 기념품을 파는 사람들에게서 선물을 고르는 관광객들도 눈에 많이 띈다. 아름다운 중세풍의 피렌체 시가지를 여러 각도로 바라보면서 르네상스 시대의 화려한 도시 모습을 상상하며 역사 속에 잠겨보는 것도 좋을 듯하다.

# Chiesa di Santa Croce

## 피렌체 대표 위인들이 잠들어 있는 **산타 크로체 성당**

**피렌체를 대표하는 위인 276명이 잠들어 있는 산타 크로체 성당은 고딕 양식의 아름다운 성당이다. 그러나 피렌체가 자랑하는 인물 단테의 무덤은 피렌체에 없다. 다만 단테가 태어나고 자란 생가와 베아트리체와의 사랑이 남아 있는 거리 등에서 그의 흔적을 찾아볼 수 있다.**

단테 탄생 600주년을 기해 재건축한 기념관 안의 벽면에 부조된 단테 흉상은 수백 년의 역사를 훌쩍 뛰어 넘어 영원한 사랑을 전해온다.

아르노 강변의 여러 다리 가운데 유난히 아름다운 그라치에 다리를 건너면 산타 크로체 성당이 나타난다. 두오모 성당이나 시뇨리아 광장과는 두어 블록 떨어져 있어 위치상 조금 외진 곳이라는 느낌이 든다. 13~14세기에 건축된 고딕 양식의 산타 크로체 성당은 건축양식뿐만 아니라 부속 건물, 장식물 등도 예술사적인 가치를 인정받고 있다.

산타 크로체 성당은 파리의 판테온과 마찬가지로 피렌체의 만신전이라 할 수 있다. 르네상스를 빛내고 피렌체의 명성을 드높인 위인 276명이 바로 이곳에 묻혀 있기 때문이다. 이 성당 지하에는 미켈란젤로, 갈릴레오 갈릴레이, 마키아벨리, 레오나르도 다빈치 등 이름만으로도 위대한 피렌체 출신 유명인사들의 무덤이 바닥과 벽면에 늘어서 있다. 비록 가묘이기는 하지만 단테의 묘도 있다.

산타 크로체 성당 밖 광장에는 단테의 기념비가 있다. 당파싸움에 휘말려

∴Travel Story **단테의 무덤과 피렌체** 산타 크로체 성당에는 이탈리아를 빛낸 많은 인물들이 잠들어 있지만 아직 피렌체의 대표적인 인물이라고 할 수 있는 단테의 무덤은 없다. 단테는 「신곡」을 쓰기 이전에 피렌체에서 추방당해 라벤나로 갔고, 베네치아에서 라벤나로 오는 길에 객사했다. 그의 유해는 라벤나에 묻혔다. 피렌체는 지금도 단테의 유해를 피렌체로 가져오기 위해 많은 노력을 하고 있지만 라벤나의 반대로 뜻을 이루지 못하고 있다. 한때는 그를 내쳤던 도시가, 이제는 그를 돌려받기 위해 안간힘을 쓰고 있다는 사실이 역사의 아이러니다.

피렌체에서 영구 추방당한 단테는 1321년 라벤나의 영주 폴렌타의 외교사절로 베네치아에 다녀오는 길에 사망하고 무덤도 라벤나에 만들어졌다. 시간이 지난 후 피렌체 사람들은 단테가 고향에서 잠들지 못한 것을 아쉬워하며 산타 크로체 성당 앞에 기념비를 세워 그의 넋을 달랜 것으로 전한다.
산타 크로체 성당에서 멀지 않은 곳에 '단테 알리기에리가'라는 좁은 뒷골목이 있다. 두세 사람이 다닐 정도로 좁은 골목인데다 비슷한 중세풍의 벽돌집들이 줄지어 있어 찾기 어렵지만 길 가는 사람들에게 '단테'라는 말만 하면 길을 알려준다. 단테의 집으로 가는 길을 안내하는 작은 표지판을 따라 좁은 골목을 몇 개 돌아나가면 갑자기 작은 광장이 나오는데 이곳이 단테의 집 앞이다.
"내가 태어나 자란 곳은 아름다운 아르노 강변의 큰 도시"라는 「신곡」의 한 글귀가 최후의 중세인이자 최초의 근세인이라고 불리는 단테가 태어난 집임을 말해주고 있다. 단테 탄생 600주년을 기해 재건축된 기념관 안의 벽면에 흉상으로 부조된 단테가 영원한 사랑을 전해온다.

그라치에 다리를 건너면 산타크로체 성당이 나타난다.

# Leaning Tower of Pisa

세계 7대 불가사의 중 하나인 **피사의 사탑**

곧 쓰러질 듯하면서도 수백 년을 불안하게 버텨온 사탑이 있는 토스카나 지방의 작은 도시 피사. 갈릴레오 갈릴레이의 고향이자 '진자의 법칙'을 실험했던 역사적인 램프가 보관되어 있는 두오모 성당으로도 유명하다. 12세기 동방무역으로 번영을 구가했던 피사에서 그 역사의 흔적을 만나보자.

로마네스크 양식의 최고 걸작이라는 두오모 성당은 1068년부터 건축을 시작해 50년이라는 긴 세월에 걸쳐 흰 대리석으로 지었다. 회랑이 다섯 개나 되고 내부는 세련된 흰색과 검은색 줄무늬로 장식되어 성당답지 않은 밝은 분위기다.

피렌체를 관통해 지중해로 흐르는 아르노 강의 하류에 위치한 피사는 12세기 십자군전쟁 이후 동방무역의 거점도시로 성장해 상업적으로나 문화적으로 크게 발전했다. 피사의 중요한 문화재 대부분은 두오모 성당이 있는 두오모 광장에 모여 있다. 사탑, 두오모 성당 등을 만나기 위해 이 광장으로 들어가는 사람들은 대부분 서쪽 문을 이용한다. 세월의 흔적이 느껴지는 문을 지나 광장으로 들어서는 순간, 축구장 같은 너른 잔디밭 위에 펼쳐진 건축물의 웅장함이 한눈에 들어온다.

광장 중심에는 길이 100m가 넘는 두오모 성당이 있다. 로마네스크 양식의 최고 걸작이라는 대성당은 1068년부터 건축을 시작해 50년이라는 긴 세월에 걸쳐 흰 대리석으로 지었다. 회랑이 다섯 개나 되고 내부는 세련된 흰색과 검은색 줄무늬로 장식되어 성당답지 않은 밝은 분위기다. 그리고 그 주변으로 세계 7대 불가사의 가운데 하나인 피사의 사탑, 음향효과를 높이기 위하여 특별히 설계되었다는 세례당, 납골당 등이 자리 잡고 있다.

성당 안으로 들어가는 문은 로마네스크 양식의 조각품으로 치장되어 있다. 성당 안의 여러 조각품이나 유물 등에는 동양문화의 흔적들이 많이 남아 있다. 내부 장식 중에서 가장 눈에 띄는 것은 예수 그리스도를 중심으로 한 정면의 대벽화와 설교단 천정에 매달려 있는 구리램프이다. 갈릴레이가 이 구리램프를 보고 '진자의 법칙'을 발견했다는 이야기도 전해진다.

∴Travel Story **피사의 사탑에 얽힌 일화** 갈릴레오 갈릴레이는 물체가 자유낙하하는 시간은 낙하하는 물체의 질량에 의존하지 않는다는 법칙을 입증하기 위해 피사의 사탑 꼭대기에 올랐다. 이곳에서 크고 작은 두 종류의 물체를 동시에 떨어뜨려 양쪽이 동시에 땅에 닿는다는 것을 보여주었다는 이야기가 전한다. 그러나 실제로 이 실험은 피사의 사탑에서 이루어진 것이 아니고, 갈릴레오의 제자였던 비비아니(Viviani)가 지어낸 이야기인 것으로 알려지고 있다.

두오모 성당을 정면에서 바라보았을 때 오른편에 있는 피사의 사탑은 본래 두오모 성당의 신자들에게 예배시간을 알려주는 종을 매달기 위한 종탑으로 건축되었다. 흰색 대리석 원통 모양으로 1173년 피사의 건축가 '보난노 피사노'에 의하여 건축이 시작되었고, 1350년 '시모네'에 의하여 완성되었다.
13층 높이 55m의 사탑은 착공할 때만 해도 수직이었으나, 공사가 진행되면서 조금씩 기울기 시작했다. 지반이 약한 사암인데다 기초 기단도 3m밖에 하지 않았기 때문인 것으로 알려지고 있다. 이런 사실이 밝혀지면서 공사를 중단하려고 하였으나, 많은 연구 끝에 2층, 3층으로 올라갈수록 탑의 무게를 다르게 하면서 공사를 진행하였고, 마침내 사탑이 완성되어 세계 7대 불가사의 중 하나가 되었다.
탑이 기울어져 있는 탓에 사탑에 오르려면 예약이 필요하다. 입장권에 기록된 시간에 맞춰 입장하면 관계자의 안내로 약 30분간 견학을 한다. 탑 입장 시에는 가방은 보관해야 하므로 조금 미리 도착하는 것이 좋다. 탑은 57m 297개 계단으로 대리석 계단이라 미끄럽다. 특히 내려올 때 위험하므로 운동화를 신는 것을 권한다.

**좌** 위태해 보이는 사탑 **우** 두오모 성당 앞의 세례당

035 **이탈리아** 밀라노 두오모 성당

## 고딕 양식의 걸작
## 밀라노 **두오모 성당**

# *Duomo di Milano*

패션의 도시 밀라노는 오래된 도시이기는 하지만 로마나 피렌체처럼 유적이 많은 곳은 아니다. 그러나 고딕 양식의 걸작이라고 할 수 있는 두오모 성당이 있어 이 성당을 보기 위해 일부러 밀라노에 들르는 사람이 많다. 두오모 성당 광장 옆의, 유리 지붕이 있는 세계 최초의 쇼핑몰인 비토리오 에마누엘레 2세 아케이드 구경은 성당 구경의 덤이다.

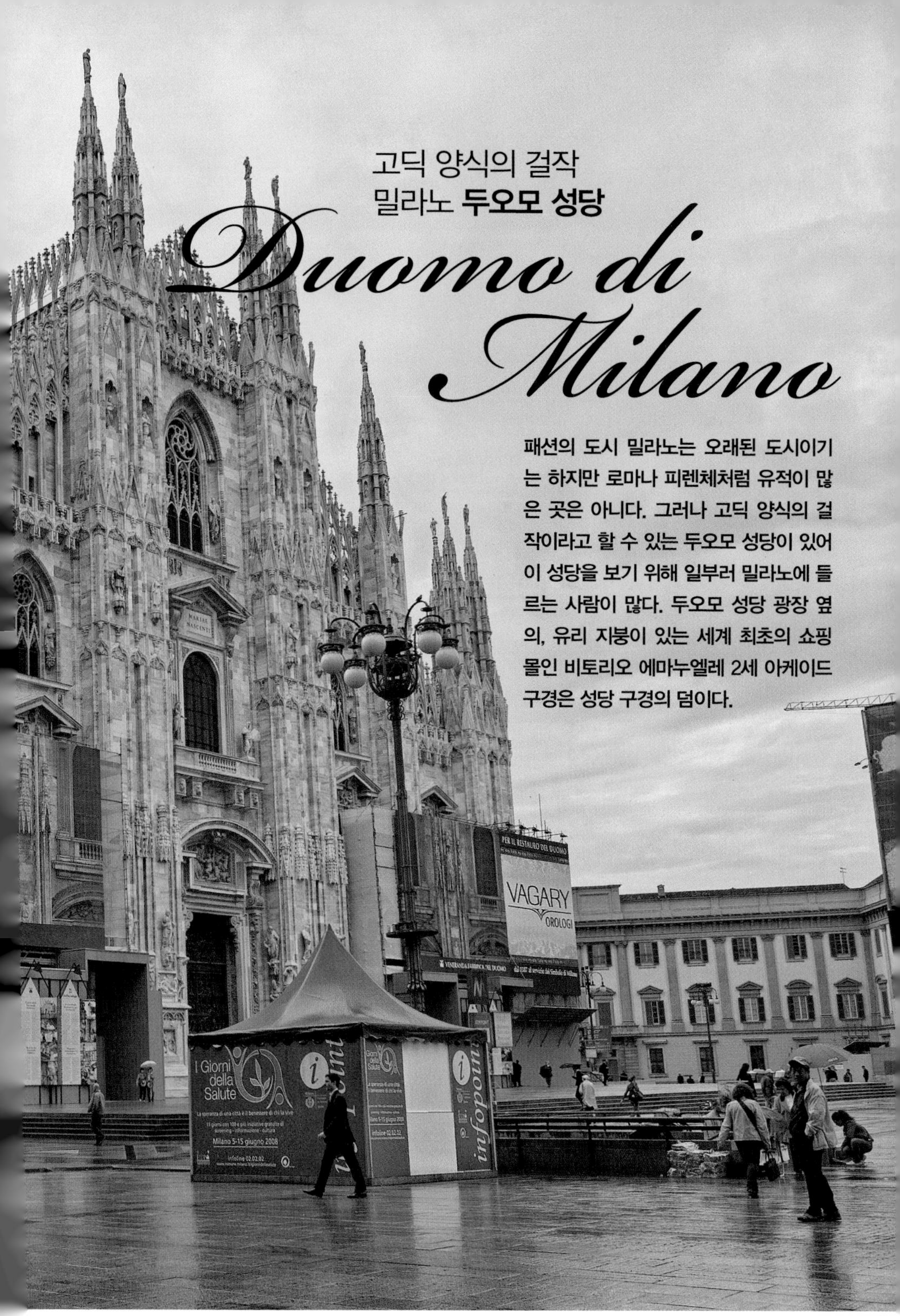

비토리오 에마누엘레 2세 아케이드는 19세기 후반에 지어진 세계 최초의 쇼핑몰. 개선문을 연상시키는 아치형 정문을 지나 안으로 들어가면 거대한 유리 지붕으로 덮인 쇼핑거리를 만나게 되는데 눈동냥만으로도 충분히 즐겁다.

이탈리아에서 가장 큰 산업도시인 밀라노는 유럽 정상급의 명품과 패션의 도시다. 이곳의 몬테 나폴레오네, 델라 스피자 거리 등지에서는 아르마니나 프라다 같은 세계 최고 디자이너들이 내놓는 새로운 디자인을 먼저 만날 수 있다.

밀라노는 로마나 피렌체 등지에 비해 유명한 유적지가 적어 관광객들이 많이 찾는 도시는 아니지만 로마의 성 베드로 성당 다음으로 규모가 큰 두오모 성당이 있어 두오모 성당 구경을 위해 일부러 찾아오는 사람들이 많다. 밀라노의 도시 이미지는 도도함이라고 해야 할까? 약간 콧대가 높다는 느낌은 두오모 성당 덕분에 더욱 도드라진다. 두오모 성당은 1386년 장 갈레아초 비스콘티 공의 예술 진흥 정책에 의해 짓기 시작했고 1890년에 완성되기까지 500년의 세월이 걸렸다.

밀라노의 상징이자 이탈리아 고딕 건축의 대표적 건축물인 두오모 성당은 14세기에 만들어지기 시작했지만 1765년에는 중앙에 우뚝 솟은 첨탑을 만들면서 지금의 모습에 가까워졌다. 1805년에는 성당 정면이 완성되었으며, 1858년에는 첨탑이 완성되어 성당으로서 모습을 제대로 갖추게 되었다. 14

세기에 시작해 19세기 중반에야 비로소 500년의 대 역사를 끝낸 셈이다.

두오모 성당은 157m의 높이, 92m의 너비, 135개의 첨탑과 성인상 등을 지닌 세계에서 가장 거대한 고딕 양식의 건축물로 기록되고 있다. 그러나 이탈리아에는 이 성당 외에 고딕 성당이라고 내놓을 만한 것이 별로 없다. 고대 로마에서 시작되어 발전을 거듭해온 유럽의 건축사에서 주도권을 잃지 않았던 이탈리아였지만 고딕 건축만큼은 프랑스에서 탄생하여 발전한 것으로 역사적 명성을 프랑스에 넘겨야 했다. 그럼에도 세계 최대 규모의 고딕 성당은 밀라노에 있으니 건축 규모로 본고장 양식을 뛰어넘은 청출어람(靑出於藍)이라고 할 수 있다.

두오모 성당의 전면에는 1906년부터 1965년까지 이탈리아 조각가가 만든 청동문과 대리석 부조가 있다. 왼쪽의 첫 번째 문에는 콘스탄티누스 대제가 기독교 신앙의 자유를 인정한 '밀라노 칙령'에 대한 내용이 담겨 있다. 두 번째 문에는 초대 주교인 성인 암브로조의 일생을 담고 있으며 중앙의 문은 성모 마리아의 생애를 그리고 있다. 네 번째 문은 밀라노의 중세 역사가 서술되어 있다. 가장 최근에 만든 다섯 번째 문은 두오모의 역사를 그리고 있다. 성당 내부는 5개의 복도로 이루어져 있으며, 큰 기둥이 받치고 있는 중앙 복도 안쪽에는 제단과 합창석이 있다.

두오모 성당 앞에 있는 광장은 밀라노의 중심이다. 이 광장의 동쪽에는 두오모 성당이 있고 성당 옆으로는 비토리오 에마누엘레 2세 아케이드가 있다. 이 아케이드는 19세기 후반에 지어진 세계 최초의 쇼핑몰이다. 개선문을 연상시키는 아치 정문을 지나 안으로 들어가면 거대한 유리 지붕으로 덮인 쇼핑거리를 만나게 된다. 고급스럽고 격조 높은 밀라노의 쇼핑거리인 이곳에는 유서 깊은 카페, 서점, 음식점, 명품점 등이 있는데 구경만으로도 충분히 즐겁다. 식물원의 온실 유리 같은 지붕이 있는 아케이드를 따라 200여 미터를 걸으면 꿈의 무대인 라 스칼라 오페라 극장과 만난다.

∴Travel Story **밀라노와 다빈치의 〈최후의 만찬〉** 레오나르도 다빈치의 〈최후의 만찬〉만큼 많은 오해와 억측을 불러일으킨 그림도 드물다. 가장 큰 논란거리는 이 그림에 나오는 예수 그리스도 왼편의 사람이 예수의 제자인 사도 요한이 아니라 마리아 막달레나라는 주장이다. 초기 기독교의 이단적 교파에서는 예수가 막달레나와 결혼해 아이를 낳았다고 주장한다. 그런데 다빈치가 다소 불경스럽고 의혹투성이인 이 작품들을 그린 곳은 이탈리아 북부 중심도시인 밀라노다. 당시만 해도 신흥 도시였던 밀라노는 대륙과 반도를 잇는 중심에 있어 사방에서 새로운 문물이 들어오고 나가는 곳이었다. 그래서인지 외래문화에 대한 포용성이 상대적으로 강한 곳이었다. 만약 교황청이 있는 로마였다면 다빈치가 과연 이렇게 도전적인 그림들을 그릴 수 있었을까?

036 **이탈리아** 산 마르코 광장과 두칼레 궁전

# San Marco Piazza

베네치아 공국의
영화가 남아 있는
**산 마르코 광장**

아드리아 해의 빛나는 바다와 아름다운 운하가 만나는 곳에 자리 잡은 산 마르코 광장은 베네치아를 찾아온 수많은 관광객들에게 꿈같은 시간을 선물한다. 한 번 방문하면 몇 번이라도 찾고 싶은 베네치아 여행의 하이라이트는 언제나 산 마르코 광장에서 시작된다.

물의 도시 베네치아는 엽서나 달력 그림으로 많이 나오는 곳이다. 베네치아를 방문한 여행객들의 표현이 조금 과장된 면이 있기는 하지만 아드리아 해의 빛나는 바다와 아름다운 운하, 좁은 미로가 만들어내는 풍광이 정말 아름답다. 이런 베네치아를 "한 번 방문한 사람은 몇 번이라도 다시 찾고 싶은 곳" "아직 가보지 못한 이들에게는 영원한 동경으로 남는 곳"으로 정리할 수 있다.

베네치아에서의 꿈같은 여행은 산타 루치아 역 앞의 수상버스 정류장에서 바포레토라는 수상버스를 타는 것으로 시작한다. 산 마르코 광장이 있는 주도로 가는 수상버스로, 우리 식으로 표현하면 노선버스 1번인 셈이다. 이 버스를 타면 쉽게 산 마르코 광장을 찾을 수 있다.

산 마르코 광장 옆에 산 마르코 사원이 있다. 약 천 년 전, 성 마르코의 시신을 보관하기 위해 세워진 산 마르코 사원은 비잔틴과 로마네스크 건축양식이 혼재된 건물로도 유명하다. 정면의 섬세한 조각들이 내부의 모자이크화와 더불어 성서의 내용을 담고 있다. 그리고 나폴레옹의 전리품으로 파리에 가 있는 것을 되찾아 더욱 유명해진 입구의 4두 청동마상은 베네치아 수호신이라 하는 날개 달린 사자상과 함께 이 광장의 상징물이다.

산 마르코 광장 양옆으로 자리한 두칼레 궁전은 베네치아의 권력과 영광의 상징이다. 베네치아를 다스리던 도제들이 살던 이곳은 일종의 정부청사와 같은 역할을 하던 곳이다. 두칼레 궁전 내부는 르네상스 양식으로 화려하게 장식되어 있고 예술가들의 작품이 가득하다. 베네치아에서 활동하던 화가들의 벽화와 천장화로 유명한데, 특히 대평의원회의 방에 있는 세계에서 가장 큰 유화인 틴토레토의 벽화 〈천국〉을 보려는 사람들로 항상 문전성시를 이룬다.

두칼레 궁전과 틴토레토의 〈천국〉은 그 유명한 탄식의 다리(Pontidei

∴Travel Tip **산 마르코 광장의 노천카페들** 산 마르코 광장 주변은 노천카페와 비둘기들이 가득해 과장을 조금 보태면 사람 반, 비둘기 반이다. 카사노바, 렘브란트, 괴테와 같은 역사 속 인물들과 꼭 같은 땅을 밟고 있다는 사실만으로 가슴이 벅차오른다. '카페 플로리안'은 1720년부터 문을 연 역사적인 장소다. 카페 하나가 같은 장소에서 300년 이상 영업을 해왔다는 사실 자체가 흥미롭지만 괴테와 바그너 등이 즐겨 찾던 곳으로 알려지면서 여행자들의 발길이 끊이지 않는다. 베네치아는 유럽의 커피 문화를 선도한 도시로, 실제 베네치아 커피의 품격이나 맛은 가격표를 들춰보는 것을 잠시 잊게 만들 정도다. 특히 산 마르코 광장에는 수백 년의 역사를 자랑하는 카페들이 많다. 잠시 피곤한 다리를 쉬려고 노천카페의 의자에 앉을라치면 어김없이 다가와 주문할 것을 요구하는 야박한 인심이 있는 산 마르코 광장의 카페이지만 눈 딱 감고 맛있는 커피를 주문해보자.

약 천 년 전 성 마르코의 시신을 보관하기 위해 세워진 산 마르코 사원

두칼레 궁전은 베네치아의 권력과 영광의 상징이다. 베네치아를 다스리던 도제들이 살던 곳으로 일종의 정부청사와 같은 역할을 하던 곳이다. 두칼레 궁전 내부는 르네상스 양식으로 화려하게 장식되어 있고 예술가들의 작품이 가득하다.

Sospiri)를 이해하기 위해서는 반드시 보아야 한다. '이렇게 큰 그림이 다 있을까?'하는 탄성과 함께 압도하는 천국의 이미지를 구경하고 나면 '지옥'으로 가는 길이 보인다. 재판을 받은 죄인들은 궁에서 연결된 탄식의 다리를 건너 지하 감옥으로 보내졌다고 한다. 음습하고 찬 이곳에서 아무도 살아 돌아오지 못한다 하여 탄식으로 건너게 되는 다리가 바로 '탄식의 다리'다.

복잡하지만 볼 것 많은 산 마르코 광장을 어슬렁거리며 여유 있는 시간을 보내는 것도 해볼 만하다. 산 마르코 광장을 오가는 사람들의 다양한 표정과 옷차림을 보는 것이 지겨워지면 바다 쪽으로 시선을 돌려보자. 산 마르코 사원이나 두칼레 궁의 화려한 건물보다는 푸른 융단처럼 깔려 있어 걸어도 될 것 같은 잔잔한 바다와 멀리 보이는 섬에 더 마음이 간다. 산 조르조 마조레 섬의 사원은 한 점 그림 같이 잡힌다. 비록 시간에 쫓기는 여행자이지만 가끔 가져보는 여유가 여행의 참맛과 추억을 가져다 줄 것이다.

광장 주변의 상점을 천천히 돌아보며 이곳의 특산물을 살펴보는 것도 색다른 즐거움이다. 베네치아의 가장 유명한 특산 품목은 유리 제품이다. 소문난 베네치안 글라스의 솜씨를 보기 위해 유리세공 집을 들러보자. 좁고 긴 계단 위에 있는 작은 유리세공 집에서는 관광객을 상대로 갖은 모양의 유리 제품을 만드는 과정을 보여주고 있다. 뜨거운 가마 앞에서 땀을 뻘뻘 흘리는 모습은 마치 우리 시골 장터의 대장간처럼 친숙하다.

유럽을 여행한 사람들은 많은 궁성에서 베네치아 유리공예품들이 얼마나 사치스러운 장식품으로 대접받아왔는지 실감할 수 있다. 만약 구입할 계획이라면 베네치아에 있는 여러 상점들을 돌아다니며 까다롭게 비교 구매할 것을 권한다. 또 다른 특산물인 가면이나 레이스 등은 별로 취향에 와 닿지 않는다. 원색을 주로 사용하는 베네치아 가면들은 작위적인 느낌이다.

베네치아에서의 꿈같은 여행은 산타 루치아 역 앞의 수상버스 정류장에서 바포레토라고 하는 수상버스를 타는 것으로 시작한다. 산 마르코 광장이 있는 주도로 가는 수상버스로, 우리 식으로 표현하면 노선버스 1번인 셈이다. 이 버스를 타면 쉽게 산 마르코 광장을 찾을 수 있다.

# 물의 도시 베네치아를 대표하는 **리알토 다리**

## *Ponte di Rialto*

자동차가 받아들여지지 않는 곳. 덕분에 더 맑은 공기, 끝없이 푸른 하늘, 반짝이며 넘실대는 지중해의 맑은 물결, 잡힐 듯 눈앞에 펼쳐진 아름다운 중세풍의 다양한 건축물, 모든 것이 사람들의 마음을 활짝 열게 하는 곳이 베네치아다. 세계 어디서도 찾아볼 수 없는, 물 위에 뜬 도시 베네치아에는 너른 광장과 독특한 거리가 있어 처음 찾아오는 관광객들을 한순간에 매료시킨다.

물의 도시 베네치아에는 400여 개의 다리가 있는데 가장 유명한 다리가 리알토 다리다. 베네치아를 관통하는 대운하의 가장 폭이 좁은 곳을 골라 놓은 다리로, 이곳에 베네치아에서 가장 중심이 되는 상권이 형성되어 있다.

기차로 베네치아를 방문할 경우에는 베네치아로 들어가는 길목인 리베르타 다리를 건너야 한다. 리베르타 다리의 긴 난간에 가지런히 서 있는 가로등은 베네치아의 바다 풍경과 어울려 제법 조형미가 있어 보인다. 베네치아행 기차는 이 다리를 건너 종착역인 산타 루치아 역에 닿는다.

베네치아를 처음 찾았다면 많은 사람들이 무리 지어 움직이는 대로 따라다니는 것도 한 방법이다. 우선 베네치아 여행이 시작되는 산타 루치아 역 앞의 수상버스 정류장에서 바포레토를 타면 산 마르코 광장을 가기 전 중간 기착지인 리알토 다리를 쉽게 찾을 수 있다.

수상버스로 리알토 다리 선착장에 도착하기까지는 동화 같은 풍경의 연속이다. 대운하 양쪽에는 빼어난 자태의 발코니를 자랑하는 카드로(황금궁전)가 있고 활기가 넘치는 리알토 다리가 눈에 들어온다.

물의 도시 베네치아에는 역(逆) S자 형의 대운하에 연결된 수많은 운하들이 있고 그 위에 약 400여 개의 다리가 있다. 그중 가장 유명한 다리가 리알토 다리다. 베네치아에서 가장 중심 상권을 형성하고 있는 곳이기도 하다. 베네치아를 관통하는 대운하의 가장 폭이 좁은 곳을 골라 다리를 놓은 것이 리알토 다리다. 12세기 경, 베네치아가 번영하면서 밀려드는 화물과 운하

∴ Travel Tip **곤돌라를 타면 베네치아를 사랑하게 된다** 곤돌라는 대부분 까만 옻칠을 하고 붉은 색 카펫을 깔아 매우 호화롭다. 선체가 모두 검은 색인 이유는 1552년에 발표된 베네치아 시령(市令) 때문. 관광객을 태우고 폭 좁은 운하를 노 저어 나가는 사람들의 분위기는 영화 〈대부〉에 등장하는 패밀리들과 닮아 있다. 마치 영화 속에서 이탈리아를 방문한 느낌이다. 곤돌라가 리알토 다리가 있는 대운하로 나가면 아코디언 반주에 맞춰 가수의 노래가 시작된다. 음악 교과서에 있는 '산타 루치아' '돌아오라 소렌토로' 등 우리에게 익숙한 이탈리아 가곡을 열창한다. 이럴 때 다른 곤돌라들도 그의 노래를 듣기 위해 몰려든다. 지중해의 태양 아래서 순식간에 펼쳐지는 정열적인 작은 축제에 모두 즐거워하는 풍경을 하루에도 수십 차례 목격할 수 있다.

를 건너려는 사람들이 많아지자 목조다리를 만들어 임시로 사용하게 되었다. 그러다 16세기 말 안토니오 다 폰테가 대리석으로 된 최초의 다리를 만들었는데 이 다리는 1854년 아카데미아 다리가 지어지기 전까지 대운하를 건너는 유일한 다리였다.

베네치아의 상징 가운데 하나로 자리 잡은 리알토 다리는 큰 배들이 드나들 수 있도록 다리 가운데가 높게 만들어졌다. 중심 상권답게 다리 위에도 귀금속과 가죽제품 등을 파는 점포들이 들어서 있다. 다리 난간에는 대운하를 지나는 배들과 곤돌라가 있는 풍경을 구경하려는 사람들과 다리를 배경으로 사진을 찍는 관광객들로 항상 복잡하다.

베네치아의 식당, 호텔 등의 요금은 대체로 산 마르코 광장에 가까울수록 점점 비싸진다. 가족이 많으면 산 마르코 광장 부근에서 식사를 하는 것이 부담스러울 수 있으므로 산타 루치아 역 부근이나 리알토 다리 부근에서 식사를 하고 산 마르코 광장 구경을 시작하는 것도 한 가지 방법이다. 이탈리아의 피자나 파스타는 관광객에게는 익숙하지 않은 해산물을 사용한 것이 있으므로 가능한 한 음식의 내용물을 확인할 것을 권한다.

베네치아로 들어오는 열차가 더 이상 달릴 수 없는 산타 루치아 역

## **베네치아** 미로여행

# *Venezia*

베네치아 입구에서부터는 바퀴가 달린 것에 금족령(?)을 내리고 있다. '바퀴 달린 것은 아무 것도 들어갈 수가 없습니다. 이제 내려서 걷거나 배를 타십시오.' 이런 이야기를 듣는 곳이 베네치아다. 좁은 수로와 미로 같은 골목길을 걸으며 베네치아에서만 느낄 수 있는 미로여행의 즐거움에 푹 빠져보자.

베네치아의 좁은 골목에서는 방향 감각을 잠시 잊어버리는 것도 좋다. 세월의 손때가 묻은 다리를 거닐어 보고, 두 사람이 지나가기에도 빠듯한 골목 구석구석을 다니다 보면 오랜 세월 동안 수많은 예술가들을 불러 들인 베네치아의 매력을 알 수 있다.

베네치아는 아드리아 해 수심 2m 아래 넓게 펼쳐진 진흙 펄 위에 몇백 년 동안 쌓인 화산재 등으로 바다를 메우고, 그 위에 150만여 개 기둥을 박아 건설한 도시다. 이렇게 많은 기둥이 도시를 받치고 있는데 어떤 공법으로 만들어졌는지는 아직도 불가사의다. 막연하게 강이나 운하가 발달했거나 만(灣) 깊숙이 위치한 도시의 매력이려니 생각했는데, 베네치아는 진정 물 위에 세워진 도시라고 말할 수 있다. 믿어지지 않을 만큼 얽히고설켜 있는 것처럼 보이지만 나름의 규칙이 있음이 분명하다.

넓은 광장과 많은 사원 덕에 바다 위라기보다는 육지 느낌이다. 그러나 길을 바로 돌아가면 작은 물길, 운하, 다리로 연결된 도시다. 오랜 세월 외부로부터의 침입에 대비했기에 프랑크 왕국과 비잔틴 제국의 틈바구니에서 살아남았고, 그 후에 문예부흥을 이루었던 베네치아는 1천 년 동안 변함없이 그 모습을 지켜오고 있다.

유명한 산 마르코 광장이나 리알토 다리로 향하는 엄청난 무리의 인파를 피해 골목으로 접어들면 이 도시의 숨겨진 참모습을 발견할 수 있다. 골목길은 길이 아니다. 아니 길은 길이지만 물길이다. 물길은 건물의 벽면이 그대로 물에 잠겨 있어 배를 타고 가거나 물길 옆으로 좁은 보도가 있는 길이

∴ Travel Tip **베네치아 미술관 기행** 물위의 도시 베네치아는 바닷가에 있어 미술관을 운영하기 쉽지 않다. 그러나 세계적으로 평판이 좋은 미술관들과 격년으로 열리는 베네치아 비엔날레가 있어 미술관 기행을 위해 찾아오는 사람들이 제법 많다. 베네치아에서 꼭 방문해야 할 곳으로는 베네치아파의 회화를 모아놓은 아카데미아 갤러리가 있다. 14세기부터 18세기까지의 명화를 모아놓은 미술관으로 걸작이 많기로 유명하다. 미술관 앞과 들어가는 입구가 교회 같아서 미술관보다는 오랜 성당의 프레스코화를 감상하러 들어가는 분위기다. 페기 구겐하임 미술관은 미국의 여류 미술품 수집가이자 후원자인 페기 구겐하임이 베네치아 거주 당시에 거처하던 곳이다. 세계 최고 수준의 현대 미술관으로 피카소, 미로, 달리 등의 작품을 만나볼 수 있다.

었다. 잦은 선박 통행으로 도시 전체가 조금씩 물에 잠기면서 보여주는 이 온전함은 차라리 만용처럼 느껴진다. 그리고 이 느낌은 '탄식의 다리'에 이르러 정말이지 긴 탄식으로 새어나온다.

세월의 손때가 묻어 있는 다리를 거닐어 보고, 두 사람이 지나가기에도 빠듯한 골목 구석구석을 다니다 보면 오랜 세월 동안 수많은 예술가들을 불러들인 베네치아의 매력을 알 수 있다. 방향감각은 잠시 잊어도 좋다. 어차피 어디로든 통하게 되어 있다. 특히 이 골목에는 15~17세기에 지어진 멋진 건물이 많아 눈이 어지러울 정도다. 물과 맞닿은 부분은 이끼로 색이 바래 운치를 더한다.

베네치아에서의 미로 찾기는 혼돈과 방황이 중첩되어 묘한 매력을 준다. 좁은 골목길을 빠져나오면 작은 광장이 나타나고 길이 다시 서너 갈래로 나뉜다. 야외 오페라극장이나 과일과 야채를 파는 작은 시장도 보인다. 여기저기 쏘다니며 베네치아 뒷골목의 독특한 정취에 젖어 있다가 문득 처음 출발했던 곳으로 되돌아와야 할 경우 유심히 도로 표지판을 살펴보면 된다. 대부분의 표지판에는 주요 명소로 가는 표시가 되어 있어 리알토 다리나 산 마르코 광장 등으로 쉽게 나올 수 있다.

**좌** 산 마르코 광장에서 리알토 다리로 가는 좁은 길 **우** 곤돌라를 이용해 미로여행을 즐길 수 있다.

## 엘바 섬 나폴레옹 유적탐방

# Elba Island

이탈리아 중북부 토스카나 지방의 엘바 섬은 이탈리아 본토에서 약 20km 떨어져 있다. 우리나라의 남해군보다 약간 작은 섬이다. 고대부터 철광 산지로서 알려져 있지만 지금은 로제 와인의 산지로 유명세를 타고 있다. 그리고 우리들에게는 나폴레옹의 유배지로 더 잘 알려져 있다.

나폴레옹이 여름 별장으로 이용했던 빌라 산 마르티노. 나폴레옹의 엘바 섬 도착 200주년인 오는 2014년에 맞춰 그가 살았던 빌라 데이 물리니와 빌라 산 마르티노 등 두 건물을 '나폴레옹 보나파르의 황궁'으로 단장하고 있다.

엘바 섬은 지중해의 작은 섬이지만 지정학적으로 중요한 위치에 자리 잡고 있어 오래전부터 지중해의 패권을 잡는 세력에 의해 통치되어 왔다. 이 섬은 중세와 르네상스 시대에 피사 또는 피렌체에 속해 있었으나 1596년 스페인의 통치를 받았다.

나폴레옹이 태어난 코르시카에서도 그리 멀리 떨어져 있지 않다. 코르시카는 프랑스 영토였지만 토스카나 지방 언어에 매우 가까운 특유의 방언을 쓰고 있다. 프랑스 사람들 가운데 이탈리아 이름을 가진 사람 상당수가 코르시카 출신이다. 따라서 지금처럼 통일국가가 되기 전의 이탈리아 사람들은 나폴레옹을 이탈리아 사람으로 여기고 영웅 대접을 했었다.

이런 복잡한 역사가 있는 엘바 섬은 나폴레옹의 유배지로 유명하다. 러시아 원정에 실패하고 실각한 나폴레옹이 퐁텐블로 조약으로 인하여 유배지인 이 섬에 도착한 때는 1814년 5월 4일. 당시 그는 1천 명 가량의 호위병 및 가솔들과 함께 엘바 섬에 와서는 '엘바의 황제'라는 칭호를 받고 그 섬에 살고 있던 11만 명의 주민들을 다스리면서 기회를 엿보다가, 이듬 해 2월 26일 프랑스로 탈출한다. 나폴레옹은 300일 동안의 엘바 섬 생활을 하면서 섬 사람들과 행복하게 지냈으며 경제, 사회 전반에 걸쳐 섬의 수준을 높이기 위해 노력했던 것으로 전해진다.

∴ Travel Tip **엘바 섬의 와인** 엘바 섬의 와인의 역사는 토스카나 지방에 정착해 있던 에트루리아 사람들에 의해 시작됐다. 중세시대에는 토스카나 지방 전역에 와인을 공급했고 16세기 말에는 이 지역 통치자였던 메디치 가문의 페르디난도(Ferdinando) 1세가 엘바 섬의 포도밭을 특별히 보호하는 여섯 법규를 만들어 보호할 정도로 와인 산지로 자리 잡게 되었다. 작은 섬에서 재배되는 포도가 그렇게 많지는 않지만 다양한 와인이 생산된다. 따라서 엘바 섬은 섬 전체가 원산지 증명(D.O.C.) 지역이다. 이곳의 로제 와인은 좋은 품질로 이름이 높다. 보통 화이트 와인보다 더 차게 마시는 로제 와인은 드라이하면서도 풍미가 뛰어나 거의 모든 음식과 잘 어울린다.

섬을 탈출한 나폴레옹은 재기를 노렸지만 워터루에서의 패배로 대서양 한 가운데에 있는 세인트헬레나 섬에 유배되어 그곳에서 삶을 마감한다. 나폴레옹이 엘바 섬에서 파리로 귀환할 때 많은 엘바 섬의 와인을 가지고 왔던 것으로 알려지고 있다. 엘바 사람들이 강하고 건강한 이유는 엘바 섬의 와인 때문이라고 생각했기 때문이다.

나폴레옹이 엘바 섬에 유배되었을 때 지냈던 저택 '빌라 데이 물리니(Villa dei Mulini)'는 페라이오 항구가 내려다보이는 언덕 위에 있다. 이곳에서는 나폴레옹이 태어난 코르시카 섬도 보인다. 2층 구조의 나폴레옹 저택은 침실과 응접실, 바다가 보이는 발코니, 정원 등이 있어 유배를 당한 사람이 지내기에는 너무 넓다는 생각이 들 정도다. 빌라 안에 전시된 유물에는 'N' 자가 새겨진 황제의 표식이 군데군데 있어 나폴레옹이 지냈던 공간임을 확인할 수 있다.

엘바 섬에는 페라리오 항에 있는 빌라 이외에도 여름 별장으로 이용되었던 빌라 산 마르티노가 있다. 이탈리아 토스카나 주 정부는 나폴레옹의 엘바 섬 도착 200주년인 2014년에 맞춰 그가 살았던 빌라 데이 물리니와 빌라 산 마르티노 등 두 건물을 단장했다. 그리고 두 건물의 이름도 '나폴레옹 보나파르트의 황궁'으로 바꾸었던 것으로 알려지고 있다.

나폴레옹이 유배되었을 때 지냈던 저택 '빌라 데이 물리니'가 있는 페라이오 항구

# **알게로 구시가지** 유적탐방

# *Old city of Alghero*

사르디니아 섬 서북쪽에 자리 잡은 아름다운 항구 알게로는 이탈리아 영토이지만 아라곤 왕국의 통치를 받았던 탓인지 카탈루냐어를 사용한다. '작은 바르셀로나'라는 별칭을 가지고 있는 알게로의 구시가지는 오래된 성당과 성벽을 따라 이어지는 산책로, 미로 같은 골목길 등이 있어 거리 구경에 시간 가는 줄 모른다.

구시가지는 해안선을 따라 이어지는 성벽 안쪽에 있다. 성벽 위 산책로를 따라 지중해의 아름다움을 감상하면서 가벼운 산책을 즐길 수 있다.

장화 모양의 이탈리아 반도 서쪽에 자리 잡은 사르디니아 섬은 지중해에서 두 번째로 큰 섬으로, 유럽 사람들에게 '꿈의 휴양지'로 여겨지는 곳이다. 면적 2만 4000km²로 대략 경상도 정도의 크기다. 바다가 가질 수 있는 최상의 아름다움을 가진 섬이지만 우리나라 사람들에게는 이상하리만치 생소해서 관심 밖으로 밀려나 있는 섬이기도 하다.

알게로는 지중해의 아름다운 항구를 찾아가는 유람선들이 사르디니아에 접근했을 때 들르는 항구로, 사르디니아 섬 북서쪽에 위치한다. 1102년 제노아의 도리아 가(家)에서 만든 항구이지만 개항 이후 지중해 패권을 장악했던 여러 세력에 의해 지배를 받게 된다. 1345년 스페인 카탈루냐 지역을 중심으로 세력을 넓혔던 아라곤 왕국의 피터 5세가 통치하기도 했다. 이런 이유로 지금도 스페인의 영향으로 카탈루냐어를 사용하고, 구석구석의 골목과 상점 등 도시 자체 분위기 역시 스페인의 느낌이 많이 묻어난다. 때문

∴ Travel Tip **넵튠의 동굴** 알게로 항구에서 출발하는 유람선을 타거나 하루에 서너 차례 운행하는 지붕 없는 2층 관광버스를 이용하면 카포카치아에 있는 넵튠의 동굴을 찾을 수 있다. 바다를 다스리는 신 넵튠의 이름을 딴 동굴로 종유석이 아름답다. 파도가 심한 날에는 동굴 입구에 배를 대지 못하고 동굴로 들어가는 입구도 위험해서 출입을 금지시킨다.

에 '작은 바르셀로나'로 불리기도 한다.

예전부터 어업으로 생계를 이어왔던 알게로 사람들에게 변화가 찾아온 때는 1950년대부터. 2차 세계대전이 끝난 후 유럽에는 휴가 열풍이 불기 시작했는데 이때부터 변화가 시작되었다. 항구 북쪽으로 이어지는 해안선을 따라 펼쳐진 해수욕장 뒤편에는 호텔과 레스토랑이 들어섰고 관광 수입으로 생활하는 사람들이 점차 많아졌다. 이곳을 신시가지로 부른다. 산호도 매우 유명한데, 곳곳에 산호 전문 공예점이 많아 한 번쯤 들러볼 만하다.

알게로는 구시가지와 신시가지로 보통 나뉘는데, 관광객들이 관심을 갖는 볼거리의 대부분은 구시가지에 있다. 구시가지는 외적의 침입을 막기 위해 해안선을 따라 만들어둔 성벽 안쪽에 모여 있다. 성벽 위로 이어지는 산책로를 따라 지중해의 아름다움을 감상하면서 가벼운 산책을 즐길 수 있다. 산책길이 끝나는 곳에는 분위기 있는 카페와 레스토랑이 기다리고 있어 해가 저물 무렵에는 아름다운 일몰과 함께 로맨틱한 시간을 보낼 수도 있다.

구시가지에는 다양한 색채와 모양의 집들이 이어져 있고, 카탈루냐 양식의 두오모와 종탑이 멋스러운 바로크 양식의 산 미켈레 교회도 자리 잡고 있다. 구시가지는 걸어서 구경하는 방법과 미니열차를 타고 골목골목을 지나다니며 치비카 광장, 산타 마리아 성당 등 명소를 돌아보는 방법이 있다. 미로와 같은 구시가지의 골목길을 쏘다니다 보면 문득 분위기 있는 카페를 만날 수 있는데 이곳에서 즐기는 이탈리안 에스프레소 한 잔은 두고두고 기억에 남을 것이다.

바로크 양식의 화려한 **왕궁**과
돈키호테를 만나는 **스페인 광장**
Palacio Real

스페인의 수도 마드리드의 중심에는 왕궁이 있다. 프랑스 베르사유 궁전과 닮아 있는 바로크 양식의 궁전 안은 대단히 화려하다. 지금 왕궁에 왕족들은 살고 있지 않지만 국빈영접행사 등 국가 공식행사에 사용되고 있다. 왕궁 가까이 있는 스페인 광장에서 돈키호테와 산초의 동상이 있는 세르반테스 기념비를 만날 수 있다.

스페인의 대표 작가 돈키호테의 세르반테스 사후 300주년을 기념해 세운 기념비가 있는 스페인 광장. 늙고 말라빠진 말을 탄 돈키호테와 뚱뚱한 산초 판사의 상이 있고 그 뒤에는 세르반테스가 앉아 이들을 내려다보고 있다.

문화와 예술, 유흥을 즐기는 정열의 도시 마드리드. 이곳은 이베리아 반도의 중심부, 해발 646m의 카스티야 평원 정중앙에 자리 잡고 있다. 스페인 왕국의 수도로 비즈니스 센터, 행정부, 정부, 국회, 스페인 왕가의 저택 등이 소재해 있으며, 금융과 산업 분야에서도 중요한 위치를 차지하고 있다.
마드리드의 역사는 만자나레스(Manzanares) 강의 왼쪽 기슭에 성채를 세운 아랍에미리트 무하마드 1세(852~886)에서 시작된다. 이후 기독교도인 알폰소 4세가 11세기경 마드리드를 점령하기 전까지 그리스도교인과 아랍인들의 투쟁의 역사가 계속된 곳이기도 하다. 이후 17세기 말경 세고비아, 톨레도, 발렌시아로 이어지는 외곽 지역을 보호하기 위한 방어벽이 이 도시에 세워지면서 지금의 모습을 갖춰가기 시작했다. 마드리드에 오늘날까지 남아 있는 역사적 유산으로는 마요르 광장, 마드리드 왕궁 그리고 주로 17, 18세기의 바로크와 신고전주의 양식의 건축물들이다.
마드리드는 크게 세 지역으로 구분된다. 먼저 시내 중심에 자리 잡은 구시가는 거리가 좁고 꾸불꾸불하며 건물이 밀집되어 있는 곳이다. 그리고 그 주변에는 길이 넓고 직선형으로 된 확장지구가 있다. 마지막 하나는 외곽지구로서 20세기에 개발된 새 건물들이 많이 들어서 있는 곳이다. 이 가운데 관광객들이 가장 많이 찾는 곳은 단연 구시가다.
구시가를 관통하는 그랑비아 거리는 시벨레스 광장에서 왕궁 방향으로 열려 있는 길이다. 19세기 초에 만들어진 그랑비아에는 극장과 오락시설들이 많다. 길은 우리에게 잘 알려진 세르반테스의 소설 돈키호테의 동상이 있는 스페인 광장까지 이어진다. 스페인 광장에는 스페인의 대표 작가 세르반테스 사후 300주년을 기념해 세운 기념비가 있다. 먼저 늙고 말라빠진 말을 탄 돈키호테와 뚱뚱한 산초 판사의 상이 보이고 그 뒤로 세르반테스가 앉아 자신이 창조해낸 인물들을 내려다보고 있다. 왼쪽 옆에는 돈키호테의 이상형 둘시네아가, 오른쪽에는 현실적인 여성 알돈자가 있다. 기념

∴Travel Story **돈키호테와 세르반테스** 스페인을 대표하는 소설 「라 만차의 돈키호테(Don Quixote de La Mancha)」는 최초의 근대소설이자 문학사에서 가장 영향력 있는 소설이다. 당시의 시대를 풍자한 이 소설은 중세 기사 이야기에 매료되어 망령이 난 알론소 키하노 노인이 자신이 중세 기사 돈키호테라는 착각에 빠져 하인 산초와 함께 모험하는 내용을 담고 있다. 소설은 출간되자마자 큰 인기를 얻는다. 당시의 국왕 펠리페 3세가 길가에서 책을 펼치고 울고 웃는 사람을 보고 "저 사람은 미친놈이 아니면 돈키호테를 읽는 게 틀림없다"라고 한 일화가 전해질 정도였다. 군인생활을 하다가 가슴과 왼팔을 다치고 해적에게 붙잡히고, 노예로 팔리고, 주인에게 몸값을 지급하고 마드리드로 돌아오는 등 파란만장한 삶을 살았던 그를 유명하게 한 작품이기도 하다.

당시의 시대를 풍자한 세르반데스의 소설 돈키호테는 출간되자마자 큰 인기를 얻는다.

비 꼭대기에는 5개의 대륙을 상징하는 5명의 여신들이 책을 들고 있다.
스페인 광장에서 남서쪽으로 500m 정도 걸어 내려오면 일반적으로 왕궁이라고 부르는 오리엔테 궁전을 만나게 된다. 이곳은 1734년 화재로 불타버린 회교도들의 요새였던 알카사르가 있었던 곳이다. 왕궁은 1737년에 요새가 있던 자리에 들어서기 시작했는데 이탈리아 건축가 조반니 바티스타 사케티와 프란시스코 사바티니가 건축을 담당했다. 왕궁 건축을 시작했던 18세기는 스페인의 전성기가 지나고 유럽의 정치무대에서 소외되었던 시기이다. 당시 스페인의 경제력이 그다지 좋지 못했던 탓인지 다른 유럽 국가들의 왕궁에 비해서 그 규모가 크지는 않다. 하지만 스페인 특유의 화려함으로 궁전 내부를 치장하고 있다.
왕궁의 주된 건축양식은 고전주의 바로크 양식으로 대단히 화려하다. 내부에는 3418개나 되는 방이 있으며 건물을 장식하는 도자기, 그림, 금 세공품 등 볼거리가 가득하다. 부르봉 왕가가 17세기에 세운 왕궁이었기 때문인지 파리 근교의 베르사유 궁전과 닮아 있는 왕궁은 화재를 예방하기 위해 돌과 화강암으로 건축되었다. 1931년까지 역대 스페인 국왕들의 공식 거처로 사용되어왔고 현재는 박물관, 영빈관, 국빈 리셉션, 국왕 공식행사를 이곳에서 하고 있다. 외국 국빈의 내방 중에는 일반인의 출입이 금지되어 있어서, 왕궁의 내부를 관람할 수 없을 때도 있다.
왕궁 주변에는 광장과 정원 등이 있어 시민들의 소중한 휴식처가 되고 있다. 우선 남쪽을 바라보고 있는 궁전 정면에는 아멜리아 광장이 자리 잡고 있다. 궁전 둘레에는 아름다운 사바티니 정원과 캄포 델 모로 정원, 알무데나 대성당 등이 있다. 왕립 부속 무기박물관과 약국, 마차 박물관도 주변에 있다.

부르봉 왕가가 세운 왕궁이었기 때문에 베르사유 궁전과 닮아있다.

# Calle de San Jerónimo

예술의 향기 가득한
마드리드 미술관 거리
**산 헤로니모 거리**

태양의 문과 시벨레스 거리를 지나 프라도 미술관을 방문하고 소피아 왕비 예술센터까지 들르면 마드리드 예술기행을 절반은 한 셈이다. 역사와 건축, 예술의 향기가 있는 마드리드 구시가지 도보여행을 하며 스페인의 백미를 만나보자.

마드리드에서 가장 낭만적인 관광코스가 될 산 헤로니모 거리 여행은 태양의 문에서 산 헤로니모 거리를 따라 500m 정도 내려오면서 시작된다. 먼저 들르게 되는 곳이 국회의사당이다. 1850년에 건축된 이 건물은 코린트식 기둥이 신고전주의 양식의 박공벽(고대 건축물의 삼각형 상부틀)을 지지하고 있는 특이한 모습을 하고 있다.
의사당 곁에는 티센 보르네미사 미술관으로 개조된 빌라헤르 궁이 있다. 빌라헤르 궁은 17세기 신고전주의 양식의 궁전으로 19세기 초에 재건되었으며, 1992년 라파엘로 모네가 훌륭한 서구 예술작품들을 모아놓는 미술관으로 개조하였다. 르네상스 이전부터 현대까지 다양한 작품을 제대로 수집해놓아, 서양 미술사에 등장하는 많은 진품들을 눈으로 확인할 수 있다.
이곳에서는 독일-헝가리계인 티센 보르네미사 가문의 부자가 2대에 걸쳐 수집한 유럽 회화 컬렉션을 전시하고 있다. 개인 컬렉션으로는 영국 엘리자베스 여왕에 이어 세계 2위의 방대한 규모이다. 1993년에 스페인 정부가 컬렉션의 대부분을 사들여 그 해 미술관을 열었다. 14세기 이탈리

산 헤로니모 거리에 있는 국회의사당

아 회화의 명작부터 르네상스, 신고전주의, 인상파, 입체파, 초현실주의, 팝아트까지 모든 장르를 망라하고 있다. 작품은 2층에서부터 지상 층으로 연대순으로 전시되어 있어 유럽 회화의 흐름을 개관할 수 있도록 되어 있다.

미술관 입구로 들어가 오른쪽 안쪽에 있는 엘리베이터를 타고 2층으로 올라가 관람한 다음 1층, 지상 층으로 내려가면 유럽 회화의 흐름을 시대 순으로 파악할 수 있다. 2층에는 15~17세기 이탈리아 회화, 플랑드르 회화, 스페인 회화가 전시돼 있다. 1층에는 17~20세기 신고전주의 인상파, 표현주의 회화가 있으며 지상 층에는 20세기 입체파에서 팝아트까지가 전시되어 있다. 대표적인 작품으로는 엘 그레코의 〈수태고지〉, 무리요의 〈팔레르모의 성녀 로잘리나와 성 모자〉 등이 있다.

미술관 반대편에는 1912년에 건축된 팰리스 호텔이 자리 잡고 있다. 프라도 거리 방향으로 돌아 나오면 삼지창을 휘두르며 마차 위에 서 있는 넵튠 동상이 있는 넵튠 분수도 볼 수 있다. 분수 디자인은 시벨레스 분수를 만들

티센 보르네미사 미술관으로 가는 길

프라도의 3대 거장이라 일컬어지는 엘 그레코, 벨라스케스, 고야를 비롯하여 무리요, 리베라, 수르바란 등 스페인을 대표하는 화가들의 작품이 소장되어 있다.

었던 로드리게즈(Ventura Rodriguez)가 설계하였으며 조각은 1780년 메나(Juan Pascual Mena)가 맡았다.

이 코스의 하이라이트는 프라도 미술관. 루브르박물관, 대영박물관과 함께 세계 3대 박물관이라 불리는 곳이다. 프라도 미술관은 신고전주의 양식의 건물로, 원래는 자연사박물관을 목적으로 만들어졌으나 1818년부터 미술관으로 사용되었다. 이 건물의 평면도에는 두 정사각형의 끝이 만나 직사각형 모양을 이루도록 설계되어 있다. 둥근 천장은 현관을 비추는 돔으로 덮여 있는데 정말 볼 만한 곳이다. 그리고 중앙에는 폼페요 레오니가 만든, 동으로 된 카를로스 5세 조각이 있다.

전 세계에 자랑할 만한 스페인 왕가의 컬렉션이 있는 곳이 프라도 미술관이다. 소장하고 있는 회화가 약 9000점이 넘는데, 이렇게 방대한 컬렉션은 대부분 역대 스페인 왕실의 컬렉션이다. 미술관 안에는 프라도의 3대 거장이라 일컬어지는 엘 그레코, 벨라스케스, 고야를 비롯하여 무리요, 리베라, 수르바란 등 스페인을 대표하는 화가, 또 16세기 이탈리아 베네치아파의 거장 티치아노, 15세기 네덜란드의 보스 등 스페인 왕실과 인연이 깊은 지역을 대표하는 화가들의 작품이 있다.

프라도 미술관 관람에서 빼놓을 수 없는 작품은 1층에 있는 벨라스케스의

∴Travel Tip **프라도 미술관과 고야** 프라도 미술관에서는 스페인을 대표하는 화가 고야의 걸작들을 골라 보는 재미가 있다. 우선 〈제 자식을 잡아먹는 사투르누스〉는 14점의 '검은 그림' 가운데 한 작품이다. 제 자식을 잇달아 잡아먹는 신화 속 거인이 자기에게 내려진 운명에서 도망치지 못하고 깊이 절망하는 모습이 그려져 있다. 〈1808년 5월 3일 : 프린시페피오 언덕에서의 총살〉은 봉기에 가담한 스페인 사람을 총살하는 프랑스군을 그렸다. 고야는 민중의 분노, 절망, 공포를 생각하며 자기 손가락에 물감을 발라 흐르는 핏물을 표현함으로써 영혼을 위로했다.

〈라스 메니나스〉와 고야의 〈제 자식을 잡아먹는 사투르누스〉 등이다. 2층에 전시되어 있는 고야의 〈옷을 벗은 마하〉와 〈옷을 입은 마하〉는 스페인 최초로 여성의 알몸을 그대로 그린 탓에 유럽 미술사상 가장 스캔들이 많았던 그림이다. 그림을 의뢰한 사람이 옷을 입은 마하를 위로 가게 하여 두 그림을 겹쳐 걸어 놓았다는 설도 있다. 모델은 아직 밝혀지지 않았다.

프라도 거리를 따라 마드리드의 가장 큰 기차역인 아토차 역 방향으로 내려가다 보면 식물원에 이른다. 이곳에서는 세계적으로 진귀한 각종 식물과 나무를 감상할 수 있다. 아토차 역 길 건너편에는 국립 소피아왕비예술센터가 자리하고 있다. 이 예술센터는 예전 신고전주의 양식의 병원 건물이던 것을 1980년도에 박물관으로 사용하기 위해 개조한 것이다. 스페인 현대작품과 현대 전시품들을 볼 수 있으며 이전 스페인 현대미술관의 보석 같은 작품들과 피카소의 〈게르니카〉가 소장되어 있다.

회화사상 최고의 걸작 가운데 하나인 벨라스케스의 〈라스 메니나스〉

서울의 인사동 같은 마드리드의
화랑거리 **세라노**

# Calle de Serrano

서울의 인사동 같은 화랑거리 세라노는 스페인 현대미술의 현주소를 확인할 수 있는 곳이다. 깨끗한 상업지역이라 명품을 파는 상점들이 모여 있다. 세라노 거리 인근의 콜론 광장에서는 신대륙을 발견한 콜럼버스의 업적을 기리는 조형물과 동상도 만날 수 있다.

그림 두어 점을 걸어놓은 작은 곳부터 제법 규모를 갖춘 곳까지 다양한 크기의 화랑들이 모여 화랑 거리를 이루는 세라노. 화랑들 사이에는 골동품이나 공예품을 파는 점포들이 들어서 있어 화랑거리 탐방과 기념품 구입을 동시에 즐길 수 있다.

마드리드는 크게 세 지역으로 나눌 수 있다. 먼저 구시가는 도시의 중심이 되는 곳이다. 푸에르타 델 솔 광장, 왕궁, 마요르 광장 등이 있으며 그 안에 많은 바와 레스토랑이 즐비하다. 구시가의 좁은 길은 아직도 옛날의 자취를 간직하고 있다. 가스테야나 대로에 연한 또 하나의 지역은 신시가로서 주택, 스포츠센터, 관청, 외국공관 등이 모여 있다. 상업지구는 그랑비아와 세라노 거리, 고야 거리 등의 주변으로서 백화점, 극장 등이 있는 곳이다. 이곳은 저녁 5시가 지나면 산보나 쇼핑을 즐기는 사람들로 번잡해진다.

마드리드 시내 중심에서 약간 북서쪽에 위치한 세라노 거리는 서울의 인사동과 같은 지역이다. 마드리드 구시가지에 있는 프라도 미술관이나 소피아 미술관 같은 큰 규모의 미술관은 찾아볼 수 없지만 그림 두어 점을 걸어 놓은 작은 화랑부터 제법 규모를 갖춘 화랑까지 다양한 크기의 화랑들이 모여 화랑거리를 이루고 있다. 화랑들 사이에는 골동품이나 공예품을 파는 점포들이 들어서 있어 관광과 기념품 구입을 동시에 즐길 수 있다.

세라노 거리는 관광지에서 약간 벗어난 조용한 상업지역이어서 치안이 좋은 편이고 거리도 상당히 깨끗하다. 이런 이유로 마드리드에서 명품점이 가장 많은 곳으로 유명하다. 세라노 거리에 입점해 있는 대표적인 브랜드 상점으로는 구찌, 카르티에, 발리, 프라다, 입 생 로랑 등이 있다. 대부분의 가게가 지하철 세라노 역에서 도보로 5분 이내의 거리에 모여 있다.

∴Travel Tip **라사로 갈디아노 미술관** 스페인을 대표하는 화가 엘 그레코와 고야의 작품들이 소장되어 있는 세라노 거리의 미술관이다. 스페인의 성공한 실업가이자 출판업자인 라사로 갈디아노가 세상을 떠나면서 그가 거주했던 이탈리아풍 저택과 평생 모았던 미술품을 국가에 기증해 만들어졌다. 1951년 문을 연 미술관은 1층부터 4층까지 30여 개의 전시실로 이루어져 있다. 3층에 있는 전시실에는 엘그레코와 고야의 작품을 비롯하여 14~19세기의 회화 작품들을 감상할 수 있다.

세라노 거리 위쪽으로는 콜론 광장이 있다. 콜럼버스를 뜻하는 '콜론' 광장에는 콜럼버스 동상과 범선 형태를 본뜬 분수대가 있다. 동쪽에 있는 발견의 정원에 콜럼버스의 공적을 기리는 거대한 석조 기념비가 세워져 있다. 기념비에는 아메리카 대륙 발견 당시의 항해일지가 새겨져 있다. 콜론 광장 맞은편 지하에는 마드리드의 관문인 바라하스 공항 사이를 연결하는 공항버스터미널이 있다. 여행자들 대개는 이곳에서 마드리드의 풍경과 처음 접하게 된다. 공항버스터미널에는 전시실과 극장 등을 완비한 시립문화센터가 있다. 시립문화센터 옆에는 안토니오 라메야가 설계한 쌍둥이 빌딩 토레스 데 콜론(Torres de Colon)이 서 있다.
세라노 지하철역에서 도보로 1분 거리에 있는 레콜레토스 거리는 프라도 산책로처럼 카를로스 3세에 의해 18세기 말 과학과 문화의 거리로 조성된 곳이다. 정부기관이나 미술관, 박물관, 도서관 등이 모여 있다. 국립 고고학박물관에는 수십만 점에 이르는 방대한 자료가 소장되어 있고 특히 알타미라 동굴벽화가 복제화로 전시되어 있어 놓치지 말고 보아야 한다.

콜럼버스의 아메리카 대륙 발견을 기념하는 콜론 공원

Plaza

마드리드 시민들의
삶과 휴식이 있는
**마요르 광장**

# *Mayor*

유럽의 오래된 도시가 그렇듯이 도시의 중심에는 광장이 있다. 마드리드 구시가의 중심에는 태양의 문이 있는 푸에르타 델 솔 광장과 마요르 광장이 있다. 광장은 마드리드 시민들에게 더없이 소중한 공간이다. 좋고 나쁜 일이 있을 때 이곳에서 함께 모여 기뻐하고 슬퍼하며 살아가기 때문이다.

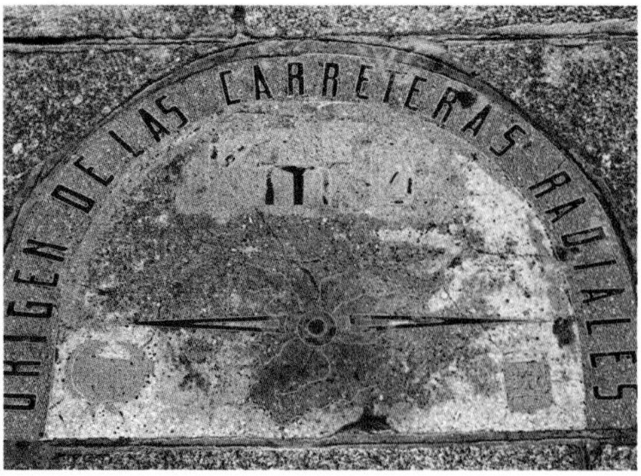

푸에르타 델 솔 광장 태양의 문 앞에 있는 포인트제로. 이곳에 스페인 각 방면의 도로 기점이 되는 원표가 있고, 이곳을 기점으로 스페인의 모든 도로가 뻗어나간다.

마드리드 구시가를 걸어서 구경하다 보면 몇백 년쯤 과거로 돌아간 느낌을 받는다. 오래된 건물과 화려하게 치장한 건물들이 풍기는 앤티크한 분위기는 도시 자체가 거대한 박물관 같다는 생각을 하게 할 정도다. 거리 구경만으로 눈이 즐거운 마드리드 구시가 도보여행은 왕궁 구경이 끝난 다음 시작하는 것이 좋다.

마드리드 구시가의 여러 명소 가운데 가장 화려한 곳이 왕립극장과 태양의 문이 있는 푸에르타 델 솔 광장이다. 왕궁과 광장 사이에 있는 왕립극장은 스페인이 번성하던 시절인 이사벨 여왕 2세 때 세워졌고 1997년에 재단장해 오페라하우스로 이용되는 곳이다. 극장 근처에는 엥카르나시온 광장이 있는데, 17세기의 엥카르나시온 수도원이 있는 오리엔트 광장과 연결되어 있다. 수도원 내부에는 16~18세기의 진기한 작품들이 소장된 박물관도 있다.

왕립극장에서 동쪽으로 이어지는 큰 길을 따라가면 푸에르타 델 솔(Puerta del Sol)이라는 태양의 문이 나타난다. 이곳은 15세기에 마드리드 방어의 보루였으며 마드리드를 교외 거주지역과 구분 짓는 벽의 한 부분이었다. 광장에 있는 예전 우체국 건물은 1768년 프랑스 건축가 마르케트의 작품이다. 꼭대기에는 건물의 네 방향에 시계가 붙은 탑이 있는데, 이것이 마드리드에서 가장 유명한 시계이다. 12월 31일 자정이 되면 마드리드 시민들은

∴Travel Tip **마요르 광장 부근의 명소들** 마요르 광장과 닿아 있는 코도 거리를 따라가면 미란다 백작 광장에 다다른다. 이곳에는 1607년에 지어진 카르보네라스 수도원이 있으며, 그 안에는 유수한 미술 컬렉션이 있다. 주변으로는 이곳이 중세에 도시 중심부였음을 알 수 있는 수도원 등의 건물 잔재가 남아 있다. 수도원 부근에는 18세기 바로크 양식의 독특하게 휘어진 외관을 갖춘 산 미구엘 교회가 있다. 이 부근을 산책하면서 오래된 수도원이나 성당 건물의 아름다움을 감상할 수 있다.

이 시계의 종소리를 듣고 또 다른 한 해가 시작되었음을 축하한다.
건물 앞에 있는 도로에는 스페인 각 방면의 도로 기점이 되는 원표가 있다. 거리의 숫자뿐 아니라 스페인의 모든 도로는 이곳을 기점으로 뻗어나간다. 이 광장에는 비너스 상, 마드리드 시의 상징인 곰과 월귤나무 상, 카를로스 3세의 동상 등 세 개의 유명한 동상이 있어 많은 관광객들을 이곳으로 불러 모은다.
마드리드에 있는 여러 광장 가운데 가장 유명한 광장은 마요르 광장. 왕궁에서 아토차 역 방향으로 500m 정도밖에 떨어지지 않은 곳에 있는 이 광장은 1620년에 완성되었다. 원래 아라발 광장으로 불리다가 16세기 초부터 지금의 이름으로 바뀌었다. 석재로 포장된 대형 장방형 광장이던 이곳이 지금의 모습으로 개축된 시기는 1853년이다. 19세기까지 이 광장에서는 매일 시장이 섰으며, 투우를 비롯하여 종교재판이나 종교 행렬, 공연, 축제에 이르기까지 다양한 행사가 벌어졌다.
지금도 이 광장을 둘러싼 건물 1층에는 옷과 장신구, 기념품을 파는 각종

비너스 상, 곰과 월귤나무 상, 카를로스 3세의 동상 등 세 개의 유명한 동상이 있는 푸에르타 델 솔 광장

상점이 즐비하다. 광장 주변에는 정육점과 과일·야채를 파는 상점, 노천카페, 선술집, 제과점도 곳곳에 자리하고 있다. 매주 일요일 아침이면 우표시장이 열리며, 크리스마스 연휴 때에는 아주 많은 노점들이 크리스마스트리 등의 장식품을 판매한다. 특히 크리스마스 이브 오후부터 광장에서 벌어지는 축제는 인상적이다. 다양한 코스프레 의상으로 꾸미고 나온 수많은 사람들이 광장을 가득 메우고 열광적으로 성탄을 축하한다.

마요르 광장에서 가장 눈에 띄는 건물은 화려한 프레스코 양식의 외관을 지닌 카사 데 라 파나데리아(Casa de la Panaderia)다. 광장 맞은편에는 예전에 푸줏간이었지만 지금은 시청사로 사용되고 있는 카사 데 라 칼니세리아(Casa de la Carniceria) 저택이 있다. 광장 한가운데에는 필립 3세 기마상이 있다. 마요르 광장의 동쪽 끝으로 나오면 프로빈키아 광장이 있고, 이곳에서 산타크루스 저택을 볼 수 있다.

마요르 광장 남쪽의 쿠치예로스의 문(Arco de Cuchilleros)을 나가 계단을 내려가면 세바다 광장(Plaza Cebada)으로 나갈 수 있다. 가는 길가에는 타스카스(tascas, 술집)와 메종(Maison, 옛날식 선술집)이 많이 자리 잡고 있다. 스페인 선술집에서 인기 있는 메뉴는 아르헨티나산 쇠고기를 두껍게 구워내는 스테이크다. 이어지는 바흐 거리를 지나 후미야데로 광장까지 걸음을 옮기면 옛 마드리드의 향취가 느껴지는 오래된 상점과 식당 들이 있는 것을 볼 수 있다. 이밖에도 마드리드의 오래된 거리 한가운데에 있는 마요르 광장 주변에는 비야 저택이라고 불리는 시청사 건물, 20세기 초에 재건축한 16세기 양식의 시스네로스 저택, 15세기에 축조된 무데하르 양식(무어 양식과 그리스도교 양식의 혼합)의 루하네스 탑 등이 있어 좁은 곳에서 수백 년의 시간을 거슬러 올라가는 건축기행도 즐길 수 있다.

## 스페인 가톨릭의 총 본산 **톨레도 대성당**

# *Catedral de Toledo*

톨레도의 역사를 잘 간직하고 있는 대성당은 스페인 가톨릭의 총본산이다. 건물 자체가 종교예술의 보고라고 할 수 있는 대성당 안에는 스테인드글라스와 문에 새겨진 파사드 등을 비롯해 엘 그레코, 벨라스케스, 고야 등 스페인을 대표하는 화가의 그림들이 소장되어 있다. 대성당 근처 산토 토메 성당에서도 엘 그레코의 걸작 〈오르가스 백작의 매장〉을 만날 수 있다.

1987년 유네스코의 세계문화유산 도시로 지정된 톨레도는 좁고 복잡한 거리를 산책하는 것만으로도 잘 숙성된 와인 한 잔을 마시는 느낌을 주는 곳이다. 이곳에서 짧은 시간을 보낼 경우라도 톨레도의 길을 걷다 보면 장구한 역사를 통해 형성된 독특한 분위기를 느끼기에 충분하다.

한때 톨레도는 기독교인과 무슬림, 유대교인들이 한데 모여 사는 몇 안 되는 곳이었다. 그러나 무어인들이 이 땅에서 추방되면서 스페인 기독교인들의 중심지가 되었다. 이런 톨레도의 역사를 잘 간직하고 있는 곳이 스페인 가톨릭의 총본산인 톨레도 대성당(Catedral de Toledo)이다. 화려하면서도 장엄한 아름다움이 느껴지는 건물은 프랑스의 고딕 양식을 기본으로 하고 있다. 266년의 공사기간을 거쳐 1493년에 완공되었으며 건물의 규모는 길이 113m, 폭 57m, 중앙의 높이 45m다. 기본적으로는 고딕 양식이지만 완공된 후에도 많은 건축가에 의해 수차례 증개축이 이루어졌기 때문에 다양한 양식이 혼합되어 있다.

건물 자체가 종교예술의 보고라고 할 수 있는 이 대성당에 대하여 주목할 만한 것이 많이 있다. 우선 건물의 구조는 5개의 주된 회랑을 가진 바실리카 스타일이다. 상부에는 최후의 만찬을 그린 조각이 파사드 상부에 새겨져 있다. 대성당의 입구는 모두 3개인데 정면 중앙은 면죄의 문, 왼쪽은 시계의 문, 오른쪽은 사자의 문이다. 파사드의 양끝에는 2개의 탑이 세워져 있는데, 하나는 고딕 양식의 첨탑이고, 다른 하나는 고딕·르네상스 양식의 돔이다.

대사원의 내부는 22곳에 달하는 예배당과 신약 성경과 성도를 주제로 한 스테인드글라스, 보물실 등으로 구성되어 있다. 이 가운데 천장 중앙에 있는 성가대석의 본전인 성직자석과, 중앙예배당 뒤의 고딕 제단 장식이 볼거리다. 그리고 성가대석에서는 세 벽면을 장식한 조각과 대리석 성모상이 유명하다. 또한 본전 뒤의 작은 예배당들도 놓쳐서는 안 될 볼거리다. 그중에서도 산 일데폰소 예배당과 산티아고 예배당, 레이스 누에보스 예배당 등에서는 오랜 모사라베 의식에 따라 이뤄지는 성체예배가 있는데 이를 경험하기 위해 톨레도 대성당을 찾는 신자들도 많다.

∴Travel Tip **톨레도의 토속음식** 톨레도의 요리는 오래된 도시의 특징을 그대로 가지고 있어 먹는 사람들로 하여금 과거로 되돌아간 느낌이 들게 한다. 조리법은 대부분 이 지역에서 전통적으로 행해진 비법으로, 이슬람적인 요소가 가미되어 있다. 대표적인 음식은 장작불에 돌려 구운 어린 양고기나 튀긴 양고기 등이며 포도주도 유명하다.

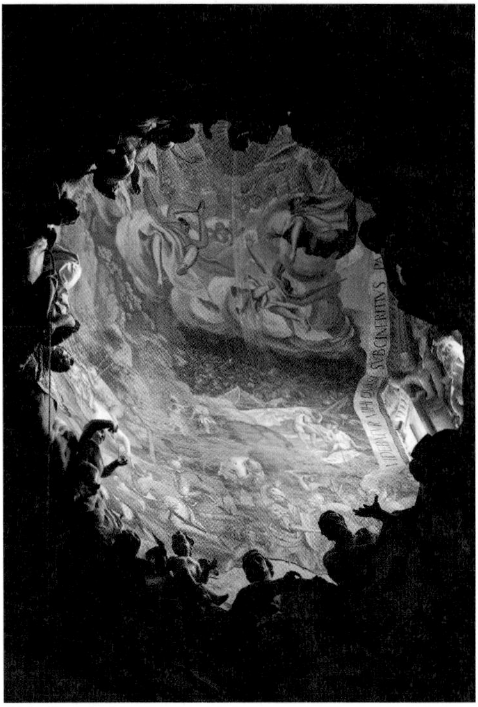

중앙 예배당을 22개의 예배당이 호위하듯 둘러 있고 문에서부터 예배당 끝까지의 길이가 113m, 폭 57m나 되는 톨레도 대성당. 천장에 있는 바로크 양식의 그림과 조각이 고풍스럽다.

성당 안에서 볼만한 곳은 크게 두 곳, 성기실과 산 후안 예배당으로 구성되는 병설 박물관이다. 특히 박물관에는 라파엘, 루벤스, 벨라스케스, 고야 등의 작품과 함께 엘 그레코의 최고 걸작 가운데 하나인 〈성의박탈〉을 포함한 많은 그레코의 작품을 전시하고 있다. 그리고 정밀사본과 다양한 제례복 등의 컬렉션도 볼만한 가치가 있다. 그밖에 보석실에는 아르페작의 성체 현시대(聖體顯示臺)가 전시돼 있어 꼭 찾아보기를 권한다. 성체 강복 때 성광(聖光)을 올려놓는 성체 현시대는 금·은·보석으로 장식되어 무려 200kg 이상 무게가 나간다.

대성당 박물관에서 소장하고 있는 미술품 가운데 가장 유명한 것은 엘 그레코의 작품들이다. 그의 작품은 대부분 대부분이 종교화와 초상화였지만 깊은 명암과 색채, 길쭉한 인체묘사로 스페인 신비주의를 대표한다.

그의 대표작 가운데 하나인 〈오르가스 백작의 매장(The Burial of the Count of Orgaz)〉을 보려면 톨레도 대성당 가까이 있는 산토 토메 성당(Igesia de Santo Tome)으로 가면 된다. 성당 안 오른쪽에 걸려 있는 이 작품은 크기가 무려 480×360cm나 된다. 1578년 3월 산토 토메 성당으로부터 주문을 받아 9개월 만에 완성한 엘 그레코의 걸작 가운데 하나다.

이 그림은 톨레도 지방의 귀족으로 1323년 세상을 떠난 오르가스 백작의 장례 장면을 묘사하고 있다. 신앙심이 강하고 동정심도 많아 가난하고 소외된 이웃을 많이 도와주었던 오르가스 백작은 산토 토메 성당을 재정적으로 후원했던 것으로 알려지고 있다. 250년이 지난 후에 이런 사실을 전해 들은 후대의 산토 토메 신도들이 그 고마움을 표현하기 위해 오르가스 백작의 장례식에 관한 전설을 그림으로 그려 성당에 걸었는데 그 그림이 유명한 〈오르가스 백작의 매장〉이다. 1586년에 완성된 이 그림은 상하 2단으로 나뉘어 있으며 상단부는 천상계를, 하단부는 지상계를 상징하고 있어 보는 이로 하여금 신비감을 자아낸다. 중앙에는 천사가 팔을 감싸고 있는 그림이 있는데 이는 오르가스 백작의 혼을 표현한 것이다.

**좌** 엘 그레코의 최고 걸작 가운데 하나인 〈성의박탈〉을 포함한 많은 그레코의 작품을 전시하고 있는 대성당 내 박물관
**우** 중앙 회랑의 정중앙에 있는 성가대석의 본전 성직자석과 중앙예배당 뒤의 고딕 제단장식이 큰 볼거리다.

# Plaza de Zocodover

## 톨레도의 중심 **소코도베르 광장** 산책

기독교와 이슬람교가 교차되며 만들어진 도시 톨레도. 그 관문격인 비사그라 문은 합스부르크 왕가의 문양이 있는 중세 유럽풍 문으로, 가장 통행이 빈번했던 곳이다. 문을 통과해 소코도베르 광장에 이르기 전까지, 두 종교와 문화가 잘 섞인 무데하르 양식의 건축물들을 만난다. 톨레도의 거리 풍경에서 화합과 관용의 정신을 발견할 수 있다.

이슬람 풍으로 역사(驛舍)를 재단장한 톨레도 역. 역 앞에는 톨레도 성 안으로 들어가는 버스가 기다리고 있다. 버스나 도보로 톨레도 안으로 들어갈 때 만나게 되는 첫 관문은 비사그라 문이다.

마드리드 남쪽 시가지를 벗어나면 세르반테스의 소설 「돈키호테」의 배경으로 등장하는 평원지대가 시원스레 열린다. 나지막한 구릉이 겹겹이 펼쳐져 있지만 워낙 커다란 구릉들이라 끝없는 평원 같은 착각이 드는 라만차 지역을 가로질러, 마드리드에서 그라나다로 내려가는 고속도로가 열려 있다. 고속도로를 이용하면 1시간 정도, 마드리드 시내 한복판에 있는 아토차 역에서 기차를 타고 가면 1시간 10분 정도 걸리는 톨레도는 중세 모습을 간직한 이슬람 문화의 도시다.

스페인 안에서도 역사, 예술, 문화유적이 가장 많은 곳인 톨레도는 신화 속의 인물 '헤라클레스'가 세운 도시라는 전설이 전해진다. 그렇지만 톨레도라는 도시 이름은 한때 이곳에서 생산되었던 강철로 만든 칼의 이름에서 유래된 것으로 알려져 있다. 역사적으로는 기원전 190년에 로마군이 이곳을 정복하고 똘레뚬(Toletum)이라고 이름 붙였던 기록이 남아 있다. 이후 기원 1세기를 거치는 동안 기독교가 중심 문화를 이루면서 도시가 크게 발전했다.

그 후 569년에 로마 왕국이 몰락하고, 북유럽으로부터 남하한 서고트족이 이곳에 왕궁을 세워 통치하다가 712년경 이슬람교도에게 정복당한다. 이슬람 통치는 373년간 지속되었는데 이 시기에 그들이 남긴 영향은 결코 적은 것이 아니었다. 1085년에 알폰소 6세에 의해 도시가 재정복된 후에도 많은 이슬람교도는 기독교도, 유대교도와 함께 이 지역에 남는 것을 택하였다. 그리하여 '세 개의 문화'가 공존하기 시작했고 이와 연관된 문화가 꽃피게 되었던 것이다.

그러나 이러한 이슬람의 영향도 시대와 함께 옅어져 갔고, 또 15세기에는 가톨릭 세력에 의해 유대교도가 추방되면서 문화의 공존이 사실상 막을 내리게 된다. 그렇지만 오래 전 융합된 세 가지 문화는 톨레도에 확실하게 뿌리내려 지금까지 이어지고 있다. 이질적인 문화들이 적절히 조화를 이룬 톨레도는 재료가 잘 섞여서 발효된 향기 깊은 술 같다는 생각이 든다.

이슬람 풍으로 재단장한 톨레도 역에 내리면 톨레도 성 안으로 들어가는 버스가 기다리고 있다. 버스나 도보로 톨레도 안으로 들어갈 때 만나는 첫 관문은 비사그라 문(Puerta de Bisagra)이다. 중세 도시 톨레도에 들어가기 위한 성문으로, 1550년 카를로스 1세가 톨레도에 입성할 때 세워졌다. 문의 정면 상단부에는 합스부르크 왕가의 상징인 두 마리의 독수리 문장이 새겨져 있다.

이 문은 시내로 들어오는 관문으로 가장 통행이 빈번한 곳이었다. 문 밖은 광활한 평원지대와 연결되던 곳이다. 이 평원지대를 아랍 사람들은 '사그라(Sagra, 불그레한)'라고 불렀는데 이는 이 지역의 땅이 붉은 색을 띠고 있었기 때문이다. 오늘날 '비사그라 문'이라는 이름은 밥-사그라(Bab-Sagra) 즉, '사그라 문'이라고 하는 아랍어에서 나온 것으로 알려져 있다.

도시 전체가 세계문화유산인 톨레도

톨레도로 들어오는 관문인 비사그라문

소코도베르 광장은 톨레도 사람들과 관광객들이 모여드는 톨레도 관광의 중심이다. 매주 화요일에는 전통시장이 열리므로 시장 속에서 과거 소코도베르 광장의 모습을 일부분 체험할 수 있다. 톨레도에 남아 있는 중세도시의 모습을 찾아 들어가는 길이 이곳에서 시작되므로 톨레도 여행의 시작점이라고 할 수 있다. 톨레도의 좁은 길목을 운행하는 미니 관광열차도 이곳에서 출발한다.

소코도베르 광장에서 출발해 좁은 거리를 걷다 보면 거리의 건물들이 묘한 조화를 이루는 것을 쉽게 발견할 수 있다. 오래 전이지만 로마가 세운 도시에 이슬람 문명이 들어서고 그 위에 다시 기독교 문명이 좁은 성채도시를 비집고 들어선 역사 탓이다. 이런 이유로 톨레도는 지금도 계속 충돌을 빚고 있는 기독교 문명과 이슬람 문명이 오랜 세월에 걸쳐 뒤섞인 곳으로도 유명하다.

이런 역사적인 변화를 그대로 담고 있는 곳이 성채(Alcazar)다. 이곳은 톨레도에서 가장 아름다운 유적으로, 총 네 개의 탑이 있어 더욱 아름답고 드라마틱한 모습이다. 성채는 14세기에 처음 지어졌으며 서고트인, 무슬림, 기독교인들에 의해 수차례 재건되었다. 또한 스페인 내란 동안 파시스트들에 의해 점령되어 많은 부분이 파괴됐던 역사를 간직한 곳이기도 하다.

이렇듯 다양한 볼거리와 역사적 유물을 간직하고 있는 톨레도에서 누리는 가장 큰 즐거움은 좁은 골목길 산책에 있다. 골목길을 걷다 보면 이슬람 사원들과 서고트 스타일의 구조물, 유대교회, 르네상스식 궁전 등과 마주친다. 이런 것들에서 느끼는 다양한 개성과 아름다움 그리고 조화는 이슬람권에서 일어나는 전쟁 소식을 접하게 될 때마다 평화를 바라는 세계인들의 마음을 보는 것 같아 흐뭇하다.

∴Travel Tip **톨레도와 무데하르 양식** 톨레도는 기독교 문명과 이슬람 문명이 오랜 세월에 걸쳐 뒤섞인 곳으로도 유명하다. 이런 화합과 관용의 정신은 도시 곳곳에 남아 있는 건축물과 예술품 속에 짙은 흔적을 남겼다. 스페인 양식과 아랍 양식이 혼합된 절충 양식을 '무데하르 양식'이라고 부르는데 도시 곳곳에서 이러한 절충 양식의 건물을 발견할 수 있다. 〈오르가스 백작의 매장〉으로 유명한 산토 토메 성당, 유대인 교회인 산타 마리아 라 블랑카 교회(Iglesia de Santa Maria la Blanca), 고딕-무데하르-르네상스 양식이 혼합된 산 후안 데 로스 레예스 수도원(Monasterio de San Juan de los Reyes) 등이 대표적인 예다. 이런 톨레도의 문화적 개방성을 상징적으로 보여주는 것은 엘 그레코다. 그의 국제적이고 개방적인 성격은 소코도베르 광장에 인접한 산타크루즈 미술관에서 확인할 수 있다. 2층 전시실을 가득 메운 그레코의 인물들은 구릿빛 피부에 짙은 눈썹과 검은 눈동자를 하고 있어 아랍인과 유대인의 인종적 특성을 반영하는 듯하다. 예수 그리스도와 성모 마리아 역시 서유럽에서 볼 수 있는 하얀 피부가 아니라 마치 선탠을 한 듯 구릿빛 피부에 무어인의 얼굴을 하고 있어 인상적이다.

## 톨레도
### 역사를 찾아가는 톨레도 미로여행

# *Toledo*

톨레도는 매력 넘치는 골목이 많아 골목 탐험을 즐기기에 충분한 곳이다. 앞 사람의 등만 보며 좁은 골목을 걸어 올라가면 갑자기 광장이 나타나고 그 뒤로 거대한 성당이 위엄 있게 서 있다. 높은 담에 가려 아무 것도 보지 못하고 걷다 보면 어느새 회교풍의 사원이 불쑥 나선다. 이처럼 다양한 시대의 산물인 건축물을 찾아다니다 보면 하루가 정말 짧다는 사실을 실감하게 된다.

톨레도는 좁고 구불구불한 골목길이 도시 구석구석 그물망처럼 뻗어 있는 곳이다. 그 길들을 산책하는 것만으로도 장구한 역사를 통해 형성된 톨레도 고유의 독특한 분위기를 느끼기에 충분하다. 도시에 발을 내딛는 순간 무데하르(기독교 통치 하의 이슬람 예술)와 고딕풍의 기독교 교회, 이슬람교 사원, 서고트와 로마 시대의 건물, 유대교회와 르네상스 시대의 저택 등 다양한 시대의 문화유산에 겹겹이 싸인 톨레도의 향기에 질식될 것이다.

톨레도는 '세 가지 문화의 도시'로 알려져 있다. 기독교, 이슬람교, 유대교가 오랜 세월동안 공존해오면서, 각각의 문화를 유지하면서도 하나로 융화되어 특수한 문화를 형성해왔다. 지금처럼 기독교 문명과 회교 문명이 갈등을 겪고 있는 시대에 평화롭게 더불어 사는 방법을 배울 수 있는 좋은 기회다.

1519년에 카를로스 5세가 즉위하면서, 톨레도는 강대한 스페인 제국의 수도로서 세계에서 가장 중요한 도시가 되었다. 그 후 1561년에 펠리페 2세가 궁을 마드리드로 옮기면서 정치적인 중요성은 잃어버렸지만 종교, 예술, 문화면에서는 중심적인 역할을 계속 이어왔다. 크레타 섬 출신의 천재 화가 엘 그레코가 톨레도에 정착하여 그의 작품 대부분을 그린 것이 이 시대이다.

헤라클레스가 세웠다는 전설이 있을 정도로 오래된 역사의 도시 톨레도를 하루에 다 돌아보는 것은 거의 불가능에 가깝다. 그렇지만 만약 단 하루의 시간이 주어진다면 어떻게 여행 계획을 세워야 할까? 당연한 말이겠지만 빼놓아서는 안 될 핵심적인 장소만 추려서 돌아보면 된다. 꼭 가보아야 할 곳은 소코도베르 광장, 알카사르, 대성당, 엘 그레코의 집 등이다.

톨레도 여행의 시작점은 구시가지의 소코도베르 광장(Plaza de Zocodover). 과거 가축시장이라는 독특한 이력을 갖고 있지만 오늘날에는 톨레도 분위기와 어울리는 카페들과 여행자 안내센터가 있는 여행자들의 천국이다. 또, 아케이드로 둘러싸인 이 광장에서는 거리의 다양한 이벤트가 개최된다.

∴Travel Story **파멸을 부른 다리 위의 유혹** 이슬람 양식의 알칸타라 다리(Puente de Alcantara)는 기독교도들이 완성한 것이다. 전설에 따르면, 서고트 왕국의 마지막 왕 데리크가 이곳에서 세우타 백작 돈 후 리안의 아름다운 딸을 유혹했다고 한다. 이 사실을 안 백작은 분노에 사로잡혀 복수를 맹세했다. 그는 데리크 왕에게 암살당한 선왕 쿼티사의 아들들과 힘을 합쳐 아프리카에서 이슬람 동맹군을 이끌고 원정을 감행했고, 그 결과 서고트 왕국이 멸망했다는 이야기가 전해져 내려온다.

무하데르와 고딕풍 건물들이 뒤섞여 있는 톨레도. 기독교, 이슬람교, 유대교가 오랜 세월 동안 공존해 오면서 각각의 문화를 유지하면서도 하나로 융화되어 특수한 문화를 형성해온 곳이다.

광장에서 카를로스 5세 언덕을 오르면 알카사르(Alcazar)에 도착하게 된다. 이 요새는 카를로스 5세 시대에는 왕궁으로 사용되었으나 지금은 군사 박물관으로 이용되고 있다. 도시에서 가장 높은 곳에 있어 로마 시대부터 시대가 바뀌어도 항상 요새가 건설되었던 곳이다.

소코도베르 광장에서 옴브레 데 빨로 거리도 지나가보자. 이곳을 완벽하게 구경하는 것만으로도 톨레도 여행은 절반 정도 성공한 셈이다.

대성당에서 동남쪽 방향으로 진행되는 라 트리니다드 거리를 지나 엘 살바도르 거리, 산토 토메 거리, 탈레르 델 모로 거리의 교차점까지 오면 유대인 거리에 닿는다. 이 거리에 있는 산 살바도르 교회는 1041년에 지어진 것으로, 당초는 이슬람 사원이었던 곳이다. 산 살바도르 교회 부근에 산토 토메 교회가 있다. 이 건물의 가장 오래된 부분은 12세기의 것이며, 14세기의 아름다운 무데하르 탑과 입구 부분에 남아 있는 서고트 디자인이 눈길을 끈다. 그러나 무엇보다도 교회를 유명하게 만든 것은 이곳에 소장된 그레코의 명화 〈오르가스 백작의 매장〉일 것이다.

산토 토메 교회 바로 옆은 엘 그레코의 저택이다. 크레타 섬 출신으로 30대에 스페인으로 건너와 35세 때부터 톨레도에 정착한 엘 그레코의 집은 그가 살았던 16~17세기 삶의 풍경을 고스란히 보여주고 있다. 엘 그레코의 작품 몇 점과 스페인 화가들의 작품들을 이곳에서 만날 수 있다.

톨레도의 관광 포인트를 찾아 구경하다 보면 미로 찾기를 하는 느낌이 든다. 그리고 어느 곳을 찾아가더라도 나중에는 대성당이나 알카사르 부근 광장으로 연결된다. 그리고 그곳에는 어김없이 레스토랑과 기념품 숍이 모여 있다. 이 광장의 노천카페에 앉아 커피 한 잔이나 맥주 한 잔 마시는 여유는 무엇과도 바꿀 수 없는 소중한 경험이 될 것이다.

톨레도의 거리는 좁고 구불구불하다. 다정한 사람들끼리 이야기하며 걷다가도 이국인과 시선을 마주치면 그 큰 눈을 크게 뜨고 함박만하게 웃는다.

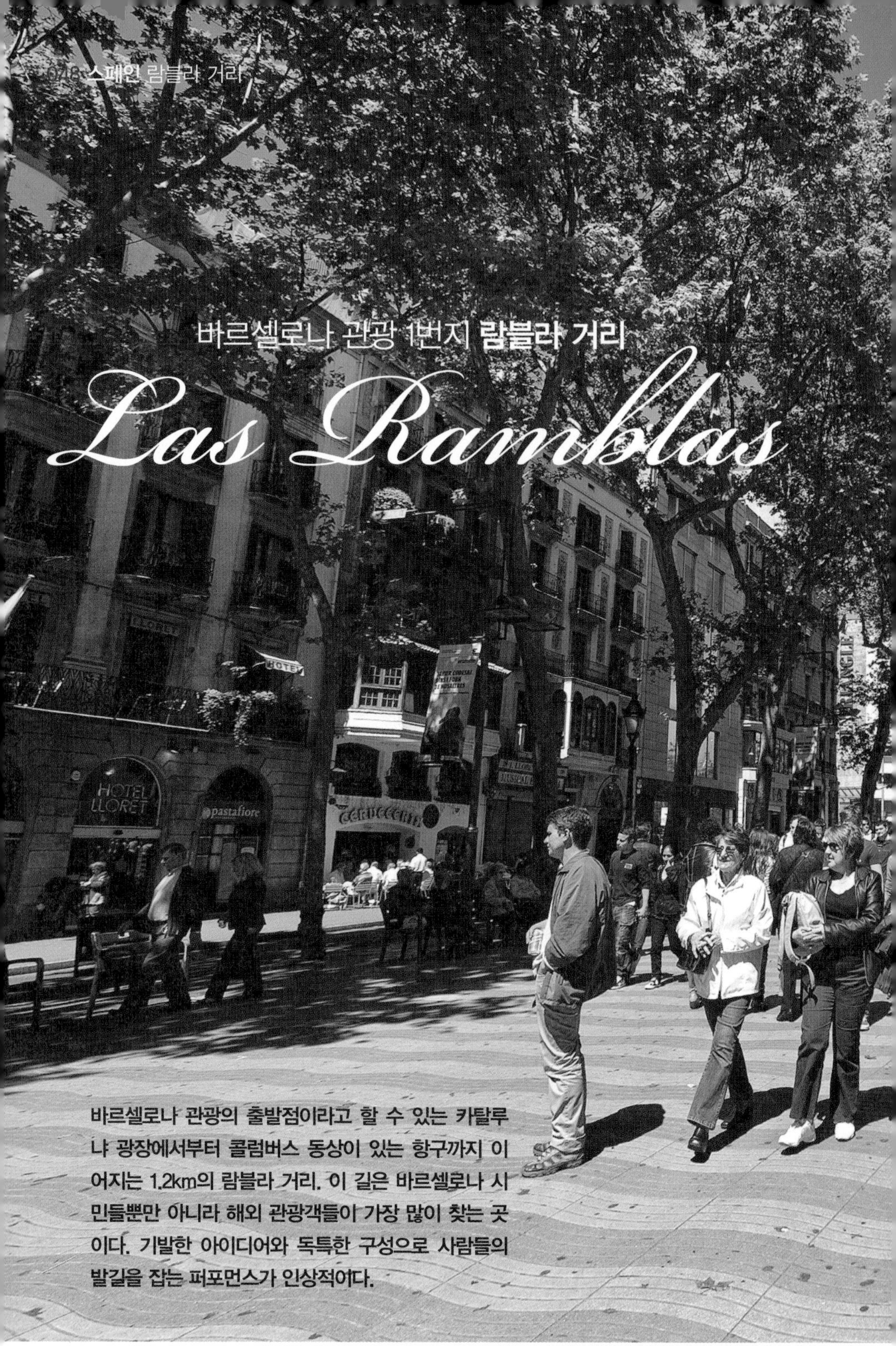

## 바르셀로나 관광 1번지 **람블라 거리**

# *Las Ramblas*

바르셀로나 관광의 출발점이라고 할 수 있는 카탈루냐 광장에서부터 콜럼버스 동상이 있는 항구까지 이어지는 1.2km의 람블라 거리. 이 길은 바르셀로나 시민들뿐만 아니라 해외 관광객들이 가장 많이 찾는 곳이다. 기발한 아이디어와 독특한 구성으로 사람들의 발길을 잡는 퍼포먼스가 인상적이다.

바르셀로나를 여행하는 사람들이 가장 먼저 찾는 카탈루냐 광장. 중앙역인 상트 역이나 바르셀로나 공항에서 관광을 위해 시내 중심으로 들어오는 교통편을 이용했을 때 이 광장으로 연결되는 경우가 많기 때문이다.

주연 같은 조연? 스페인에서 두 번째로 큰 도시 바르셀로나는 미국의 뉴욕이나 브라질의 리오 데 자네이로, 호주의 시드니처럼, 유명한 관광지이자 수도인 마드리드보다 더 유명한 도시다. 바르셀로나가 유명해진 이유에는 여러 가지가 있지만 지중해의 밝은 태양과 오랜 도시 역사의 흔적, 그리고 무엇보다 가우디, 피카소, 미로 등과 같은 예술가들의 작품이 잘 보존되고 있기 때문일 것이다.

바르셀로나를 여행하는 사람들이 가장 먼저 찾는 곳 가운데 하나가 카탈루냐 광장이다. 중앙역인 상트 역이나 바르셀로나 공항에서 관광을 위해 시내 중심으로 들어오는 교통편을 이용했을 때 이 광장으로 연결되는 경우가 많기 때문이다. 이곳에는 관광안내소가 있어서 각종 티켓 구입 및 안내를 받을 수 있다. 주변엔 백화점을 비롯한 쇼핑 거리가 펼쳐져 있다.

바르셀로나 사람들뿐만 아니라 관광객들에게도 큰 사랑을 받고 있는 람블라 거리는 카탈루냐 광장에서 콜럼버스 동상이 서 있는 포트 벨에 이르는 1.2km의 길이다. 람블라(Rambla)는 스페인어로 '나무가 있는 넓은 길, 일반적으로 중앙에 보행자 도로가 있는 길'이란 뜻이다. 길 양편으로 자동차 도로가 있고 가운데에 보행자 전용도로가 있는 독특한 구조다. 여름이면 길 양편에 늘어선 나무 그늘 때문에 더위를 피해 걸을 수 있고 가을에는 구르는 낙엽을 밟으며 산책할 수 있어 많은 사람들에게 사랑받고 있다.

언제나 많은 사람들이 모여드는 람블라 거리에는 꽃집, 애완동물 가게, 기념품점 등 다양한 상점이 줄지어 있다. 재미있는 간판과 재미있는 문양이 있는 상점들이 많다. 길을 걷다 보면 사람들이 거리 곳곳에 모여 있는 것을 자주 볼 수 있는데, 그런 곳에는 어김없이 거리 예술가들이 자신들만의 개성 가득한 소재와 도구, 표정 등으로 다양한 퍼포먼스를 연출하고 있다. 황

어김없이 거리 예술가들이 자리 잡고 있는 람블라 거리.
황금빛 자전거를 탄 광대, 황금 날개를 달고 있는 여신,
클레오파트라 등 자신들만의 개성 가득한 소재와 도구,
표정 등으로 다양한 퍼포먼스를 연출하고 있다.

금빛 자전거를 탄 광대, 황금 날개를 단 여신, 클레오파트라 등 각기 다른 모습으로 치장하고 관광객들 앞에서 마임을 펼친다. 이 퍼포먼스를 만나기 위해 바르셀로나를 찾는 사람이 있을 정도다. 많은 관광객들은 기꺼이 동전을 던져 놓고 이들과 함께 기념사진을 찍는다.

카탈루냐 광장에서 항구 방향으로 걸어 내려오다 보면 길 오른편에서 스페인 전통시장 하나를 만난다. 시원한 생과일주스와 과일을 저렴한 가격에 맛볼 수 있어 여행객들에게 인기가 많은 보케리아 시장이다. 이곳은 원래 13세기 성문 앞에서 고기를 팔던 곳으로, 1840년 정식 시장으로 문을 열었고 여러 차례 증개축을 통해 지금의 모습으로 변했다. 시장에서 몇 블록 떨어진 골목 안에는 가우디가 석조, 단철과 포물선 아치로 현관을 설계하여 유네스코 세계유산 지역으로 지정된 구엘 저택도 있다.

이곳에서 가우디가 대학을 졸업한 후 최초로 디자인했다는 가로등을 만날 수 있다. 이 가로등의 꼭대기에 달린 투구 모양은 이후 각종 조형물에 등장했다. 광장에 있는 몇몇 상점은 시간이 멈춘 듯 옛 모습을 간직하고 있다. 로마 시대의 분위기와 함께 신고딕 양식의 창으로 장식된 약초상점도 인상적이다. 광장에서는 일요일마다 우표와 동전시장이 열린다.

콜럼버스가 오른손으로 자신이 발견한 신대륙을 가리키는 동상이 서 있는 포르탈 데 라 파우 광장(Plaza Portal de la Pau)에서 람블라 거리는 끝이 난다. 높이가 50m에 이르는 콜럼버스의 탑(Mirador de Colon)은 콜럼버스가 신대륙 발견 후 바르셀로나에서 국왕에게 보고한 것을 기념하여 세워진 것이다. 엘리베이터를 타고 꼭대기에 오르면 바르셀로나의 멋진 경치를 조망할 수 있다.

∴Travel Story **간단히 살펴보는 바르셀로나의 역사** 바르셀로나는 기원전 3세기경, 지중해의 해상 강국 카르타고의 장군 하밀카르 바르카스(Hamilcar Barcas)에 의해 세워졌다. 이 하밀카르 바르카스의 아들이 알프스를 넘어 로마를 침공한 한니발 장군이다. 당시 바르카스의 이름을 따서 도시를 바르시노(Barcino)라 명했다. 이후 이곳은 로마-서고트-이슬람-프랑크 왕국-아라곤 왕국 순으로 통치되었다. 그러다가 1469년, 아라곤의 페르난도 2세와 카스티야의 이사벨 1세가 혼인하게 되면서 스페인 통일의 초석이 된다. 스페인 통일 이후 정치의 중심은 마드리드로 옮겨가고 아메리카와의 무역이 활발해지면서 지중해 무역의 중요성이 약화되었다. 그리고 스페인 왕위 계승 전쟁 중 바르셀로나 귀족이 합스부르크 왕가 편에 섰다는 이유로 바르셀로나는 자치권을 상실하게 된다. 이후 산업혁명으로 산업화에 성공하고 두 번의 세계박람회를 개최하면서 크게 성장한다. 스페인 내전 중에는 프랑코 반대편에 서서 여러 번의 폭격을 맞기도 하고 프랑코가 집권한 후에는 다시 한번 자치권을 잃고 카탈로니아 사용을 금지당하지만, 산업화와 경제성장은 계속되었다. 프랑코 사망 후 다시 자치권을 찾은 바르셀로나는 EC 가입과 1992년 하계올림픽 개최로 국제적 명성을 얻으면서 더욱 매력적인 관광지로 거듭난다.

콜럼버스가 오른손으로 자신이 발견한
신대륙을 가리키는 동상이 서 있는
광장에서 람블라 거리는 끝이 난다.

지중해의 밝은 태양과
시원한 바다를 맘껏 즐길 수 있는
**해안지구**

# *Barcellona Seafront*

**콜럼버스가 아메리카 대륙이 있는 방향을 가리키는 동상이 있는 광장, 지중해의 밝은 태양을 온 몸과 마음으로 느끼며 해변에 누워 휴식하는 사람, 요트가 가득한 항구. 바르셀로나 해안지구에서 만날 수 있는 풍경이다. 지중해 연안 도시 중 가장 활기찬 바르셀로나의 해안지구에서 바르셀로나의 진정한 즐거움을 찾아보자.**

바르셀로나의 바다는 아름답다. 파도가 넘실대는 해안과 강렬한 지중해의 햇볕, 따뜻한 바람은 가우디나 피카소, 미로, 달리 등 스페인을 대표하는 예술가들을 만들어내는 데 큰 에너지로 작용했으리라는 생각이 든다. 낭만적인 지중해의 파도는 바르셀로나 연안에서 유난히 출렁거린다. 그런 탓인지 바르셀로나는 지중해 연안의 도시 중 가장 활기차다.

바르셀로나의 바닷길이 시작되는 해안지구는 콜럼버스 탑, 구 조선소, 세관, 바르셀로나 항 사무실 등이 있는 포르탈 데 라 파우 광장에서 시작된다. 푸르고 깊은 하늘을 배경으로, 먼 아메리카 대륙을 손가락으로 가리키며 서 있는 콜럼버스의 모습이 역동적이다. 엘리베이터를 타고 탑의 꼭대기에 오르면 바르셀로나 앞바다와 몬주익 지구, 멀리 성가족 성당 등 바르셀로나의 아름다운 시내 풍경을 내려다볼 수 있다. 전망대는 비좁아 오래 머물지 못하는 것이 아쉬울 정도다.

해안지구에서 가장 눈길을 끄는 곳은 중세시대부터 있었던 구 조선소이다. 1378년에 건축되기 시작한 이곳은 카탈루냐 고딕 건축의 대표적인 건물이다. 당시 세계 최대 규모였으며 지금도 완전한 형태로 보존되어 있다. 지금은 복원된 옛날 선박과 설계도, 해도 등의 중요한 수집품을 전시하는 해양 박물관으로 쓰인다.

콜럼버스 동상이 있는 포르탈 데 라 파우 광장에서 바닷가 쪽으로 눈을 돌리면 다리 하나가 눈에 들어온다. 나무로 된 다리이지만 현대적인 선이 인상적인 람블라 델 마르(Rambla del Mar)다. 다리를 건너면서 수많은 요트와 해안을 도는 유람선이 있는 풍경을 마주한다. 사람들은 곳곳에 놓인

1378년에 건축되기 시작한 구조선소. 카탈루냐 고딕 건축물의 대표적 건물이다.

파도가 넘실대는 해안과 **강렬한 지중해의 햇볕**, 따뜻한 바람이 있는 바르셀로나의 바다는 가우디나 피카소, 미로, 달리 등 스페인을 대표하는 예술가들을 만들어내는 **큰 에너지로 작용**했을 것이다.

대형 상업 위락 공간인 마레마그넘. 아이맥스 영화관, 유럽에서 가장 큰 수족관 등을 만날 수 있다.

벤치에 앉거나 누워 쉬면서 지중해의 태양을 온몸으로 느끼고 있다. 람블라 델 마르를 건너면 대형 상업 위락 공간인 마레마그넘(Maremagnum), 아이맥스 영화관, 유럽에서 가장 큰 수족관(L'Aquarium) 등을 만날 수 있다.

콜럼버스 동상이 있는 광장에서 람블라 델 마르를 건너지 않고 왼쪽을 보면 2개의 건물이 눈에 들어온다. 17세기 정원이 있는 군 사령부와 메르세 교회다. 메르세 교회는 바르셀로나에서 유일하게 건물 정면이 곡선의 바로크 양식으로 된 건축물이다. 이 길을 따라 잠시 걷다 보면 곧 20세기 초 카탈루냐 벽화 화가들이 프레스코 양식으로 현관을 장식한 중앙우체국을 만날 수 있다. 안토니오 로페스 광장도 있다.

이곳에서 이사벨 2세 거리로 들어서면 왼쪽으로 요트자 데마를 볼 수 있다. 18세기에 재건축된 14~15세기의 고딕 건축물이다. 신고전주의적인 대리석 조각이 있는 오래된 오렌지나무 정원, 커다란 고딕 스타일의 홀이 흥미를 끈다. 현재 바르셀로나 증권거래소 자료실과 미술아카데미가 입주해 있다.

이곳에서 항구와 평행으로 나 있는 주안 데 볼본 거리를 따라가면 바르셀로네타(Barceloneta)라는 지역에 이른다. 이 유명한 해안지역은 바르셀로나에서 가장 오래된 해변으로 매우 혼잡하다. 후스타 부두와 유사한 도시계획으로 만들어진 넓은 산책길이 있다. 산책길을 따라가면 올림픽 선수촌을 만난다.

∴Travel Tip **올림픽 선수촌** 바르셀로나 해안지구는 1992년 바르셀로나 올림픽이 열렸을 때 대대적인 정비를 했다. 이때 지금의 현대적인 모습으로 바뀐 곳이 올림픽 선수촌이다. 레산프레 지구의 격자무늬 양식을 올림픽 선수촌의 테마로 이용했다(레산프레 지구는 바르셀로나의 중심 지역으로, 도로가 다이아몬드 형태의 교차로로 된 격자구조이다). 142m의 쌍둥이 빌딩과 요트가 가득 들어찬 올림픽 항구, 즐거운 시간을 보낼 수 있는 카페와 레스토랑 등이 있어 바르셀로나 시민들에게 큰 사랑을 받고 있다.

# 100년 전 모습을 그대로 간직한 **고딕 지구**
# *Barri Gotic*

고딕 양식의 소중한 건축물이 많은 고딕 지구는 100년 전 바르셀로나의 모습을 그대로 간직한 곳이다. 500년이라는 긴 세월에 걸쳐 건축된 대성당 안에는 바르셀로나의 수호 성인 아우렐리아의 묘가 있다. 주말이면 광장에서 민속춤인 '사르다나'를 구경할 수도 있다.

구시가에서 가장 우아한 광장인 왕의 광장. 이곳에서는 구왕궁과 로마 시대의 성벽의 흔적을 볼 수 있다. 왕의 광장 안쪽에 있는 14개의 계단은 콜럼버스가 첫 항해에서 돌아왔을 때 이사벨라 여왕을 알현한 곳이다.

지중해의 유서 깊은 도시 바르셀로나의 옛 모습은 어땠을까? 궁금하다면 고딕 지구를 찾아가면 된다. 1860년 바르셀로나는 야심찬 도시개발계획을 추진했는데, 이때 도시를 구시가와 신시가로 구분하였다. 고딕 지구는 오래전부터 카탈루냐 지방의 종교와 정치의 주 무대였던 곳으로, 구시가의 중심에 있다. 그때까지만 하더라도 대성당 지구라 불리던 곳이다.

이곳을 고딕 지구라고 부르는 것은 고딕 양식의 귀중한 건축물이 많이 있기 때문이다. 원래 고대 로마 사람들이 만든 요새였던 '로마 마을'에 자리 잡고 있다. 고딕 지구 관광은 로마 시대의 흔적들이 잘 보존된 노바(Nova) 광장에서 시작하는 경우가 많다. 람블라 거리에서 노바 광장으로 이어지는 길은 좁고 서로 얽혀 있는데, 골목 양편으로 부티크나 카페 등이 모여 있다.

노바 광장 앞에는 신 고딕 양식의 건축물인 대성당(Cathedral)이 있다. 대성당은 559년 크루스 성녀와 아우렐리아 성녀를 추모하기 위해 세운 성당에서 기원한다. 958년 무어 족에 의해 파괴된 성당 자리에 11세기 중반 로마네스크 양식의 성당이 지어졌고, 이후 13세기부터 고딕 양식으로 새롭게 짓기 시작했다. 500년에 걸친 대역사 끝에 19세기에 완성됐다.

대성당 입구의 파사드는 19세기 말까지 미완성 상태로 있었으나 한 은행가의 후원으로 지금과 같은 모습으로 완성됐다. 15세기 고딕 건축물의 특징인 높은 종탑과 제단 등이 눈에 띈다. 8각형 종탑의 높이는 90m다. 성당

∴ Travel Story **'바르셀로나'라는 명칭이 유래한 고딕 지구** 매주 토요일 저녁과 일요일 정오에 사람들이 모여 민속춤 '사르다나'를 추는 노바 광장은 로마 성벽의 쌍둥이 반원형 탑이 있는 곳이다. 로마 시대의 유적인 '바르시노'도 바로 이곳에 있다. BC 3세기에 이곳을 지배한 카르타고인이 바르시노(Barcino), 즉 바르카 가(家)의 도시라고 명명했고, BC 201년에 로마의 지배하에 들어갔던 지역이 바로 바르시노다. '바르셀로나'라는 이름도 여기에서 유래되었다.

안의 회랑, 아름다운 둥근 천장, 설교단과 성가대석이 가장 주목할 만한 예술품이다. 성가대석을 두르고 있는 흰 대리석에는 바르셀로나의 성녀 산타 아우렐리아가 처형되는 순교 장면이 조각되어 있다. 성당 내부 중앙 제단 아래에는 바르셀로나 수호성인인 산타 아우렐리아 묘가 있다.

대성당 뒤편으로는 구시가에서 가장 우아한 광장인 왕의 광장이 있다. 이곳에서 구 왕궁과 로마 시대 성벽의 흔적을 볼 수 있다. 왕의 광장 안쪽에 있는 14개의 계단은 콜럼버스가 첫 항해에서 돌아왔을 때 이사벨라 여왕을 알현한 곳이다. 계단 왼쪽에는 14세기에 만든 산타 아가타의 예배당과 틴벨의 방, 아라곤 왕국의 문서관 등이 남아 있다.

고딕 지구는 100년 전의 바르셀로나를 간직하고 있는 곳이다. 고딕 양식의 건축물과 카탈루냐 전통 민속춤 '사르다나'의 거리 공연을 보고 있으면 마치 중세 시대에 와 있는 듯한 착각이 들 정도다. 주말이면 대성당 앞 광장에서 오래된 공예품이나 기념품 등을 파는 벼룩시장이 열린다. 미사를 마치고 광장으로 나온 바르셀로나 시민들과 고딕 지구를 찾아온 관광객들이 뒤섞여 인산인해를 이루는 대성당 앞의 일요일 정오 무렵은 축제 분위기에 들썩거린다.

**좌** 대성당 입구의 파사드 **우** 대성당은 559년 크루스 성녀와 아우랄리아 성녀를 추모하기 위해 세운 성당에서 기원한다.

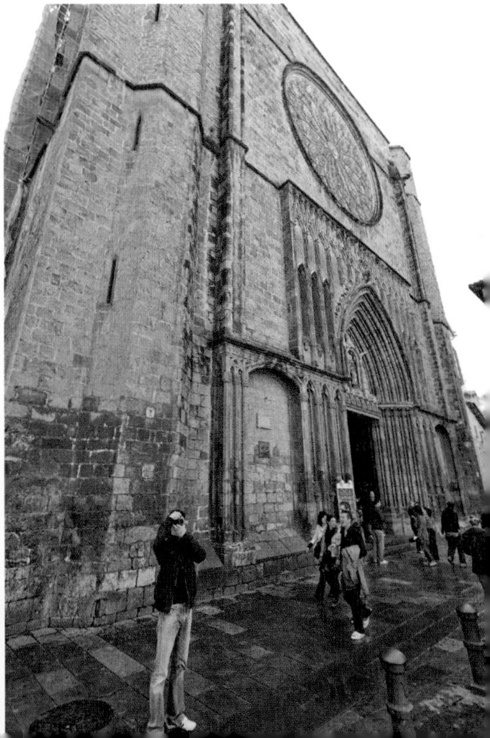

스페인 리베라 거리

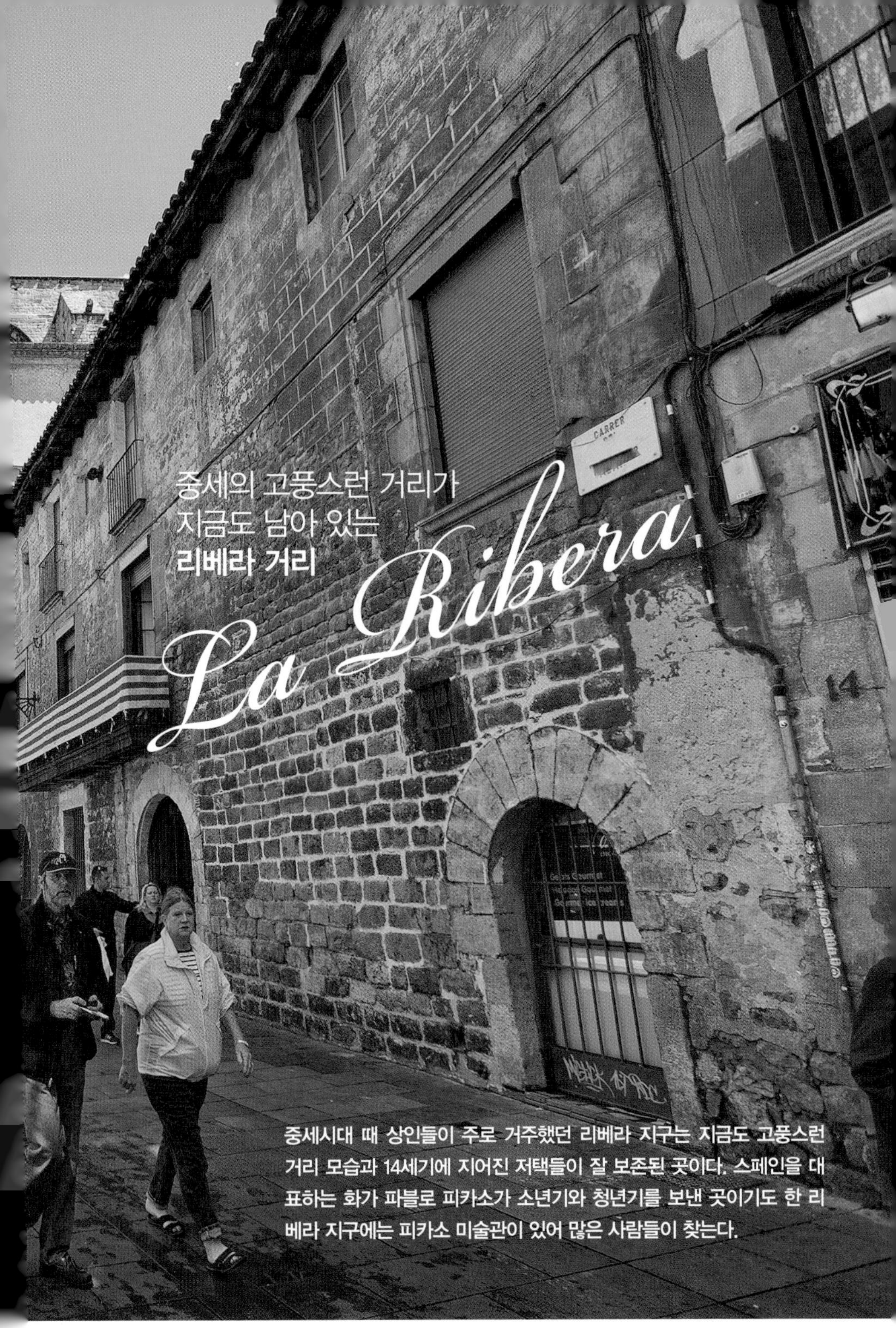

중세의 고풍스런 거리가
지금도 남아 있는
**리베라 거리**

# *La Ribera*

중세시대 때 상인들이 주로 거주했던 리베라 지구는 지금도 고풍스런 거리 모습과 14세기에 지어진 저택들이 잘 보존된 곳이다. 스페인을 대표하는 화가 파블로 피카소가 소년기와 청년기를 보낸 곳이기도 한 리베라 지구에는 피카소 미술관이 있어 많은 사람들이 찾는다.

오래된 개인 저택과 유서 깊은 성당, 피카소 미술관 등을 찾아가는 리베라 거리 탐방은 볼 것들이 너무 많아 시간가는 줄 모를 지경이다.

바르셀로나는 2000년 역사를 자랑하는 도시다. 그런 만큼 도시 곳곳에서 오랜 역사를 대변하는 문화유산을 어렵지 않게 찾아볼 수 있다. 대표적인 곳 가운데 하나가 리베라 지구다. 리베라 지구는 고딕 지구와 함께 바르셀로나 구시가지에서 가장 매력 넘치는 공간으로 중세 무렵에는 무역과 상업, 해운업이 번성했던 곳이다.

리베라 지구는 구 왕궁과 대성당을 감싸고 있던 고딕 지구 성벽의 바깥 지역이다. 지금은 성벽 대신에 항구 쪽 안토니 로페즈 광장 방향으로 이어지는 라이에타나 거리가 고딕 지구와 리베라 지구를 분리하는 역할을 하고 있다. 리베라 지구는 크게 중세시대 상인들이 거주했던 산 페레 거리와 뱃사람들이 거주했던 산타 마리아 델 마 거리로 분리되어 있다. 두 거리는 도시계획에 따라 신도시의 중심이 되면서 아름다운 개인 저택이 많이 건설되었고, 당시의 건축물들이 지금까지도 남아 있다.

리베라 거리 탐방은 아름다운 개인 저택과 유서 깊은 성당, 피카소 미술관 등을 찾아가는 일정으로 진행되는 것이 일반적이다. 먼저 대성당 근처의 엔젤 광장에서 출발해 기이한 정취가 남아 있는 알젠테리아 거리를 지나면 산타 마리아 광장에 이른다. 산타 마리아 광장의 왼쪽으로는 아름다운 건물 현관을 가진 교회가 있고 오른쪽으로는 고딕 양식의 분수와 함께 그림 같은 저택들이 있다. 광장에 있는 산타마리아 델 마 성당은 리베라 대성당으로 더 많이 알려져 있다. 카탈루냐 지방에서 가장 뛰어난 고딕 건축물로 14세기 무렵에 세워졌다. 건축물을 구성하는 각 부분이 서로 조화를 잘 이루는 것이 특징이며 아름다운 스테인드글라스로 유명하다.

성당 옆을 지나는 몬카다(Montcada) 거리에는 아름다운 저택이 늘어서 있다. 스페인을 대표하는 화가 파블로 피카소가 소년기와 청년기를 보낸 곳이다. 몬카다 거리 20번지의 달마세스 저택은 바로크 양식과 카탈루냐 고딕 양식이 조화를 이룬 17세기 건축물이다. 기둥과 난간, 아치 등에 새겨진 수많은 장식이 볼만하다. 23번지에는 아름다운 14세기 건물의 특징을 잘 나타내는 트리포라 저택이 있다. 12번지에서는 정원에 직물 · 의류박물관이 있고 16세기 바로크 양식의 문에 이르는 아름다운 야외 계단이 있는 14세기 건축물인 리오 후작 저택을 볼 수 있다.

15번지에는 정원과 장식 창문, 야외계단이 아름다운 아퀼라 저택이 있다. 15세기에 건축된 고딕 양식의 건물인 아퀼라 저택의 안뜰과 발코니는 대리석 계단으로 이어져 있다. 이곳이 바로 1963년 개관한 피카소 미술관(Museu Picasso)으로 이용되는 건물이다. 바르셀로나 시가 이곳에 피카소 미술관을 만든 이유는 한창 감수성이 예민했을 성장기를 이 거리에서 보낸 피카소를 배려했기 때문인 것으로 보인다.

1970년 2월 피카소는 이 미술관에 유화 · 파스텔화 · 소묘 · 판화를 포함한 자신의 초기 작품 900여 점을 기증했다. 그리고 피카소 사후에 그의 친구와 부인이 기증한 작품들도 있다. 그 가운데 15세 때 그린 〈첫영성체〉와 16세 때 그린 〈과학자 자비〉는 바르셀로나에서 생활했을 때 그린 그림으로, 그의 천재적인 잠재력을 엿볼 수 있다. 피카소 미술관에 있는 작품들은 대부분 소품이며, 어린 시절 작품이 주로 전시되어 있다.

∴ Travel Story **바르셀로나와 피카소** 20세기 거장으로 일컬어지는 피카소는 1881년에 안달루시아의 말라가에서 출생했다. 미술 선생님이었던 아버지의 영향을 받으며 자란 그는 12세에 지방 미술 콩쿠르를 거의 휩쓸 정도로 천재적인 재능을 드러냈다. 그 후 바르셀로나로 옮겨와 10대에 아카데미 일원이 되기도 하는 등 활발한 활동을 한다. 당시 그가 바르셀로나에서 생활했던 곳이 리베라 지구의 몬카다 거리다. 피카소 미술관은 여러 도시에 있지만, 그중에서도 바르셀로나 리베라 지구에 있는 피카소 미술관은 피카소가 소년기와 청년기 때 남긴 스케치, 드로잉 등의 습작을 가장 많이 접할 수 있는 곳이다.

## 박물관, 미술관, 유원지가 모여 있어 하루가 즐거운 **몬주익 언덕**

# *Mont Juic*

**바르셀로나 바닷가에서 가장 높은 곳에 위치한 몬주익 언덕. 1929년에 바르셀로나에서 만국박람회가 개최될 때 대단위 관광단지가 들어서고, 1992년 올림픽을 계기로 종합 유원지가 된 곳이다. 바르셀로나의 대표적인 미술관인 카탈루냐 미술관과 스페인을 대표하는 현대화가 호안 미로의 미술관이 있어 미술관 기행을 즐길 수 있다.**

스페인 초현실주의의 틀을 세운 화가인 호안 미로를 위한 미술관. 1971년 문을 연 이곳은 현재 미로의 작품을 연구, 소개하고, 현대미술의 발전을 위해서 설립된 재단에 의해 운영되고 있다.

우리들에게 '몬주익의 영웅 황영조'로 익숙한 몬주익 언덕은 본래 '유대인의 언덕'을 의미한다. 수많은 유태인이 처형당했던 이곳은 땅을 파면 해골이 나올 정도라고 해 '눈물의 언덕'이라 불리기도 한다.

몬주익 언덕에는 몬주익 성과 1929년 만국박람회 개최 때 세워진 기념물과 시설들이 그대로 보존되어 있다. 가장 최근의 건물은 1992년 바르셀로나 올림픽 당시의 경기장과 기념물이다. 몬주익 성은 1640년 농민전쟁 때 30일 만에 세워진 건물을 필리페 5세가 증축하여 지금까지 보존되고 있다.

몬주익 언덕으로 갈 때는 스페인 광장에서 출발하여 베니스 풍의 거대한 두 탑 사이를 지나 국제박람회장으로 들어가는 코스를 주로 이용한다. 바르셀로나의 야경을 감상하기 위해 저녁시간에 몬주익 언덕을 찾으면 스페인 광장과 카탈루냐 미술관 사이에 매직분수가 있어 황홀한 물줄기가 음악에 맞춰 화려한 춤을 추는 장관도 만날 수 있다. 3620개의 분출구에서 뿜어져 나오는 물줄기가 최고 54m에 이르는 거대한 매직분수는 시시각각 변하는 화려한 조명으로 인해 빛의 분수라고 불리기도 한다.

바르셀로나 시가지가 한눈에 보이는 몬주익 언덕의 웅장한 성채에 자리 잡은 카탈루냐 미술관(Museu Nacional d'Art de Catalunya)은 중세 예술 및 건축 분야의 박물관 중 세계 최고로 손꼽힌다. 박물관 건물은 12세기의 로마네스크식 건물을 복원하여 중세 풍의 아름다움이 더욱 빛난다.

∴Travel Tip **'몬주익의 영웅' 황영조 조형물** 1992년 바르셀로나 올림픽 마라톤에서 금메달을 딴 '몬주익의 영웅' 황영조 선수를 형상화한 조형물이 몬주익 올림픽스타디움 앞 광장에 있다. 높이 2.4m, 길이 6m 크기의 석재로 된 이 조형물은 조각가 강대철이 만들었으며, 1992년 올림픽 당시 힘차게 몬주익 언덕을 넘는 황 씨의 모습을 형상화하고 있다. 한쪽에는 조병화 시인의 "역사와 예술의 나라, 스페인/ 찬란한 고도 바르셀로나 이곳에/ 동방의 아침의 나라, 대한민국 경기도/ 그 힘찬 빛이 같이 어리어 있나니/ 아, 이 뜨거운 우정 만방에 영원하여라"라는 찬사가 돌에 새겨져 있다.

입구에 들어서면 왼쪽이 로마네스크 미술, 오른쪽이 고딕 미술 전시실로 나뉜다. 그중에서도 로마네스크 미술은 대부분이 피레네 산맥 기슭의 작은 성당에서 옮겨온 벽화나 제단화이며, 컬렉션도 많아 세계적으로 높이 평가받고 있다. 전시실은 성당 내부를 본떠 재현되어 있다. 소박하고 강렬하고 확신에 찬 표현에서 카탈루냐 로마네스크의 진수를 접할 수 있다.

호안 미로 미술관은 스페인을 대표하는 화가 가운데 한 사람인 호안 미로를 위한 미술관이다. 호안 미로는 스페인의 초현실주의의 틀을 세운 작가로서 프랑스의 파리에서도 활동하는 등 왕성한 작품 활동을 한 인물이다. 1971년 문을 연 이 미술관은 현재 미로의 작품에 대해 연구, 소개하고, 현대미술의 발전을 위해서 설립된 재단에 의해 운영되고 있다. 미술관 건물은 흰색의 단순한 건물이지만 전시실 안으로 빛이 들어올 수 있도록 과학적인 구조로 설계되었다.

전시 작품은 미로 자신과 가족들이 기증한 것이 대부분이다. 1917년부터 1970년대까지 다양한 소재의 회화 작품 217점과 153점의 조각, 9점의 섬유예술품 등을 전시하고 있다. 미로가 어린 시절부터 습작해온 5000여 점의 드로잉도 있다. 그밖에도 강연과 비디오 상영, 현대음악 연주회가 자주 열리고 있어서 종합문화의 공간이라고 할 수 있다.

몬주익 언덕의 웅장한 성채에 자리 잡은 카탈루냐 미술관

## 아직도 건축 중인 **성가족 성당**

# *Sagrada Familia*

바르셀로나의 대표적인 명소인 성가족 성당. 가우디가 기도와 명상을 위한 신의 집을 만들겠다는 의지를 담아 지은 곳이다. 엄청난 규모이지만 계단의 작은 장식 하나까지도 소홀함이 없는 정성이 느껴진다. 가우디가 얼마나 신에게 다가가고자 했는지 짐작해볼 수 있다. 약 120년 전에 착공했지만 아직도 공사가 진행 중이다.

바르셀로나 시내의 마요르카 거리에 있는 사그라다 파밀리아(Sagrada Familia). 우리말로 번역하면 '성가족 교회'가 되는 이 성당은 가우디의 천재성이 응축된 가우디 건축의 백미로 꼽힌다. 거대한 옥수수 4개가 하늘을 향하고 있는 듯 독특한 모양의 건축물로, 최고 높이가 170m나 된다. 건축 양식은 입체기하학에 바탕을 둔 네오고딕식이다. 가우디의 천재성과 신앙심을 느끼게 하는 이 성당은 직선을 철저히 배제하고 곡선만으로 성당 건물을 만들어가고 있다.

성가족 성당은 1882년 프란시스코 데 파울라 델 빌라의 설계로 처음 지어지기 시작했으나 1년 반 뒤에 가우디가 작업을 넘겨받게 된다. 가우디는 자신의 대표작이 될 것이라 판단하고 온 정성을 기울여 성당 건축에 매달렸다.

가우디는 건물의 정면을 예수 그리스도의 탄생, 수난, 영광으로 장식하였다. 이 정면 장식에 12제자를 상징하는 12개의 탑을 세우고 중앙에는 예수를 상징하는 거대한 탑을 계획했다. 설계대로 성당이 완성될 경우 성당의 규모는 가로 150m, 세로 60m이며, 예수 그리스도를 상징하는 중앙 돔의 높이는 170m 정도다.

구조는 크게 3개의 파사드(건축물의 주된 출입구가 있는 정면부)로 이루어져 있는데 가우디가 세상을 떠난 1926년까지 완성된 파사드는 그리스도의 탄생을 경축하는 '탄생의 파사드'다. 나머지 두 개의 파사드는 수난과 영광의 파사드인데, 서쪽 '수난의 파사드'는 스페인 내전으로 공사가 중단되고 성당 일부가 파괴되는 수난을 겪은 끝에 골조공사를 마칠 수 있었다. 1986년부터는 요셉 마리아 수비락스(Josep Maria Subirachs)가 서쪽의 조각을 맡아 작업을 했고, 2010년에 어느 정도 마무리되었다. 2010년 11월 7일에는 교황 베네딕트 16세가 참석한 가운데 축성식을 가졌다. 완공은 2026년 예정.

지금 성가족 성당을 찾는 관광객들은 일부 공사 지역을 제외한 성당 안을

∴Travel Story **가우디가 표현한 예수의 탄생** 성가족 성당의 동쪽 파사드는 가우디가 완성한 부분이다. 특히 외벽의 조각에 예수의 탄생을 표현하고 있다. 이들 전면의 조각은 내용상 세 가지 덕목을 전해준다. 왼쪽에는 소망(Hope)을, 가운데는 자비(Charity)를, 오른쪽에는 믿음(Faith)을 상징적으로 보여준다. 왼쪽의 소망 부분에는 마리아와 요셉의 약혼, 성가족의 이집트로의 도피, 무고한 아이들 살해가 표현되어 있다. 가운데 자비 부분에는 위에서부터 아래로 새들이 깃든 사이프러스나무, 마리아에게 왕관을 씌움, 수태고지, 예수 탄생을 알리는 천사들, 예수 탄생이 표현되어 있다. 오른쪽 믿음 부분에는 마리아의 엘리자베스 방문, 사제들 사이에 있는 예수, 목수 일을 하는 예수가 표현되어 있다. 이들 조각은 모두 복음서에 나오는 예수 탄생과 관련된 일화를 토대로 만들었다.

구경할 수 있다. 다만 금속탐지기를 거쳐야 하며 과도한 노출을 피하는 템플 드레스코드를 지켜야 한다. 그리고 종탑도 올라갈 수 있다. 엘리베이터로 올라간 다음 좁은 계단을 돌아내려가며 창이나 베란다를 통해 첨탑을 가까이서 볼 수도 있다. 포도, 옥수수 등 각종 농작물의 모형을 딴 장식물에서 가우디의 자연친화적인 건축미학을 느낄 수 있으며 정교한 세공에서 깊은 신앙심까지 엿볼 수 있다. 또한 가우디가 얼마나 신에게 다가서려 했는지도 짐작해 볼 수 있다.

성가족 성당 지하에는 성가족 성당의 연혁과 초기 디자인, 기술적 배경 등 성가족 성당 140년의 역사를 한눈에 볼 수 있는 박물관이 있다. 그리고 필생의 역작인 성당의 지하에서 아직 완성되지 않은 성당의 완성을 기다리는 안토니오 가우디의 시신이 휴식을 취하고 있다.

서쪽 파사드인 '수난의 파사드'는 스페인 내전으로 공사가 중단되고 성당 일부가 파괴되는 수난을 겪은 끝에 골조공사를 마쳤다. 1986년부터는 요셉 마리아 수비락스가 조각을 맡아 작업을 했고, 2010년에 어느 정도 마무리되었다.

## 054 **스페인** 구엘 공원

가우디의 천재성을 엿볼 수 있는
**구엘 공원**

# Parc Guell

대자연의 역동적인 생명력을 표현했던 건축가 가우디. 그의 대표적인 작업 가운데 하나가 구엘 공원이다. 그의 경제적 지원자였던 구엘 백작의 요청으로 설계된 전원주택지였지만 자금난 때문에 미완성으로 남았다. 이후 바르셀로나 시가 사들여 공원으로 개방하면서 가우디의 천재성을 누구나 감상할 수 있게 되었다.

어린이 테마파크에 들어온 것 같은 환상을 불러일으키는 구엘 공원. 동화 속에 등장하는 도마뱀이나 과자의 집처럼 생긴 건물에서, 혹은 꾸불꾸불한 산길 어디에선가 동화 속 인물이라도 만날 것 같은 느낌이다.

바르셀로나를 여행할 때 도시 곳곳에서 '가우디'라는 인물을 만나게 된다. 아직도 건축 중인 성가족 성당이나 카사 밀라, 카사 바트요 등 바르셀로나의 주요 랜드마크는 대부분 가우디의 작품이다. 바르셀로나를 여행할 때 가우디의 흔적을 피해 다니는 것이 거의 불가능에 가까울 정도다. 가우디라는 인물을 알아두면 바르셀로나를 깊이 있게 돌아보는 데 큰 도움이 된다. 그만큼 도시 곳곳에 가우디의 손길이 많이 남아 있다.

멀리 지중해와 바르셀로나 시내가 잘 내려다보이는 언덕 위에 있는 구엘 공원은 가우디가 그의 경제적 후원자인 구엘 백작의 요청으로 설계한 전원주택지다. 구엘 백작이 평소 동경하던 영국의 전원마을을 모델 삼아 이곳에 60호 이상의 전원주택을 지어서 스페인의 부유층에게 분양할 예정이었다. 이 계획은 당시로서는 매우 혁신적인 발상이었지만 부지는 돌이 많은 데다 경사진 비탈이어서 작업에 어려움이 많았다. 1900년부터 1914년까지 14년에 걸쳐서 프로젝트가 진행되었지만 자금난이 겹치면서 몇 개의 건물과 광장, 벤치 등을 남긴 채 미완성으로 끝나고 말았다.

1922년 바르셀로나 시의회가 구엘 백작 소유의 이 땅을 사들인 다음 이듬해에 공원으로 단장하고 시민들에게 돌려주었다. 소수 부유층의 전원도시보다는 수많은 시민들의 휴식처가 되었으니 오히려 그 생명력과 효용 면에서는 더 많은 것을 얻었는지도 모를 일이다. 처음 계획했던 꿈은 이루지 못했지만, 오히려 공원으로 변한 가우디의 작품은 누구나 쉽게 만날 수 있는 시민들의 쉼터로 사랑 받고 있다.

구엘 공원은 공원이라기보다는 어린이 테마파크에 들어온 것 같은 환상을 불러일으키는 곳이다. 직선이 아닌 곡선을 위주로 한 건물들, 시선을 잡는 화려하고 독특한 모자이크 장식과 타일, 위태롭게 기울어 있는 나선형의 층계 등이 자연히 어우러져 초현실적이고 신비로운 분위기를 연출하고 있다. 동화 속에 등장하는 과자의 집처럼 생긴 건물이나 반쯤 기울어져 어딘가 불안해 보이는 인공석굴의 어디쯤에서, 혹은 꾸불꾸불한 산길 어디에선가 동화 속 인물이라도 만날 것 같은 느낌이다.

공원 입구에는 두 개의 재미있는 건물이 있다. 하나는 경비실, 또 하나는 공원 안에 사는 주민이 방문객을 만나거나 대기하도록 한 곳으로 서비스 건물이다. 이 건물들은 이곳에 있는 자연석으로 지었으며, 창틀과 지붕을 밝은 색 타일로 장식했다. 독특한 모양의 뾰족탑 지붕이 신비롭고 낭만적인 분위기를 더한다. 살바도르 달리는 이런 건물들이 있는 공간을 '마치 설탕을 바른 타르트 같다'고 말했다.

공원 입구에 들어서면 두 갈래로 나뉜 계단이 나온다. 계단 양쪽 벽은 활처럼 굽었고, 두 갈래 사이에는 선명한 색채 타일로 뒤덮인 도마뱀이 있다. 그 아래쪽 계단에 빛나는 색채 타일로 만든 카탈루냐 문장이 있고, 가운데

인공적인 것을 가장 자연스럽게 만들려는 가우디의 노력이 담긴 구엘 공원

살바도르 달리가 '마치 설탕을 바른 타르트 과자 같다'고 말한 건물

람블라 거리 가까운 곳에 있는 훗날 구엘의 집. 구조와 규모 및 공간 분배의 방식 면에서 매우 혁신적이다.

에는 뱀 머리가 달린 둥근 장식이 있다. 도마뱀 입에서는 물이 흘러 떨어지는데, 그 물은 도리아식 신전 건물 밑에 있는 거대한 물탱크에 고여 있던 것이다. 그리스 로마 신화에 관심이 많았던 구엘 백작의 요청으로 지었다는 신전 건물은 많은 기둥이 특징인 도리아식으로 지어졌다. 곡선의 천장과 천장의 화려한 타일 조각, 광장으로 이어지는 통로의 경사진 모양은 가우디의 독창성을 다시 한번 보여준다. 바르셀로나 시내와 지중해가 보이는 광장의 테두리는 거대한 뱀이 꿈틀대는 형상으로 표현했는데 테두리를 따라 긴 의자로 만들어 공간을 활용했다.

중세 고딕 양식과 이슬람, 로마네스크, 비잔틴, 르네상스 양식 등을 혼합해 새로운 독창적 모더니즘을 창출해낸 가우디는 특히 자연에 대한 관찰력이 뛰어나 타일, 유리, 벽돌, 구리, 철 등을 혼합한 건물로 대자연의 역동적인 생명력을 표현했던 건축가다. 인공적인 것을 가장 자연스럽게 만들려는 그의 노력이 담긴 구엘 공원은 두 개의 집과 독특한 방식으로 만들어진 광장과 계단들, 3km의 도로와 산책로만 남은 미완성이다. 하지만 그의 천재성이 완성된 작품보다 미완성의 신비감으로 발전하고 있는 느낌이다.

∴Travel Story **가우디와 구엘 저택** 가우디는 자신의 경제적 후원자였던 구엘 백작을 '총독'이라고 즐겨 불렀다고 한다. 그를 위해 가우디는 람블라 거리 가까운 곳에 궁전을 지어 주었다. 구엘의 집이라 불리는 이 궁전은 구조와 규모 및 공간 분배 방식 면에서 매우 혁신적이다. 외부의 검소한 분위기와는 달리 내부 장식을 아주 화려하게 만들어 강렬한 대조를 이룬다. 주거지인 동시에 리셉션 장소이기도 한 구엘 저택은 모두 6층으로 되어 있는데, 마구간이 있는 지하층은 당시로서는 획기적인 아이디어였다. 마차를 타고 지하로 들어가 나선형의 경사로를 통해 건물로 들어가는 실용적인 발상이 재미있다.

## 가우디 건축기행 명소
# 그라시아 거리
# *Gracia Street*

**바르셀로나는 가우디의 도시답게 거리 곳곳에서 그의 작품을 만날 수 있다. 신시가지 중심에 있는 그라시아 거리는 그의 대표적인 작품 가운데 하나인 카사 밀라, 카사 바트요 등을 감상할 수 있어 관광객들의 발걸음이 끊이지 않는다.**

거장 가우디의 독특한 시각이 그대로 녹아 있는 카사 밀라. 1906년에 착공해 1910년에 완공한 고품격 맨션으로, 돌로 지은 5층 건물이다. 외관이 마치 자연 암벽 위에 테라스를 만들어놓은 것 같은 모습이다. 가우디의 어떤 작품보다 많은 논란을 불러일으켰다.

아름다운 건축물이 곳곳에 있는 그라시아 거리. 지하철 파세익 데 그라시아(Passeig de Gracia) 역에서 내리면 그라시아 거리로 통한다. 이곳은 신시가지의 중심 거리로, 카사 밀라, 카사 바트요, 안또니 따피에스 미술관 등 가우디와 도메네크의 작품이 발길 닿는 곳마다 있어 바르셀로나의 독특한 토양 위에 만들어진 건축기행을 즐길 수 있다.

거장 가우디의 독특한 시각이 그대로 녹아 있는 카사 밀라(Casa Mila)는 1906년에 착공해 1910년에 완공한 고품격 맨션으로, 가우디의 어떤 작품보다 많은 논란을 불러일으켰다. 돌로 지은 5층 건물 외관이 마치 자연 암벽 위에 테라스를 만들어놓은 것 같은 모습이다. 이러한 외관 때문에 '라 페드레라(La Pedrera, 채석장)'라고도 불린다. 독특한 내부 구조와 가우디의 트레이드마크인 타일, 유리 조각들로 꾸며진 실내 공간을 구경하러 많은 사람들이 이 건물을 찾아온다. 1층에는 매표소와 서점이, 7층에는 가우디의 설계도와 영상자료를 전시한 '에스파이 가우디'가 있다.

카사 바트요(Casa Batlló)는 카사 밀라 앞 사거리 대각선 방향에 있는 건물이다. '가우디의 장난스런 오색찬란 동화 속 궁전'이라는 평을 얻고 있다.

건물 외관에 색유리 파편이 촘촘히 박혀 있어 햇빛을 받으면 오색찬란하게 빛난다. 하늘, 바다, 태양 등 자연에서 영감을 얻는 가우디의 특징이 건축에 잘 적용된 작품으로 평가받고 있다. 동물 모양의 집과 발코니에서는 동화 속의 성 같은 느낌을 받는다.

카사 바트요 옆에 있는 카사 아마트예르(Casa Amatller)도 가우디 건축기행을 할 때 함께 들러볼 만한 건물이다. 모데르니스모 양식의 대표적인 건축물로 평가받고 있는 카사 아마뜨예르는 건축가 푸치 이 카다파르크의 대표작이다. 섬세한 곡선과 화려한 채색 타일이 가우디의 카사 바트요와 잘 어울린다. 바르셀로나에서 모데르니스모 건축 양식으로 지어진 건물은 이 외에도 카탈루냐 음악당과 카사 비센스, 구엘 별장 등이 있다.

그라시아 거리에서 조금 떨어진 곳에 있는 카사 비센스(Casa Vicens)도 가우디의 작품이다. 타일 공장을 운영하는 돈 마누엘 비센스의 의뢰로 1878년부터 약 10년 간 건축한 개인 저택이다. 지하철 3호선 폰따나(Fontana) 역에서 도보로 5분 거리에 있다. 활짝 피어난 꽃에서 영감을 받아 설계한 카사 비센스는 정원에 종려나무 문양이 새겨진 분수대를 만들고 녹색과 백색 꽃문양 타일로 바닥을 깐 다음 종려나무와 나뭇잎을 형상화한 문양을 대문에 새겨 넣었다. 타일 공장을 하는 비센스의 저택답게 건물 대부분이 오색 타일로 장식되어 있어 더욱 아름답다. 예전에는 개인 주거공간이라 관람이 불가했지만, 현재는 박물관으로 유료 관람이 가능하다.

카사 밀라, 카사 바트요 등 가우디의 독특한 건축물들이 모여 있는 그라시아 거리에서는 매년 8월 중순에 그라시아 축제가 열린다. 거리 곳곳에 대형 마켓과 각종 명품 숍, 스페인 고유의 금 · 은 세공품, 수제 레이스 제품 등을 판매하는 가게들이 모여 있어 건축기행과 쇼핑을 함께할 수 있다.

∴Travel Story **가우디와 바르셀로나** 천재적이지만 고집 세고 괴팍하다는 평가를 받고 있는 건축가 안토니오 가우디가 고향 레우스를 등지고 바르셀로나로 떠난 것은 19세기 후반이었다. 구상부터 건축 완성까지 그의 모든 실험이 가능한 이상적인 환경을 갖춘 도시가 바르셀로나였기 때문이었다. 중세 고딕 양식과 이슬람, 로마네스크, 비잔틴, 르네상스 양식 등을 혼합해 새로운 독창적 모더니즘을 창출해낸 그는 특히 자연에 대한 관찰력이 뛰어나 타일, 유리, 벽돌, 구리, 철 등을 혼합한 건물로 대자연의 역동적인 생명력을 표현한다. 물 만난 물고기처럼 카사 밀라 같은 연립주택, 구엘 저택 같은 호화주택, 성가족 성당 같은 불세출의 건축물 등 독특하고 개성 있는 건축 작품으로 자신을 이끌어준 바르셀로나에 보답했다. 이런 이유로 바르셀로나는 '가우디의 도시'라는 부제가 붙었다. 살바도르 달리가 이곳 출신이고 파블로 피카소와 호안 미로가 이곳을 무대로 활약했지만 그들의 작품은 미술관에서나 만날 수 있다. 하지만 가우디의 작품은 바르셀로나의 아름다운 풍광과 함께 감상할 수 있어 바르셀로나에서만큼은 가우디가 그들보다 더 위대하다.

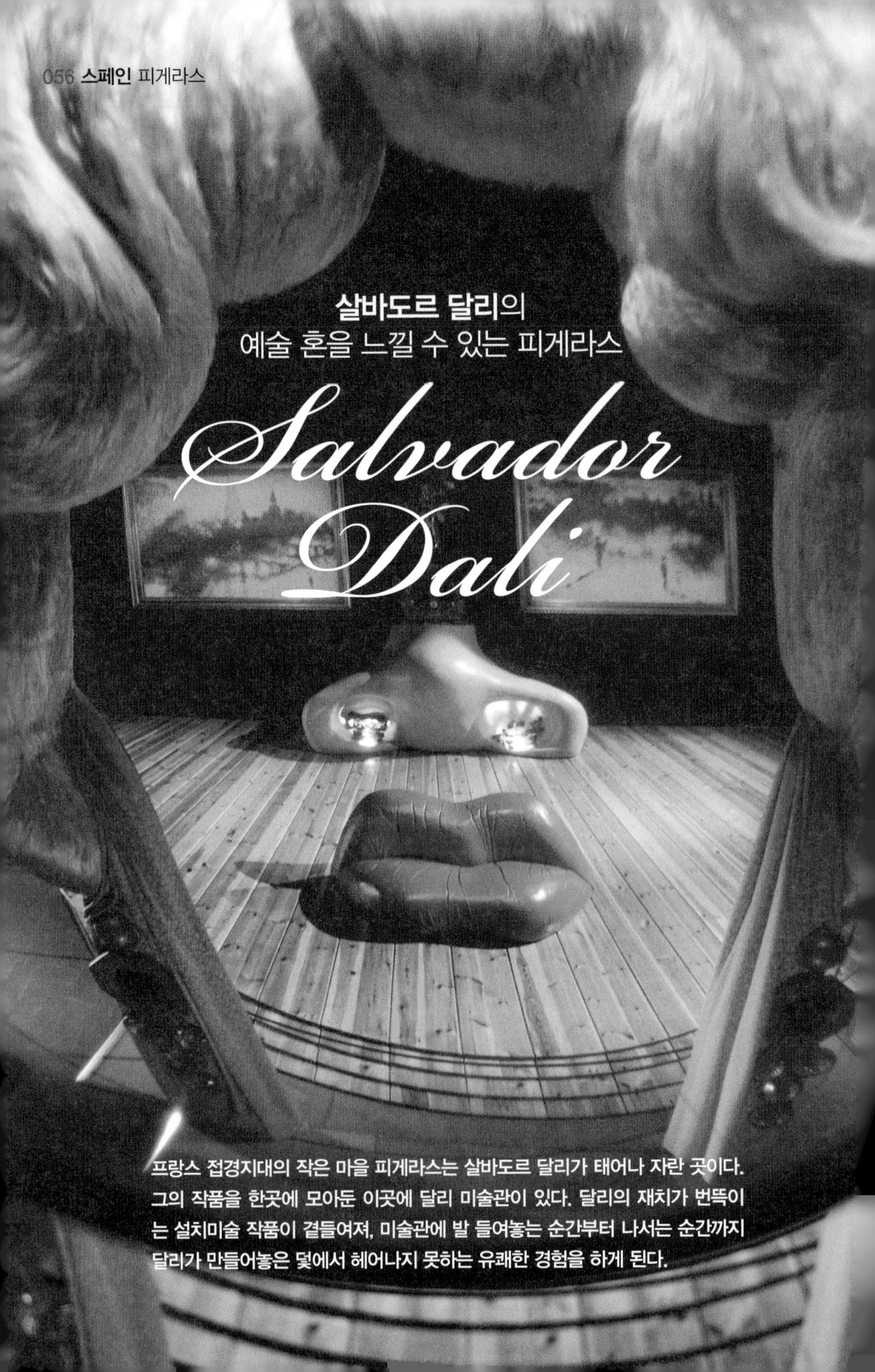

## 살바도르 달리의 예술 혼을 느낄 수 있는 피게라스

# *Salvador Dali*

프랑스 접경지대의 작은 마을 피게라스는 살바도르 달리가 태어나 자란 곳이다. 그의 작품을 한곳에 모아둔 이곳에 달리 미술관이 있다. 달리의 재치가 번뜩이는 설치미술 작품이 곁들여져, 미술관에 발 들여놓는 순간부터 나서는 순간까지 달리가 만들어놓은 덫에서 헤어나지 못하는 유쾌한 경험을 하게 된다.

바르셀로나에서 프랑스 국경 방향 자동차로 한 시간 거리에 있는 작은 마을 피게라스(Figueres). 스페인 땅이지만 프랑스의 작은 마을을 찾아들어간 느낌이다. 1640년부터 1813년까지 세 번에 걸쳐 프랑스의 지배를 받았던 흔적과 프랑스 접경지대라는 지정학적인 이유 때문이다. 한때 이슬람의 지배를 받았고 프랑스에 이어 스페인의 통치까지 경험하고 있는 카탈루냐 지방의 조그만 도시이지만 다양한 문화가 녹아 있는 재미있는 곳이다.
피게라스는 단순한 여행객들에게는 단지 살바도르 달리가 태어나고 자란 곳으로만 기억되고 있다. 사실 피게라스는 달리를 떼놓고는 그다지 소개할 만한 것이 없는 작은 마을이다. 2004년 달리 탄생 100주년 기념행사 이후 미술 애호가들이나 젊은 배낭여행객들에게 기회가 되면 꼭 한번 가보고픈 곳으로 관심을 끌기 시작했다.
달리 미술관은 장밋빛 원통 위에 달걀 여러 개를 올려놓은 듯한 독특한 외관이다. 달리가 직접 디자인한 건물로, 1974년 문을 열었다. 달리가 70세 되는 해에 만들어진 이 미술관은 시립극장을 개축한 것이다. 미술관 입구에서 만나는 독창적인 오브제나 착시 현상을 응용한 눈속임 그림, 홀로그램 등으로, 입장하면서부터 구경을 마칠 때까지 달리의 마력에 흠뻑 젖는 느낌이다.
달리 미술관의 주 볼거리는 10대 시절에 그린 인상파 풍의 회화부터 만년에 집착했던 입체파 풍의 회화에 이르는 다양한 그림들이다. 여기에 달리의 재치가 번뜩이는 설치미술 작품이 곁들여져 미술관에 발 들여놓는 순간부터 나서는 순간까지 달리가 만들어 놓은 덫에서 헤어나지 못하는 유쾌한 경험을 하게 된다. 스페인이 자랑하는 현대화가 가운데 한 사람인 달리는 초현실의 세계를 기상천외한 아이디어로 표현하는 재능이 있다. 그리고 누구나 그 세계에 손잡고 들어가 구경할 수 있는 관대함도 함께 존재한다. 이런 공간에서 하루를 보내는 것이 얼마나 즐거운 일인지 옆 사람에게 자랑이라도 하고픈 충동을 느낄 정도다.

∴ Travel Story **살바도르 달리와 갈라** 1904년에 태어난 달리는 9살 때 유화에 손댔을 만큼 천재성을 보였다. 하지만 25살이 된 1929년에 어느 여인을 만나기 전까지 그는 지금 우리가 알고 있는 것과 달리 재능은 있지만 평범하기 그지없는 한 청년 화가에 지나지 않았다. 1929년 파리로 가서 첫 개인전을 연 달리는 같은 스페인 출신인 피카소와 미로를 통해 초현실주의 그룹의 시인과 화가들을 사귀게 되는데, 여기서 그는 자신의 '숙명의 여인' 갈라를 만난다. 이후 그는 자신만의 표현기법인 편집광적-비판적 미학이론에 근거한 초현실주의 회화를 그려내기 시작했다. 이런 이유로 달리 미술관에서 가장 많이 만나게 되는 여인이 갈라다.

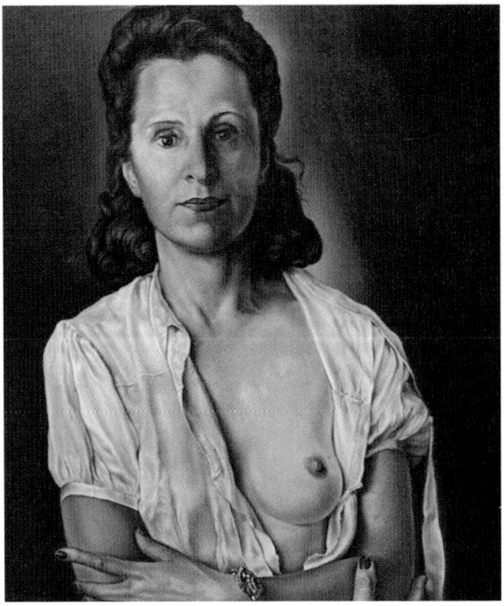

달리의 '숙명의 여인' 갈라. 그녀와 만나게 된 후 달리는 자신만의 표현기법인 편집광적-비판적 미학이론에 근거한 초현실주의 회화를 그려내기 시작했다. 달리 미술관에서 가장 많이 만나게 되는 여인이다.

살바도르 달리는 생김새와 차림새부터 독특한 사람이다. 강철로 만들어 붙인 듯한 콧수염, 검은 정장에 빨간 넥타이, 번득이는 눈빛, 황금 손잡이가 달린 지팡이 등으로 기억된다. 그의 용모와 패션감각은 그가 왕성한 활동을 했던 시기에 이미 초현실주의적 설치작품으로 간주되고 있었다. 그의 인기는 할리우드의 세계적인 은막스타를 능가할 정도였던 것으로 알려지고 있다. 달리 미술관 구경을 하고 난 후 달리가 생전에 작업했던 귀금속 디자인을 모아 놓은 곳을 방문할 수 있다. 이곳은 숨겨진 장소이기도 하다. '달리는 달러다'라는 미국의 어느 평론가의 비아냥처럼 달리는 세속적인 명예와 부를 추구한 것으로도 유명하다. 그리고 돈이 되는 보석 디자인을 통해 많은 부를 축적했던 것으로 알려지고 있다. 까만 우단(羽緞) 위에 강렬한 조명을 받고 있는 암실을 구경하다 보면 미술관에서 느꼈던 감동과는 또 다른 예술혼을 느끼게 된다. 그리고 많은 사람들이 그 방을 나서면서 혼잣말로 '달리는 천재다'라고 말할 정도다.

피게라스 여행에서 얻은 보너스는 카탈루냐 완구박물관. 그리운 장난감들을 만날 수 있는 이곳에는 장난감 자동차, 기차, 비행기 등 탈것부터 테디베어 등 갖가지 인형까지 4000여 점의 아이들 장난감이 전시되고 있다. 특별히 눈길이 가는 곳은 세계 각국의 인형을 모아둔 코너다. 우리나라 인형은 신랑 각시 목각인형이 있다.

장밋빛 원통 위에 달걀 여러 개를 올려놓은 듯한 달리 미술관.
달리가 직접 디자인한 것으로 1974년 문을 열었다.
달리의 재치가 번뜩이는 설치미술 작품이 곁들여져
미술관에 발 들여 놓는 순간부터 나서는 순간까지
유쾌한 경험을 하게 된다.

Kandinsky
BERE TESTUINGURUAN
EN SU CONTEXTO
IN CONTEXT
bbk
RUBENS
eta bere garaia ERMITAGE MUSEOAREN ALTXORRAK
y su época TESOROS DEL MUSEO ERMITAGE
and his Age TREASURES FROM THE HERMITAGE MUSEUM
IBERDROLA
Bilbao Museoa

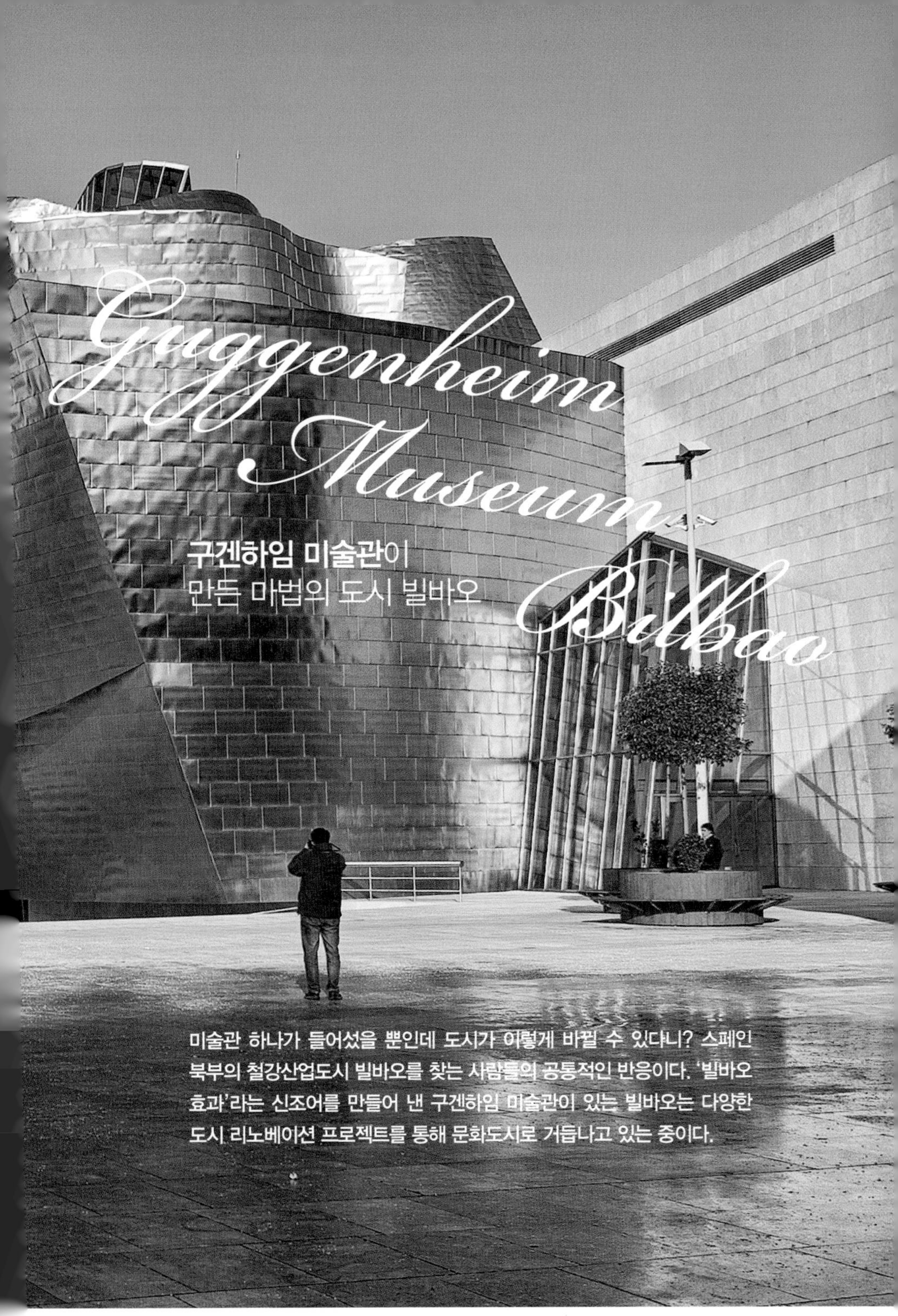

# Guggenheim Museum Bilbao

## **구겐하임 미술관**이 만든 마법의 도시 빌바오

미술관 하나가 들어섰을 뿐인데 도시가 이렇게 바뀔 수 있다니? 스페인 북부의 철강산업도시 빌바오를 찾는 사람들의 공통적인 반응이다. '빌바오 효과'라는 신조어를 만들어 낸 구겐하임 미술관이 있는 빌바오는 다양한 도시 리노베이션 프로젝트를 통해 문화도시로 거듭나고 있는 중이다.

유럽을 여행하다 보면 가끔 탄식이 터져 나올 때가 있다. 조상을 잘 둔 덕에 문화유산의 혜택을 누리고 사는 유럽 사람들을 볼 때 부러움에서 절로 나오는 말이다. 유럽 문화의 정수라고 할 수 있는 로마나 파리, 마드리드를 여행할 때면 그런 생각이 더 강하게 든다. 그러나 최근 문화도시로 거듭나고 있는 스페인 북부의 공업도시 빌바오를 여행하고 난 뒤, 반드시 조상을 잘 만나야만 문화도시가 되는 것은 아니라는 사실을 확인할 수 있다.

바스크 지방의 중심 도시인 빌바오는 조선소가 있어 우리나라 울산과 비슷한 느낌을 주는 곳이다. 광산이 많아 한때 잘나갔던 곳으로, 스페인에서 가장 산업화된 도시 가운데 하나였다. 그러나 1959년부터 시작된 바스크 독립운동이 격화되면서 테러의 위협이 늘어나 많은 사람들이 이 지역을 떠나고 이내 쇠퇴의 길로 접어들기 시작했다. 그러던 1997년, 구겐하임 미술관이 이곳에 개관했다. 공업도시였던 빌바오는 이후 문화도시로 변신했고 지금까지 큰 성공을 거두고 있다. 이런 이유로 빌바오에 가면 꼭 구겐하임 미술관을 가보라는 이야기가 떠돌기 시작했는데 막상 빌바오에 와보면 '구겐

스페인 북부 바스크 지방의 중심 도시인 빌바오. 조선소가 있어 우리나라의 울산과 비슷한 느낌을 주는 곳이다.

하임 미술관을 보기 위해 빌바오에 가 봐야 한다'는 말이 더 정확하다는 느낌이 든다.

빌바오의 시가지를 가로질러 흐르는 네비론 강변에 자리 잡은 구겐하임 미술관은 그 건물만으로도 하나의 거대한 작품이라는 생각이 들 정도로 경이롭다. 스페인 국왕 후안 카를로스가 '인류가 만든 20세기 최고의 건물'이라고 찬사했을 정도다. 미국의 건축가 프랑크 게리가 설계한 이 건물은 '메탈 플라워(금속으로 만든 꽃)'라는 별명을 지니고 있다. 이제껏 세상 어느 곳에서도 보지 못했던 모습이어서 보는 이들에게 신선한 충격을 가져다준다.

구겐하임 미술관은 낮에도 아름답고 개성적이지만 야경 또한 매력적이다. 해 저물 무렵 네비온 강 건너편 산책로를 따라 걸으며 미술관 건물이 강물에 비치는 장면은 한 점 풍경화 같다.

프랑크 게리가 처음 미술관의 모델을 제시했을 때 세계에서 가장 중요한 현대미술관을 기대했던 사람들은 '미술관의 전통적 개념을 파괴한 파격'에 경악과 당혹이 뒤섞인 감정을 보였다고 한다. 그러나 1997년 10월 19일 미

빌바오의 시가지를 가로질러 흐르는 네비론 강변에 사리 잡은 구겐하임 미술관은 비술관 건물만으로도 하나의 거대한 작품이라는 생각이 들 정도로 경이롭다.

빌바오 근교에 있는 부트론(Butron) 성은 13세기에 세워진 중세의 성이다. 성 안에는 그 당시 생활상을 밀랍 인형으로 만들어 놓았다. 빌바오 시내에서 북서쪽으로 20km 정도 떨어져 있다.

술관 개관 이후 한 해 동안 136만 명이 방문했다. 문화가 도시 재건의 효과적인 도구가 되고 경제발전의 촉진제가 될 수 있음을 널리 과시한 것이다. 그 덕분에 미술관 하나가 도시의 역사를 어떻게 바꾸는가를 보려면 빌바오에 가보라는 이야기도 나왔다. 이후 세계의 주요 도시들도 자기 도시의 이름이 들어가는 구겐하임 미술관을 갖고 싶어했다. 실제로 중국, 브라질, 벨기에 등지에서 의뢰가 몰려들었고 우리나라의 어느 도시도 구체적인 계획까지 검토된 적이 있었다고 한다. 이것을 두고 '빌바오 효과'라는 표현도 등장했다.

구겐하임 미술관 프로젝트가 성공한 후 빌바오는 도시 발전을 위한 다양한 시도를 하고 있다. 획기적인 지하철 시스템이나 산뜻한 초록색으로 옷을 갈아입은 트램 라인, 페데리코 소리아노가 디자인한 오스칼두나 콘서트 홀 등을 통해 도시 리노베이션에 힘을 쏟고 있다. 특히 네비온 강 주변 개발에 신경을 쓰고 있는데, 그 중심에 주비주리(Zubizuri)가 있다. 바스크어로 '하얀 다리'라는 뜻을 지닌 주비주리는 우아한 곡선의 보도와 매력적인 디자인의 아치교로, 발렌시아 출신의 건축가 겸 조각가인 산티아고 칼라트라바가 디자인했다.

∴Travel Story **구겐하임 미술관 앞 꽃 강아지** 영화 〈007 언리미티드〉의 오프닝에는 빌바오의 구겐하임 미술관 앞 광장에 있는 꽃 강아지가 등장한다. 설치 예술가 제프 쿤스가 만든 12.4m의 거대한 토피어리 꽃 강아지는 원래 구겐하임 개관을 기념한 한정 전시물이었다. 그런데 빌바오 시민들의 꽃 강아지 사랑 때문에 지금은 영구 전시물이 되었다. 설치 당시 정원사로 위장한 바스크 분리주의 단체 소속 테러리스트들이 화분에 폭탄을 장착하려는 시도도 있었다. 구겐하임 미술관을 찾는 사람들은 독특한 구겐하임 미술관 건물보다 그 앞에 있는 커다란 강아지를 더 사랑하는 것 같은 느낌이 든다.

다양한 문화유산이 남아 있는

# 시우타데야

*Ciutadella*

시우타데야는 역사와 에피소드가 남아 있는 미노르카 섬의 유서 깊은 도시다. 조용하고 평화로운 항구도시이지만 여러 제국들에 의해 침략당했던 흔적을 구시가지 곳곳에서 발견할 수 있다.

무어풍 도시의 성벽 안에 있는 보른 광장은 중앙에 오벨리스크가 자리하고 있다. 사회적 격동기에는 군중들이 모였던 광장으로 사용되기도 했으며, 현재는 연중 개최되는 다양한 대중행사의 공식 행사장으로 이용되는 곳이다.

지중해의 스페인 영토 발레아레스 제도는 마요르카, 이비자, 미노르카 등 세 개의 큰 섬과 수십 개의 작은 섬이 모인 곳이다. 가운데 가장 동쪽에 있는 작은 섬 미노르카는 선사시대, 로마시대 등 고대의 유적이 많은 곳이다. 특히 미노르카 섬 서북쪽에 있는 시우타데야를 여행하다 보면 과거의 역사와 에피소드가 거리 이곳저곳에 남아 있는 것을 발견할 수 있다.

조용하고 평화로웠던 이 도시는 반달(Vandal) 왕국에 의해, 그 이후에는 비잔틴 제국에 의해 정복당했다. 이슬람교도들 또한 7세기부터 10세기 초반까지 이 도시를 철저하게 유린했다. 이슬람교도들이 지배하는 동안 '메디나 미눌카(Medina Minurka)'는 '시우타데야'라는 이름으로 불렸고, 리처드 케인이 법원과 정부청사를 마혼(Mahon)으로 옮기기 전인 1722년까지 이 섬의 수도 역할을 했다.

이 도시의 중심은 무어 풍 도시의 성벽 안에 있는 보른 광장에서부터 이슬람교도들이 살던 좁고 미로 같은 거리까지 이어지는 작은 요새 안에 있다. 중앙에 오벨리스크가 자리하고 있는 보른 광장은 과거 사회적 격동기에 군중이 모이는 장소로 사용되기도 했으며, 지금은 연중 개최되는 다양한 대중행사의 공식 행사장으로 이용되는 곳이다. 오벨리스크는 투르크가 1558년 자행한 폭행과 주민 학살에 의한 희생을 상기하기 위해 20세기 중반에 세워진 것이다. 이 섬에서 만나는 사람들은 오랜 세월 종교를 앞세우거나 힘을 앞세운 민족과 국가의 침략에 시달린 탓인지 조용하면서도 가라앉은 눈빛을 지니고 있었다.

요새 안에 있던 구시가지에는 중세의 거리와 훌륭한 건축물들이 산재해 있다. 발레아레스 제도의 다른 도시들과 마찬가지로 시우타데야에서도 도보여행을 즐길 수 있다. 하지만 구시가지의 좁은 골목길은 미로이기 때문에 자칫 길을 잃을 수도 있어 주의해야 한다. 구시가지 중심에 있는 미노르카 대성당은 이 섬에서 가장 기념비적인 성당 건물이다. 역사가들은 대성당이 회교사원 유적지 위에 세워진 것이라고 주장하고 있다. 카탈루냐 고딕 양식의 성당이지만 종탑은 이슬람 사원의 첨탑을 활용한 것으로 보이기도 한다. 소박한 네오클래식 양식의 파사드가 있는 올리베스 저택(Olives Mansion)은 대성당 입구의 오른쪽 맞은편에 있다. 내부에는 동물을 주제로 한 훌륭한 프레스코화와 섬 안의 고고학 유적지에서 발굴한 로마 시대 조각상이 전시되어 있다. 대성당 가까이에 위치한 살로트 저택(Salort Mansion)은 일부 공간이기는 하지만 관광객들에게 개방된 유일한 주택 건물이다. 여름에는 오전에만 개방되는데 건물 전체가 박물관으로 방문할 만한 가치가 있는 곳이다. 대성당 가까이 있는 사우라 백작 궁전(Palace of the Count of Saura)은 시우타데야에서 가장 아름다운 파사드로 장식되어 있는 곳이지만 안으로 들어가 볼 수 없어 아쉽다.

소코르스 성당(Church of Socors)의 회랑은 시우타데야의 독특한 보물

구시가지 중심에 있는 미노르카 대성당. 이 섬에서 가장 기념비적인 건물이다.

∴Travel Tip **성 후안의 날 축제** 미노르카 섬은 축제로 유명하다. 미노르카 최고의 전통 축제는 시우타데아에서 열리는 성 후안을 기리는 축제다. 600여 년의 전통을 가진 이 축제는 매년 6월 23~24일 양일간에 걸쳐 개최된다. 중세 의상을 착용한 기수와 말들이 군중이 밀집한 거리를 행진하는 모습을 볼 수 있다. 기수가 군중 사이를 행진하면서 말을 회전시키는 묘기를 보여주는 이 축제 기간 동안 미노르카 섬은 축복에 싸인다. 말과 기수들은 유명스타가 되기도 한다.

중 하나다. 이 건물은 원래 아우구스티니안 수도원이었으며 회랑은 수도사들에 의해 건축된 것이다.

보른 광장 아래쪽이 역사적인 건물이 모여 있는 구시가지이고 반대쪽으로는 시청 건물이 자리 잡고 있다. 시청 뒤쪽에는 시우타데야 항구의 아름다운 풍경을 감상할 수 있는 전망대가 있다. 시우타데야 항구는 도시 안쪽까지 들어와 있는 깊은 만(灣)에 자리 잡고 있는데, 제법 규모가 큰 요트들도 정박할 수 있을 정도로 깊다. 지중해를 항해하다 시우타데야 항구에 닻을 내려 쉬고 있는 요트들을 전망대에서 내려다보는 것도 색다른 즐거움이다.

도시 안쪽까지 들어와 있는 깊은 만 안에 있는 항구. 제법 규모가 큰 요트들도 정박할 수 있을 정도로 깊다.

# 미노르카 섬의 중심 **마혼**

# *Mahon*

스페인의 울릉도 같은 작은 섬 미노르카. 전략적으로 중요한 위치에 있어 열강들의 침략을 많이 받은 곳이다. 미노르카 섬의 행정 중심인 마혼은 지중해에서 가장 길고 좁은 해로 안쪽에 있어 가장 안전한 항구이기도 하다. 언덕 위의 성당과 노천카페가 있는 해안 길을 걸으며 여유 있는 산책을 즐길 수 있다.

lalola
EL CHIVITO

마혼의 대표적인 방문지는 산타 마리아 성당이다. 마혼에서 가장 큰 성당이며 높이 솟은 종탑은 독특한 실루엣을 만들어낸다.

스페인의 남동쪽 지중해 발레아레스 제도에 있는 미노르카는 스페인의 울릉도 같은 작은 섬이다. 스페인이 있는 이베리아 반도와 프랑스의 남부 해안과 또 아프리카 북부 해안의 한가운데에 있어 지정학적으로 매우 중요한 위치에 있는 섬이기도 하다. 이런 이유로 지중해를 중심으로 힘을 키워나가는 세력들 사이에 각축전이 벌어지기도 했다. 프랑스나 영국 등 유럽의 열강들은 물론 이슬람의 맹주 오스만터키까지 이 섬을 차지하기 위해 전투를 벌이기도 했다.

미노르카는 발레아레스 제도에서 두 번째로 큰 섬이다. 가장 큰 섬 마요르카는 높은 산이 많은 반면 미노르카는 고지대가 거의 없다. 유일한 고지대는 섬 중앙에 있는 해발 358m의 또로 산(Monte Toro)뿐이다. 대체로 섬의 북쪽 해안으로 날카로운 톱니 모양의 벼랑과 조약돌이나 붉은색 모래밭이 있는 해변들이다. 스페인에서 이름난 휴양지들은 대부분 이 지역에 모여 있다. 그리고 작은 섬이지만 뚜렷하게 구분되는 두 개의 건축양식이 나타나고 있다. 하나는 전형적인 지중해 건축양식으로 백색 회칠을 한 건물 형태이고, 다른 하나는 순수한 영국식 건축양식으로 영국 점령기에 세워진 건물들이다.

미노르카에는 고고학적으로 매우 중요한 유산들이 보존되어 있어 섬 전체가 야외박물관과 같은 가치를 지니고 있다. 이곳에 남아 있는 세 가지 주요 선사시대 유적으로는 영묘나 제단, 거주유적지와 망루 등이 있는데 이런 유적지들이 미노르카 섬의 대표적인 랜드마크라고 할 수 있다. 특히 영묘는 고고학자들에 의해 가치가 높이 평가되는 유적이다.

이 섬의 중심도시인 마혼은 전 세계에서 가장 큰 자연항구다. 바다에서 마혼 항으로 들어가려면 폭 230~800m에 달하는 좁은 해로를 5km나 항해해야 한다. 그 때문에 이 항구는 지중해 최고의 자연항이자 최고의 전략 요충지로 평가받고 있다.

마혼의 대표적인 방문지는 산타 마리아 성당(Church of Santa Maria)이다. 마혼에서 가장 큰 성당으로, 높이 솟은 교회 종탑이 도시 스카이라인에서 독특한 실루엣을 형성한다. 성당 안에서 눈에 띄는 것 중 하나는 19세기의 오르간인데, 그 음색과 풍부한 음량으로 인해 높은 평가를 받고 있다.

성당 옆에는 시청사가 있다. '사 살라' 라는 이름으로 불리기도 하는 이 건물의 입구 정면에는 당시 영국총독이었던 카네의 명령에 의해 시우타데야에서 미노르카로 옮겨진 시계가 지금까지도 잘 보존되어 있다. 일과 시간 동안 건물의 일부분은 여행자들의 방문이 허용된다. 특히 총회 장소로 이용되는 대회의실은 꼭 둘러보는 것이 좋다. 벽면에 마혼을 빛낸 유명인사들의 초상화가 나란히 걸려 있다.

시청에서 도보로 10분 거리에 있는 까르레르 노우(Carrer Nou)는 시내에서 가장 번화한 곳이다. 이곳에서 전통적인 방식으로 생산한 미노르카 특산품과 세공품을 구입할 수 있다. 대표적인 것으로 치즈, 장식 보석, 신발 등이 있다. 마혼의 길고 아름다운 해안선을 돌아보는 유람선이 출발하거나 섬을 찾는 대형 크루즈선박들이 정박하는 항구에는 레스토랑과 나이트클럽, 노천카페, 바 등이 모여 있다. 영국이 미노르카를 지배했을 때 전수해준 방법으로 빚은 미노르카 진을 만들고 있는 증류주 제조소를 방문할 수 있다.

∴ Travel Story **미노르카 섬과 마요네즈** 18세기 중반, 미노르카 섬 동부의 전략항인 '마혼'을 차지하기 위해 스페인과 프랑스가 7년에 걸친 전쟁을 벌인다. 승리를 거둔 프랑스가 축하 파티를 여는데 마혼의 요리사들은 고민에 빠지게 된다. 오랜 전쟁으로 향신료를 수입하지 못해 고기나 생선은 고사하고 야채에 얹을 소스조차 없었기 때문이다. 가뜩이나 까다로운 프랑스인들의 입맛을 맞춰야 하는데 재료라고 해봐야 섬에서 주로 나는 달걀이나 올리브 오일, 식초 정도가 전부. 요리사들은 자포자기 심정으로 있는 재료를 한 통에 넣고 되는대로 휘저어 소스를 만들었다. 그런데 '소 뒷걸음치며 쥐 잡듯' 만든 새콤하면서도 고소한 소스가 프랑스 군의 지휘관이었던 리슐리 공작의 입맛을 사로잡았고, 공작은 이 소스에 '마혼의 소스'라는 뜻의 '마요네즈(Mayonnaise)'라는 이름을 붙였다.

Palma

# 발레아레스 제도의 수도 **팔마**

발레아레스 제도의 수도 팔마는 쾌청한 날이 300일이 넘는 온화한 날씨 때문에 태양을 찾아오는 관광객들로 넘쳐난다. 여름철에는 '스페인의 수도가 이사 온다'는 이야기가 있을 정도로 스페인 왕가, 정치인, 경제인 들이 휴가를 보내러 이곳을 찾는다. 대성당과 벨베르 성 등 카탈루냐 왕국의 유적지를 돌아보는 역사문화여행도 즐길 수 있다.

발레아레스 제도를 이루는 섬 가운데 가장 큰 섬 마요르카. 대략 우리나라 제주도의 두 배정도 크기다. 전형적인 지중해성 기후이기 때문에 겨울의 평균기온이 15.0℃일 정도로 사철 따뜻하고 연중 300일 이상 맑은 날이 계속된다. 일조량이 적은 북유럽에 사는 사람들에게는 특히 매력적인 관광지다.
마요르카의 중심도시는 팔마(Palma)다. 고대 로마 제국이 마요르카 섬을 지배하면서 아프리카로 가는 배들의 중간 기착지로 팔마리아(Palmaria)를 만들었다. 이곳이 바로 지금의 팔마로 이름이 바뀌게 된 것이다. 팔마는 마요르카 섬뿐만 아니라 발레아레스 제도의 수도이며 이 지역 자치행정부도 있다. 팔마는 2004년 투자전문지인 배런스(Barron's)가 선정한 '세상에서 가장 살기 좋은 7대 도시'로 선정되기도 했다. 편리한 교통, 낮은 범죄율, 쾌적하고 온화한 날씨, 다양한 레저·문화시설 등이 다른 도시보다 뛰어나다는 평가 때문이다.
팔마는 비록 지중해 상의 작은 도시이지만 현대적이고 국제적인 도시다. 그 이유는 여름휴가 기간 동안 스페인 왕가를 비롯한 정치, 문화, 공연예술 분야의 주요 인사들이 이곳에서 시간을 보내며 공식적인 활동을 해왔기 때문이다. 휴가철이 되면 팔마로 향하는 항공편과 배편이 급격히 늘어나고 언론에도 팔마 관련 기사가 늘어난다. 이런 이유로 팔마는 여름휴가 기간 동안 '스페인 하계 수도'로 변신한다.
팔마는 고대 로마의 오랜 통치를 받았지만 의외로 로마 시대 유물을 찾아보기 힘들다. 하지만 도시 개발을 위해 구시가지 땅을 팔 때마다 고대 유물이 심심찮게 발견되곤 한다. 로마제국의 멸망 이후 팔마는 동로마 제국 비잔틴 문화의 영향 아래 있다가 707년부터 1229년까지 이슬람의 영향권에 있게 된다. 이후 아라곤 왕국이 이 섬을 다스리게 되고 하이메 1세에는 팔마를 마요르카 섬의 수도로 삼는다.
오랜 기간 여러 세력들에 의해 만들어지고 부서졌던 팔마의 도시공간은 크게 세 지역으로 나눌 수 있다. 우선 한가운데에 대성당이 위치하고 해안과

∴Travel Story **애국가의 작곡가, 안익태 선생과 팔마** 팔마에는 애국가의 작곡가 안익태 선생의 흔적이 많이 남아 있다. 1947년 안익태 선생은 당시 베야스 아르테르 협회 주관으로 추진된 마요르카 심포니 오케스트라의 창단 상임지휘자가 되어 팔마에 정착한다. 안익태 선생은 같은 해 1월 14일 팔마 중앙극장에서 가진 창단 연주회를 시작으로 1959년까지 마요르카 안팎에서 232회의 연주회를 가졌으며 '마요르카 교향시'(1948), '프로멘토르의 로 피'(1951) 등을 작곡했다. 현재 팔마시 동쪽에는 안익태 거리가 있으며, 보르네 거리에는 그를 기념하기 위해 만든 '소리의 그림자'라는 조형물이 세워져 있다.

배편을 이용하여 팔마에 도착하는 여행자들은 아름다운 고딕 양식의 대성당과 무어족의 요새였던 알무다이나, 언덕 위의 벨베르 성 등 팔마를 대표하는 유적들을 바다에서 감상할 수 있다. 고딕 양식의 대성당은 예전 무어인들이 세웠던 이슬람 사원 위에 있다.

언덕 위에서 팔마 시내와 항구를 내려다볼 수 있는 벨베르 성. 카탈루냐의 제임스 2세 통치 시기였던 13세기에 세워진 성으로, 방어요새로 쓰였다. 그러나 마요르카 섬의 주인이 바뀌면서 성보다는 감옥으로 이용되는 시기도 있었다.

성벽으로 둘러싸인 유서 깊은 구시가 지역, 부채꼴 모양의 팔마만을 따라 20세기 초부터 고급호텔 등이 들어서 있는 신시가 지역, 팔마를 찾는 요트나 유람선 등이 정박하는 항구지역 등이다.

대성당을 기준으로 알무다이나 마요르카 박물관, 무어 양식의 목욕탕 등이 걸어다니며 구경할 수 있을 정도로 가까운 거리에 있기 때문이다.

대성당은 예전 무어인들이 세웠던 이슬람 사원 위에 있다. 고딕 양식의 대성당은 훌륭한 바로크 양식의 회랑과 고딕 양식의 회화와 조각품이 전시된 성당 박물관으로 유명하다. 거대한 규모와 오랜 역사를 가진 대성당이 유명해진 계기는 부분적이나마 가우디가 성당 복원공사에 참여했기 때문이다. 1903년 성당의 복원공사를 맡은 가우디가 기도석을 안으로 옮기는 작업, 새로운 제단 설치, 세부 장식 작업 등을 진행한 것으로 알려져 있다.

현재 발레아레스 군사령부의 본부로 사용되고 있는 알무다이나(La Almudai- na)는 알모이나 광장을 사이에 두고 대성당과 마주보고 있다. 원래 이 건물은 무어시대의 왈리스 칼리프 시기의 요새였으며 1229년 카탈루냐인들이 이 지역을 점령한 뒤 건물을 개조하여 왕족들의 저택으로 사용했다. 마요르카 왕국이 사라지자 궁전은 다시 이 지방에 부임하는 총독들의 거처가 되었고 스페인 국왕과 왕비의 공식 거처로 사용되고 있다. 궁전의 일부는 국립박물관으로 이용되고 있다.

팔마 만을 알무다이나와 나란히 바라보고 있는 사 요뜨하(Sa Llotja)는 상인단체 길드의 운영본부로 이용되었던 곳이며, 또한 구 상업거래소로 사용되었던 곳이다. 마요르카 고딕 양식 건물의 대표적인 걸작이라 평가받고 있는 이 건물은 임시전시회의 행사장으로 이용되기도 한다. 사 요뜨하와 인접해 있는 건물은 해양영사관 건물이다. 현재는 발레아레스 제도 지방자치청사 건물로 이용되고 있는데 건물 정면 파사드가 화려한 르네상스 양식의 아치로 장식되어 있다. 건물 앞 공간에 노천카페가 있어 쉬어갈 수 있다.
구시가지 중심에 있는 시청사는 마요르카 바로크 양식의 대표적인 건물로 팔마의 중요한 랜드마크 가운데 하나다. 16~17세기경 병원 건물이 있었던 자리에 세워진 것으로 훌륭한 파사드를 보유하고 있다. 시청사의 뒤편 광장에 있는 성 에울랄리아 성당(Church of St. Eulalia)은 팔마에 세워진 최초의 가톨릭 성당으로 카탈루냐 고딕 양식의 대표적인 건물이다.
팔마 구시가지에 있는 명소의 대부분은 도보로 관광이 가능하지만 벨베르 성(Bellver Castle)은 제법 높은 언덕 위에 있어 택시나 대중교통을 이용해야 한다. 카탈루냐의 제임스 2세 통치 시기였던 13세기에 세워진 성으로 방어요새로 쓰였다. 그러나 마요르카 섬의 주인이 바뀌면서 성보다는 감옥으로 이용되는 시기도 있었다. 성 안에는 성을 쌓을 때부터 감옥으로 이용될 때까지의 역사를 잘 정리해 놓은 자료관이 있다. 벨베르 성에서 내려다보는 팔마 시내와 항구는 정말 아름답다.

팔마를 찾는 요트나 초대형 유람선 등이 정박하는 항구 지역

템즈 강변의 명소 가운데 하나인 런던 타워는 영국 역사에서 중요한 위치를 차지하는 성이다. 왕궁이자 감옥, 병기고 등의 역할을 했고 역사의 중심이 되는 많은 인물들이 형장의 이슬로 사라져간 '피의 탑'이기도 했다. 요즘 좀처럼 열리지 않는 타워 브리지는 관광객들의 단골 촬영장소다.

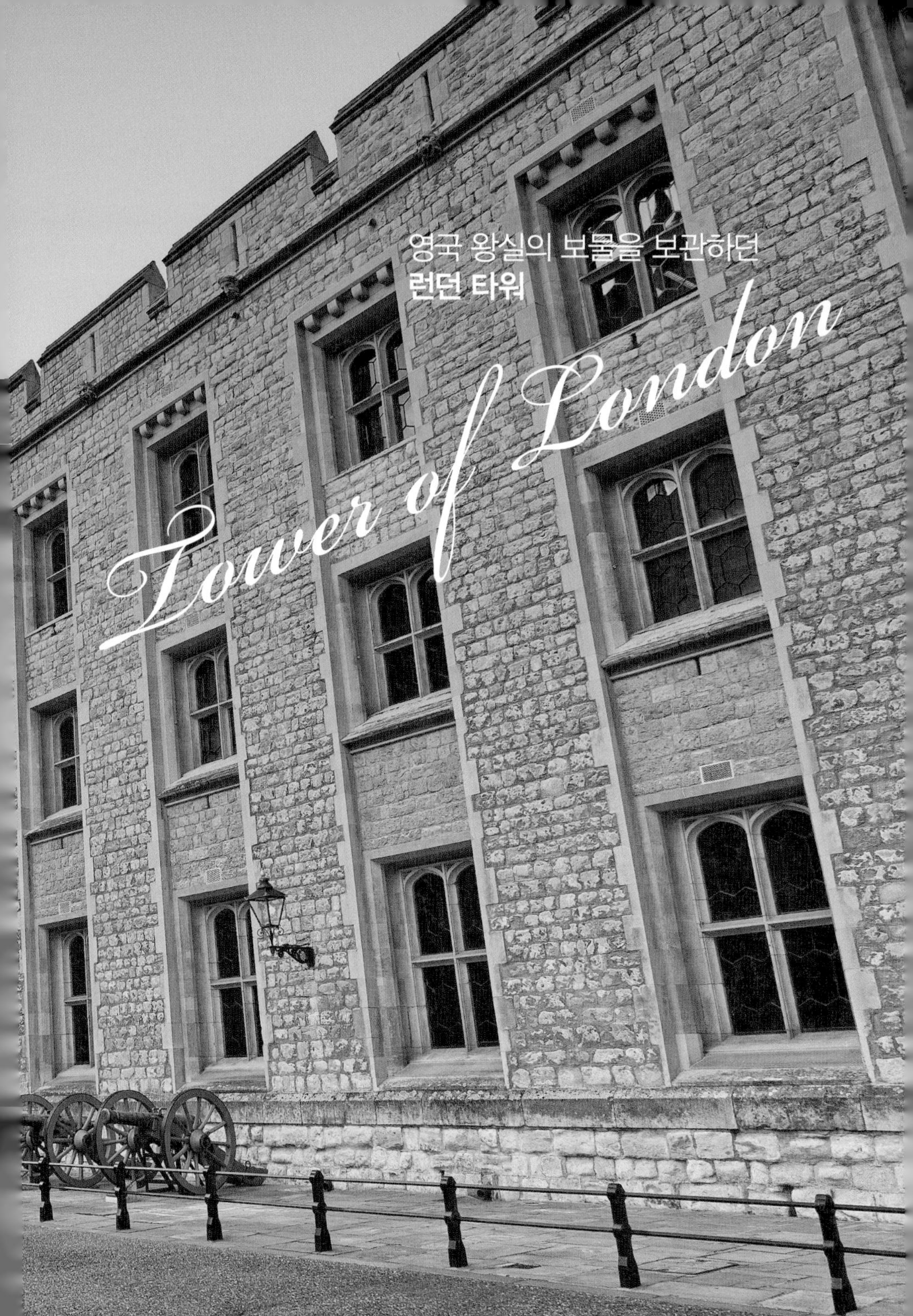

영국 왕실의 보물을 보관하던
# 런던 타워
# Tower of London

정복자 윌리엄 왕에 의해 전략적 요새이자 궁전으로 만든 런던 타워는 유럽에서 가장 오래된 성이자 요새인 동시에 감옥이다. 템즈 강을 마주하는 6개의 타워를 만들었는데 유난히 망루로 쓰인 탑이 많아 런던 타워라는 이름이 붙었다.

런던의 중심에는 템즈 강이 있다. 서울의 한강이나 파리의 센 강처럼 도심을 가로지르는 템즈 강은 런던 시내 투어를 할 때 하루에도 서너 번씩 만나게 된다. 런던의 주요 명소들을 찾아가는 길에 한 번쯤 템즈 강을 건너야 하기 때문이다.

런던 타워와 타워 브리지도 역시 템즈 강변에 있다. 런던 타워는 피의 탑이라고 불릴 만큼 파란만장한 역사의 굴절을 보여주는 곳이다. 엘리자베스 1세를 비롯, '천 일의 앤', 토마스 모어 등이 이곳에 유폐됐거나 처형됐다. 런던 타워는 정복자 윌리엄 왕에 의해 전략적 요새이자 궁전으로 만든 곳이다. 유럽에서 가장 오래된 성이자 요새이며 동시에 감옥이라고 할 수 있다. 이 거대한 요새는 영국에 왕조가 세워지기 훨씬 오래전인 로마제국 때 클라우디우스 황제가 요새를 건설한 곳이다. 실제로 로마의 우물 유적이 아직도 런던 타워 안에 남아 있다.

런던 타워는 궁전이자 감옥, 처형장소, 병기고 등으로 이용되었다. 난공불락의 요새를 만들기 위해 중심이 되는 건물인 화이트 타워를 중심으로 방어벽을 이중으로 쌓아올렸다. 안쪽의 성벽은 모두 13개의 작은 타워들을, 바깥쪽의 성벽은 템즈강을 마주하고 있는 6개의 타워를 만들어 이곳에서 적들의 침입을 살폈다. 유난히 망루로 쓰인 탑이 많아 런던 타워라는 이름이 붙었다.

∴Travel Story **런던 타워와 헨리 8세** 런던 타워에는 다양한 이야기와 역사가 얽혀있는데 그 중심에 헨리 8세가 있다. 장미전쟁을 수습하고 튜더 왕조를 연 헨리 7세의 둘째 아들. 형이 요절하자 아버지의 뒤를 이어 절대왕정을 굳건히 했다. 수장령을 선포해 로마 가톨릭과 결별하고 영국 교회를 세워 종교를 왕권 밑에 둔 것이 대표적이다. 수장령의 직접적인 계기가 됐던 앤 불린과의 사랑 이야기는 셰익스피어의 희곡을 비롯한 수많은 문학작품의 소재가 됐다. 6번이나 결혼한 파란만장한 일생과 반대파를 무자비하게 처형하는 잔혹한 성격으로도 유명하다.

런던 타워 안의 주얼리 하우스(Jewel House)는 1303년 이래 영국 왕가의 보물들을 보관하고 있는 곳이다. 12개나 되는 왕관 등 영국 왕실의 호화로운 보물들이 소장되어 있다. 세계 최대 다이아몬드인 '아프리카의 별'과 1837년 빅토리아 여왕을 위해 제작한 2800개의 다이아몬드와 보석으로 장식한 왕관 등은 돈 주고도 못 살 보물이다. 런던 타워 안에는 보물을 많이 보관하고 있는 탓인지 곰털모자를 쓴 근위병 모습도 보인다. 이들의 임무 교대 시간도 볼거리 가운데 하나다. 절도 있는 동작이 우스꽝스러우면서도 기품이 있어 관광객들의 시선을 사로잡는다.

호레이스 존스라는 사람이 설계했고 1887년에 착공해 1894년에 완공된 다리다. 이 다리는 큰 배가 통과할 때 열리는 재미있는 구조로 만들어져 있다. 다리가 열릴 때 걸리는 시간은 약 90초 정도인데 아쉽게도 자주 열리지 않는다. 타워 내부에는 타워 브리지와 관련된 자료가 있는 전시관과 빅토리아 시대부터 있었던 증기 엔진실이 있어 타워 브리지에 대한 이해를 돕고 있다.

빅토리아 스타일로 건축된 교각과 크고 작은 고딕풍의 첨탑이 있는 타워 브리지

# 런던의 대표적인 상업지역 **피카딜리 서커스**

# *Piccadilly Circus*

피카딜리 서커스는 이름에서 '서커스 하는 극장'이라는 짐작으로 찾은 곳이지만 다소 복잡한 로터리일 뿐이었다. 이곳의 번화한 쇼핑거리는 생각보다 길이 좁고 화려하지 않으나 널리 알려진 브랜드가 많이 보인다. 근처의 코벤트 가든은 주말에 벌어지는 거리공연과 쇼핑을 즐기려는 런던 사람들이 모여드는 곳이다.

'샤프츠버리 자선의 천사상'은 날개를 달고 활을 들고 있는 천사상이 에로스와 똑같다고 하여 '에로스상'이라 부른다. 휴일이나 평일 저녁 무렵이 되면 이곳은 왁자지껄 소란스런 젊음의 집합소가 된다.

피카딜리 서커스는 파리의 샹젤리제, 뉴욕의 15번가 등과 같이 세계에서 가장 혼잡한 장소 중의 하나로 손꼽히는 로터리다. 영어에서 '서커스(circus)'는 '몇 개의 거리가 모이는 원형의 네거리, 원형 광장'이라는 뜻이다. 다섯 개의 길이 만나는 곳에 있는 피카딜리 서커스는 런던에서 가장 유명한 패션의 거리 카나비 스트리트(Carnaby Street)와 런던 최대의 환락가인 소호(Soho), 차이나타운, 런던 시어터 등과 인접해 있는 명실공히 런던의 중심이라 할 수 있다.

'피카딜리'라는 이름은 17세기에 근처 양복점 양재사가 만들어낸 주름 장식이 있는 프릴 칼라 '피카딜리(piccadil)'에서 따온 것이다. 당시로서는 매우 획기적인 칼라였기 때문에 큰 인기를 끌었다. 이 때문에 부자가 된 양복점 주인이 광장 자리 북쪽에 '피카딜리 하우스'라 부르는 집을 지었고 광장도 '피카딜리 서커스'라고 부르게 되었다는 이야기가 전해진다.

피카딜리 서커스의 커다란 광고판은 주변의 고풍스러운 건물들과 묘한 대비를 이루며 상업의 도시 런던의 오늘을 보여준다. 피카딜리 서커스의 광고판이 유명해진 것은 1890년대에 런던 최초로 조명광고가 시작되면서부터다. 지금도 뉴욕의 타임스 스퀘어 전광판만큼이나 화려한 조명광고가 피카

∴ **Travel Story 코벤트 가든에서 쉽게 만나는 '피쉬 앤 칩스'** 영국의 어느 곳을 가든지 칩피(Chippy)라 불리는 '피쉬 앤 칩스' 가게가 하나는 있을 만큼 서민적이고 대중적 사랑을 받는 먹거리이다. 피쉬 앤 칩스는 19세기 무렵 처음 등장해 곧바로 영국 전역으로 퍼졌다고 한다. 조리방식은 매우 간단하다. 포를 떠낸 생선살, 주로 대구나 넙치류에 튀김옷을 입혀 튀겨내고 길게 썬 감자튀김인 칩스를 곁들인다. 맛을 결정하는 변수는 생선의 선도와 튀기는 시간 정도이기 때문에 대개 어느 곳에서나 일정한 품질을 기대할 수 있다. 현지인들은 기름에 튀기는 시간에 따른 솜씨에 불만을 갖기도 한다. 기름에 튀긴 음식인지라 위에 부담을 주기 때문에 자주 먹기는 힘들지만 배고픈 여행객에게는 저렴한 가격에 포만감을 줄 수 있는 반가운 먹을거리임에는 틀림없다.

딜리 서커스를 장식하고 있다. 이 조명광고가 만들어내는 야경은 피카딜리 서커스만의 자랑이다.

피카딜리 서커스의 중심에 있는 청동으로 만든 분수대는 왁자지껄 소란스런 젊음의 집합소다. '에로스상'이라 부르는 이 분수대는 자선사업가였던 샤프츠버리 경을 기념하기 위한 '샤프츠버리 자선의 천사상'이다. 분수 꼭대기에서 날개를 달고 활을 들고 있는 천사상이 에로스와 똑같다고 하여 '에로스상'이라 부르게 되었다고 한다. 하지만 활만 들었을 뿐 화살은 가지고 있지 않아 에로스 상이라고 부르기에는 무리가 있다.

피카딜리 서커스와 가까이 있는 코벤트 가든은 300여 년이 넘는 오랜 세월 동안 과일과 야채, 꽃 등을 파는 상점들이 모여 있던 곳이다. 코벤트 가든은 '가든'이라는 이름에서도 짐작할 수 있듯, 원래는 채소와 과일을 재배하던 밭이 모여 있던 곳이었다. 13세기경, 교회에 제공할 채소와 과일을 재배하기 위해 만들어진 이곳은 17세기까지도 담으로 둘러싸인 농지가 있었다. 18세기에 이르러 과일과 채소를 거래하는 시장이 들어섰다.

지금 코벤트 가든에는 오드리 햅번 주연의 영화 〈마이 페어 레이디〉에 나왔던 청과물 시장은 사라졌다. 그 자리에는 다양한 종류의 물품을 판매하는 상점들이 들어섰고, 지금은 시대감각을 앞서가는 새로운 쇼핑센터들도 등장하고 있다. 코벤트 가든 주변은 박물관, 갤러리, 레스토랑이 가득하다.

런던 특유의 선술집, 상점 등이 있어 런던에서 가장 활기찬 거리로 변신한 코벤트 가든

063 **영국** 버킹검 궁전

스모그가 많았던 도시 런던이 깨끗한 도시로 거듭날 수 있었던 배경에는 하이드 파크가 있었다. 이곳은 런던 시민들뿐만 아니라 관광객들에게도 소중한 쉼터다. 하이드 파크 남서쪽 끝자락과 맞닿아 있는 그린 파크 안에는 영국 여왕의 런던 거주지인 버킹검 궁전이 있다. 이곳에 근위병 교대식을 보기 위해 많은 사람들이 모여든다.

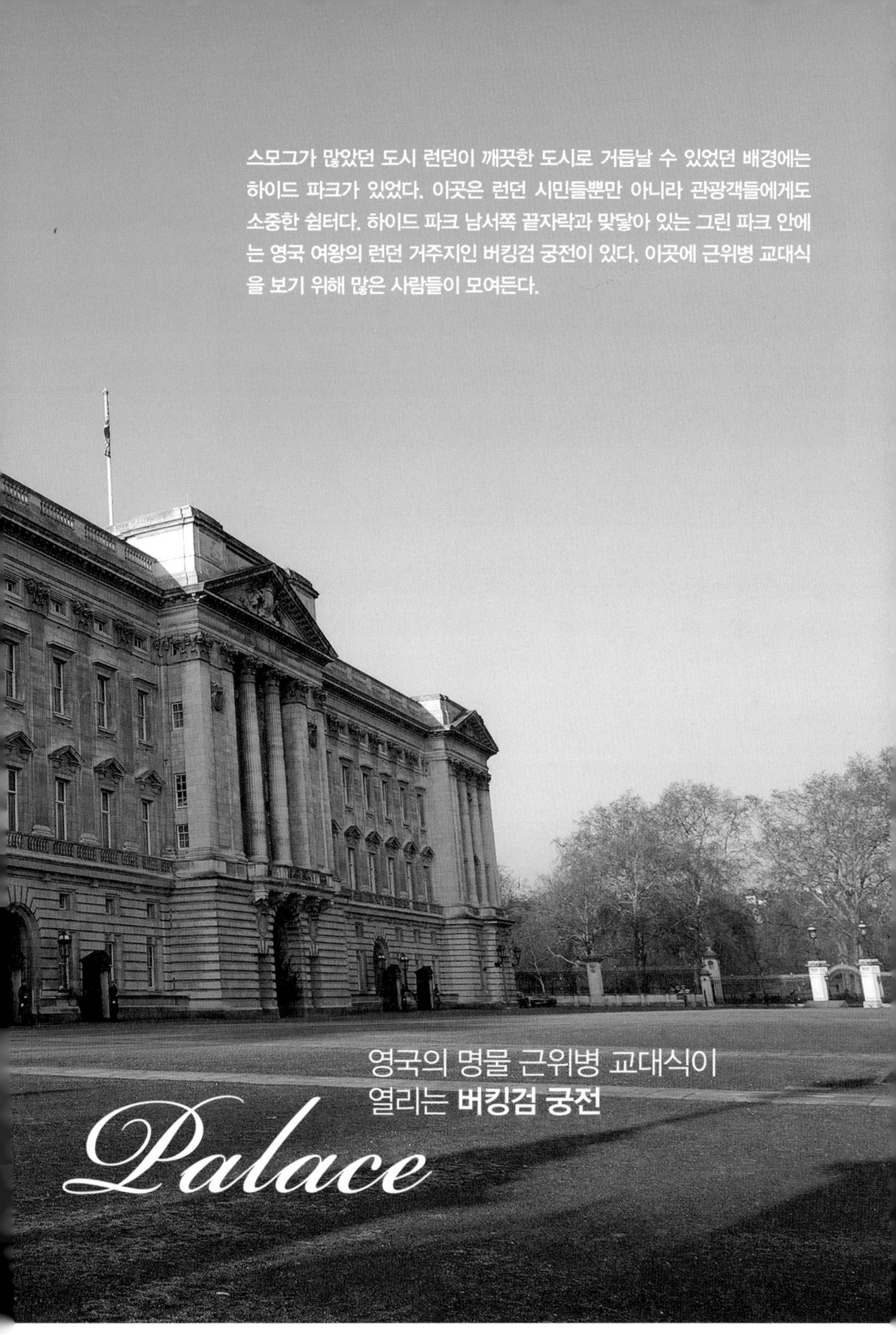

## 영국의 명물 근위병 교대식이 열리는 **버킹검 궁전**

*Palace*

넓은 녹지공간이 있어 런던의 허파로 불리는 하이드 파크

하이드 파크는 거대한 녹지공간이 있어 '런던의 허파'라고 부르는 곳이다. 런던에서 가장 크고 유명한 도심공원으로 면적이 약 160만$m^2$에 이른다. 버스로도 5분 이상을 달려야 지날 수 있는 거대한 공원을 산책하는 마음으로 거닐어 보는 것은 볼 것이 많고 할 것도 많은 관광객들에게는 거의 불가능에 가까운 일이다. 워낙 넓고 방대하기 때문이다.

자연의 모습을 그대로 활용한 전형적인 영국 풍의 공원인 하이드 파크는 놀랄 만큼 깨끗하면서 소박하다. 그리고 여유 넘치는 분위기는 공원을 찾는 사람들을 푸근하게 안아주는 것 같은 느낌이 든다. 런던에는 하이드 파크 이외에도 리젠트 파크, 그린 파크, 세인트 제임스 파크 등 80여 개가 넘는 공원이 있는 것으로 알려지고 있다. 세계 어느 대도시를 가더라도 런던만큼 공원이 많은 곳은 없다.

하이드 파크에는 아침 이른 시간부터 많은 사람들이 찾는다. 아침 조깅을 하는 사람부터 조금 일찍 공원에 나와 간단한 샌드위치로 아침식사를 하며 신문을 보는 샐러리맨까지 여러 사람이 한적한 아침 공원 분위기에 빠져든다. 점심 무렵에는 잔디밭에서 피크닉 도시락을 먹는 사람들, 벤치에서 낮잠자는 젊은 남자 샐러리맨, 대학생 같은 여자의 독서 모습, 뛰노는 어린

∴Travel Tip **세인트 제임스 파크(St. James's Park)** 버킹검 궁전과 총리 관저가 있는 다우닝 10번가 사이에 자리한 도심공원으로 런던에서 가장 오랜 역사를 자랑한다. 1827년 존 내시가 공원 조경을 맡아 완성했고, 그것이 지금까지 그대로 보존되고 있다. 원래는 세인트 제임스 궁전의 정원이었지만 찰스 1세 때 런던 시민들에게 개방했다. 공원 안의 연못에 40종이 넘는 물새들이 거주하는 자연 보호 지역으로 조류학자들이 공원에 상주하며 보살피고 있다. 자연친화적인 공원은 런던 시민들은 물론 여행자들의 휴식공간으로 사랑받고 있다.

먼저 세상을 떠난 남편 앨버트 공을
기리기 위해 빅토리아 여왕이
세운 앨버트 기념비

앨버트 공의 주도로 만들어진
앨버트 홀은 앞으로 기울여진 좌석,
거대한 오르간 연주대와 수백 석의
성가대석, 오케스트라 무대 등
완벽한 음악 연주와 감상을 위한
최고의 설비를 갖추고 있다.

아이. 우리나라 종합대학의 캠퍼스보다 클 것 같은 공원은 아름드리 숲을 이루고 도시 속의 공원 같지 않게 조용하다.

공원을 걷다 보면 길을 따라 20개가 넘는 조각상들을 발견하게 된다. 그 가운데 가장 크고 아름다운 것은 그리스 신화에 등장하는 영웅 아킬레스를 조각한 웰링턴 기념비(Wellington Monument)다. 관광객들이 하이드 파크를 찾았을 때 꼭 들르는 곳 가운데 하나가 앨버트 기념비(Albert Memorial)다. 빅토리아 여왕이 먼저 세상을 떠난 남편 앨버트 공을 기리기 위해 세운 앨버트 기념비는 빅토리아 시대 조각기술의 화려함과 정교함을 고스란히 보여주고 있다. 맑은 하늘을 배경으로 금빛으로 빛나는 화려한 기념비는 하이드 파크의 넉넉한 분위기와 묘한 조화를 이루고 있다.

앨버트 기념비 가까운 곳에는 로얄 앨버트 홀(Royal Albert Hall)도 있다. 1853년에 착공된 대규모 연주회장으로 빅토리아 여왕의 남편인 앨버트 공의 계획을 세워 공사를 진행했고 1871년에 완공되었다. 로마의 원형경기장에서 아이디어를 얻어 만들어진 앨버트 홀은 앞으로 기울어져 있는 좌석, 거대한 오르간 연주대와 수백 석의 성가대석, 오케스트라 무대 등 완벽한 음악 연주와 감상을 위한 시설이 최고의 설비를 갖추고 있다.

하이드 파크의 동쪽에는 빅토리아 여왕을 위해 버킹검 궁으로 가는 문이 있는데 이곳에 마블 아치가 있다. 마블 아치 근처에 있는 스피커스 코너(Speaker's Corner)도 하이드 파크의 명소다.

하이드 파크 남동쪽 모서리는 버킹검 궁전이 있는 그린 파크와 맞닿아 있다. 입헌군주국인 영국의 국가 수장은 찰스 3세인데, 영국 국왕의 런던 공식 거주지가 바로 버킹검 궁전이다. 이 궁전은 1702년 버킹검 공작 세필드의 런던 사택으로 지어졌고, 1762년 조지 3세가 젊은 왕비를 위해 사들였다. 이후 조시 4세가 건축가 존 내시(1752~1835)를 고용해 이 저택 주위로 새로운 건물을 짓도록 했다. 내시는 대리석으로 만든 마블 아치 입구가 인상적인 건물을 완성했다. 나중에 이 대리석 아치는 큰 마차가 지나다니기 불편해 하이드 파크로 옮겨졌다. 버킹검 궁전은 1837년 빅토리아 여왕이 왕족의 런던 거주지로 지정했다.

궁전 앞의 레드카펫 같은 붉은 바닥과 황금색의 빅토리아 여왕 기념비가 평상시임에도 국빈의 환영식이나 왕궁의 분위기를 느끼게 한다. 버킹검 궁전은 1993년 처음으로 대중에게 공개되었다. 찰스 3세의 여름휴가 기간인 7월 초부터 약 2달 동안에는 특별히 버킹검 궁전을 개방하고 있다. 램브란트, 루벤스 등의 작품이 포함된 대규모의 왕실 소장품을 전시하는 픽쳐 갤러리(Picture Gallery)도 관람할 수 있다.

버킹검 궁전은 왕실 근위병 교대식으로 유명하다. 교대식은 날씨에 따라 달라지지만 월, 수, 금, 일 오전 11시에 열린다. 곰털모자를 쓴 근위병들이 정확히 72cm의 보폭으로 걷는 모습은 색다른 볼거리다. 교대식이 끝나고 나면 근무를 마친 근위병들은 자신들의 막사로 돌아가는데 이때 벌이는 활기차고 절도 있는 퍼레이드가 흥미롭다.

근무를 마친 근위병들이 자신들의 막사로 돌아가며 벌이는 퍼레이드

Westminster

영국 대부분의 왕이 대관식을 올렸으며 왕실의 장례식과 결혼식이 열리는 웨스트민스터 사원은 영국의 심장과 같은 곳이라고 할 수 있다. 웨스트민스터 궁전이 불탄 자리에 건축된 국회의사당은 의회정치의 전당으로, 일찍 의회정치를 시작한 영국 사람들의 자부심이 담겨 있다.

# *Abbey*

## 영국인들의 자부심이 담긴 의회정치의 전당 **웨스트민스터 사원**

고딕 건축 양식의 건물이 아름다운 웨스트민스터는 영국 역사의 중심에 서 있는 권위 넘치는 교회다. 건축학적인 면에서도 최고의 걸작으로 평가받고 있다. 영국에서 가장 높은 고딕 양식의 중세 교회이기도 하다.

한때 '해가 지지 않는 나라'였던 영국은 입헌군주국가다. 공식적으로는 아직도 왕이 다스리는 나라인 셈이다. 1066년부터 모두 43명의 영국 왕과 여왕들이 웅장하고 화려한 대관식을 거쳐 왕위에 올랐다. 대관식은 거의 웨스트민스터 사원에서 벌어졌다. 최초의 대관식은 1066년 크리스마스 때 있었던 정복왕 윌리엄의 대관식이다. 에드워드 5세와 에드워드 8세를 제외한 모든 군주가 웨스트민스터 사원에서 왕관을 썼다.

세계적인 결혼식이 열리는 곳 가운데 하나도 웨스트민스터 사원이다. 세기의 결혼식이라고 언론에서 호들갑을 떠는 찰스 황태자나 윌리엄 왕자의 결혼식도 이곳에서 펼쳐졌다. 영국 사람들은 죽어서 웨스트민스터 사원에 묻히는 것을 최고의 영예로 생각한다. 왕족이나 영국이 자랑하는 인물의 장례식도 이곳에서 펼쳐진다.

역대 영국의 왕과 여왕, 정치가, 작가, 음악가, 기사, 배우, 왕족 등 3천 명이 넘는 인물들이 잠들어 있다. 그중 대표적인 왕족의 무덤으로 엘리자베스 1세의 묘, 헨리 7세의 묘, 스코틀랜드 메리 여왕의 묘 등이 있다. 저명인사의 묘도 많은데, 특히 남쪽 회랑은 초서, 스펜서, 테니슨 등 많은 시인들의 무덤이 있어 시인의 코너로 불린다.

영국 역사의 중심에 서 있는 웨스트민스터 사원은 빅벤이라고 부르는 국회의사당의 서쪽에 위치한 고딕 건축양식의 건물이다. 약 6세기경부터 수도원이 있었던 터에 앵글로색슨 왕조의 참회왕 에드워드가 노르만 양식의 교회로 다시 지었고 에드워드 왕 자신은 교회의 제단 뒤에 묻혔다. 웨스터민스터 사원에 묻힌 최초의 왕이 된 셈이다.
에드워드 왕이 지은 교회는 13세기까지만 존재했다. 헨리 3세가 현재의 모습으로 다시 지었기 때문이다. 13세기에 고딕 양식으로 착공에 들어가 약 250여 년동안 건축되어 1503년에 완성된 사원 건물은 건축학적인 면에서 최고의 걸작으로 평가받고 있다. 영국에서 가장 높은 고딕 양식의 중세 교회이기도 하다. 사원에는 아름다운 고딕 양식의 건축물뿐만 아니라 스테인드글라스, 대관식 때 왕들이 앉았던 의자, 1723년에 처음으로 연주되었다는 오르간, 박물관 등 볼 것이 매우 많다.
국회의사당(Houses of Parliament)은 700년이 넘는 시간 동안 그 자리를 지키고 있는 영국 의회정치의 전당이다. 웨스트민스터 사원 서쪽, 템즈강변에 있다. 이곳에는 원래 웨스트민스터 궁전이 들어서 있었으나 1834년 대화재로 사라졌고 그 자리에 다시 짓기 시작해 1860년이 되어서야 완공되었다. 고딕 스타일의 의사당 건물은 하나의 예술작품이라 말할 수 있을 정도로 아름답다. 건물 정면의 길이가 300m가 넘고, 1000개 이상의 방을 갖추고 있다. 꼭대기 조그만 방에 불이 켜져 있으면 '의회가 열리고 있는 중'을 나타낸다. 야경이 특히 아름답다.
매년 국회의사당을 방문하는 수백만 명의 관광객의 시선을 사로잡는 것은 빅벤이다. 1859년에 완성된 거대한 시계탑 빅벤은 런던에서 가장 유명한 건조물 중의 하나이다. 런던 시민들에게 시간을 알려줬던 빅벤은 높이 97m, 시계 숫자의 크기 60cm, 분침의 길이 4m로 그 규모를 짐작할 수 있다. 아직도 손으로 태엽을 감는 전문적인 시간지기가 있다. 빅벤의 시계는 정확하기로도 이름나 있어 런던 시민들은 물론 런던을 방문한 이들도 빅벤의 종소리를 듣고 시간을 맞추곤 한다. 언제 봐도 멋지지만 특히 국회의사당의 조명이 빅벤 위로 쏟아지는 모습을 감상할 수 있는 어둠이 내린 밤이 특히 환상적이다.

∴Travel Story **웨스트민스터 사원과 성 베드로 성당** 헨리 8세가 이혼을 위해 교황청과 결별하고 '영국 성공회'를 만들기 이전에는 영국도 로마 가톨릭 국가였다. 국교가 가톨릭이던 시절, 고해성사를 잘하기로 유명해서 '참회왕'이라는 별명을 얻은 에드워드 왕은 로마의 베드로 성당을 방문하기로 마음먹었다. 마음의 준비도 하고 주변 정리도 하며 출발하는 날을 기다렸지만 당시 영국 내의 복잡한 정세 때문에 방문하지 못하게 되었다. 그러자 에드워드 왕은 이런 상황이 자신의 죄라고 생각하고 그 죄를 탕감받기 위해 웨스트민스터 사원을 짓게 되었다. 이런 이유로 웨스트민스터 사원의 처음 공식 명칭을 '처치 오브 세인트 피터', 성 베드로 성당이라고 붙였다.

# Trafalga

## 런던 시민과 관광객의 휴식 장소
## **트래펄가 광장**

*Square*

넬슨 제독이 트래펄가 해전에서 승리한 것을 기념해 만든 트래펄가 광장. 런던 시민은 물론 관광객들의 휴식처로 사랑받는 곳이다. 내셔널 갤러리는 유럽 중세의 종교화에서 현대 회화에 이르기까지 약 2300여 점의 회화를 소장한 최고의 회화 전문 미술관이다.

유럽 회화의 전통을 한눈에 보여주는 내셔널 갤러리. 유럽의 미술품들을 한곳에 끌어모아 전시하는 이곳은 유럽 미술에 있어 전통의 창문 역할을 하고 있다.

런던의 중심인 '시티 오브 런던' 안에 있는 광장 가운데 가장 큰 곳이 트래펄가 광장이다. 넬슨 제독이 트래펄가 해전에서 나폴레옹 군대와 싸워 이긴 것을 기념하여 그의 동상을 세우고 이름 붙여졌다. 1820년대 트래펄가 광장을 처음 기획한 사람은 건축가 존 내시였다. 1829년에 광장 터를 닦기 시작해 1841년에 완성되었지만 정작 그는 완성된 광장의 모습을 보지 못하고 눈을 감았다.

광장에서 가장 먼저 눈에 띄는 것은 1842년에 세워진 51m가 넘는 높은 기둥. 그 꼭대기에는 실물의 3배 크기의 넬슨 제독 동상이 서 있다. 동상 주변으로는 영국의 상징인 사자상이 있고 시원하게 물줄기를 뿜어내는 분수 등이 주변과 조화를 이루고 있다. 사자상은 트래펄가 해전에서의 승리를 기념해 전투에서 빼앗은 프랑스군의 대포를 녹여서 만들었다. 4면의 철판 부조에는 트래펄가 해전, 나일강 해전, 덴마크·러시아·스페인 연합함대와의 전투기록 등이 새겨져 있다.

트래펄가 광장은 쾌적한 여유로움뿐만 아니라 방만한 자유를 누리는 곳이기도 하다. 어린아이들이 분수대에 뛰어들어 물장구를 치는 곳이고 연인들의 은밀함이 그대로 드러나는 휴식처이자 만남의 광장이기도 하다. 이런 이유로 트래펄가 광장은 런던 시민들은 물론 관광객들의 휴식처로 사랑받

∴Travel Tip **런던에서 만나는 오후의 홍차(Afternoon Tea)** 영국 사람들에게는 일상이 되어버린 티타임은 한 잔의 홍차와 달콤한 케익을 앞에 두고 담소를 나누는 시간이다. 바쁜 여정에 몸과 마음이 지친 이방인에게는 생소하면서도 부러운 대목이다. 영국 여행자들이 자주 목격하는 '애프터눈 티'는 미국 뉴요커들의 아침식사인 블랙커피와 베이글이나 오후 간식시간에 먹는 블랙커피와 도우넛처럼 생활 속에 녹아든 자연스런 일상이다. 영국에서 티는 단순히 한 잔의 음료를 마시는 것에서 벗어나 식사와 사교가 따르기도 한다. 애프터눈 티는 오후 4시 정도에 케이크, 비스킷 등과 차를 마시는 행사이고, 오후 7~6시 경의 하이 티(high tea)는 따뜻한 음식과 샌드위치 등이 나와 실제는 이른 저녁 식사가 되기도 한다.

는 장소가 되었다.

광장의 북쪽에는 내셔널 갤러리가, 동쪽에는 사우스 아프리카 하우스가 자리 잡고 있다. 그리스풍의 거대한 석조건물 내셔널 갤러리는 1823년 영국의 풍경화가 조지 보몽트경이 자신이 소장하고 있던 거장들의 작품을 대영박물관에 기증함에 따라 1838년 개관했다. 미술관의 문턱을 낮추어 더욱 많은 사람들에게 예술 감상의 기회를 제공하고자 무료로 개방했다. 관람시간도 연장해 당시 일부 계층의 특권으로 간주되던 미술관을 많은 이들이 누릴 수 있도록 배려했다.

내셔널 갤러리는 유럽 중세의 종교화에서 현대 회화에 이르는 회화 작품들을 보유한 최고의 회화 전문 미술관이다. 회화 2000여 점 이상을 상설로 전시하고 있는데 소장품의 규모와 질에 있어 루브르와 맞먹는 것으로 평가된다. 신관의 13세기 종교화에서 시작해 마지막 전시실에는 인상주의 작품들이 있다. 입구에서부터 왼쪽으로 돌며 연대별로 작품을 감상할 수 있도록 배치되어 있다. 유파별이나 작가별이 아닌 연대기순으로 작품을 진열해 유럽 미술의 흐름을 보여준다는 것은 웬만큼 소장품이 많지 않고는 시도하기 힘든 배치방식이다. 대영제국이 전 세계에 영토를 확장했을 무렵, 유럽의 미술품들을 한곳에 끌어 모았던 내셔널 갤러리는 오늘도 유럽 미술에 있어 전통의 창문 역할을 다하고 있다.

넬슨 제독이 트래펄가 해전에서 승리한 것을 기념하는 트래펄가 광장

세계 최대 규모의 대영박물관은 영국의 자랑이다. 전시실 동선이 4km에 달할 정도로 큰 공간이다. 로제타스톤부터 파르테논 신전의 부조까지 인류사에 있어 기념비적인 유물들을 박물관 안에서 만날 수 있다. 이런 이유로 대영박물관은 인류문화사의 보고라는 평가를 받는다.

세계 최대 규모이자
인류문화의 보고
**대영박물관**

*The British Museum*

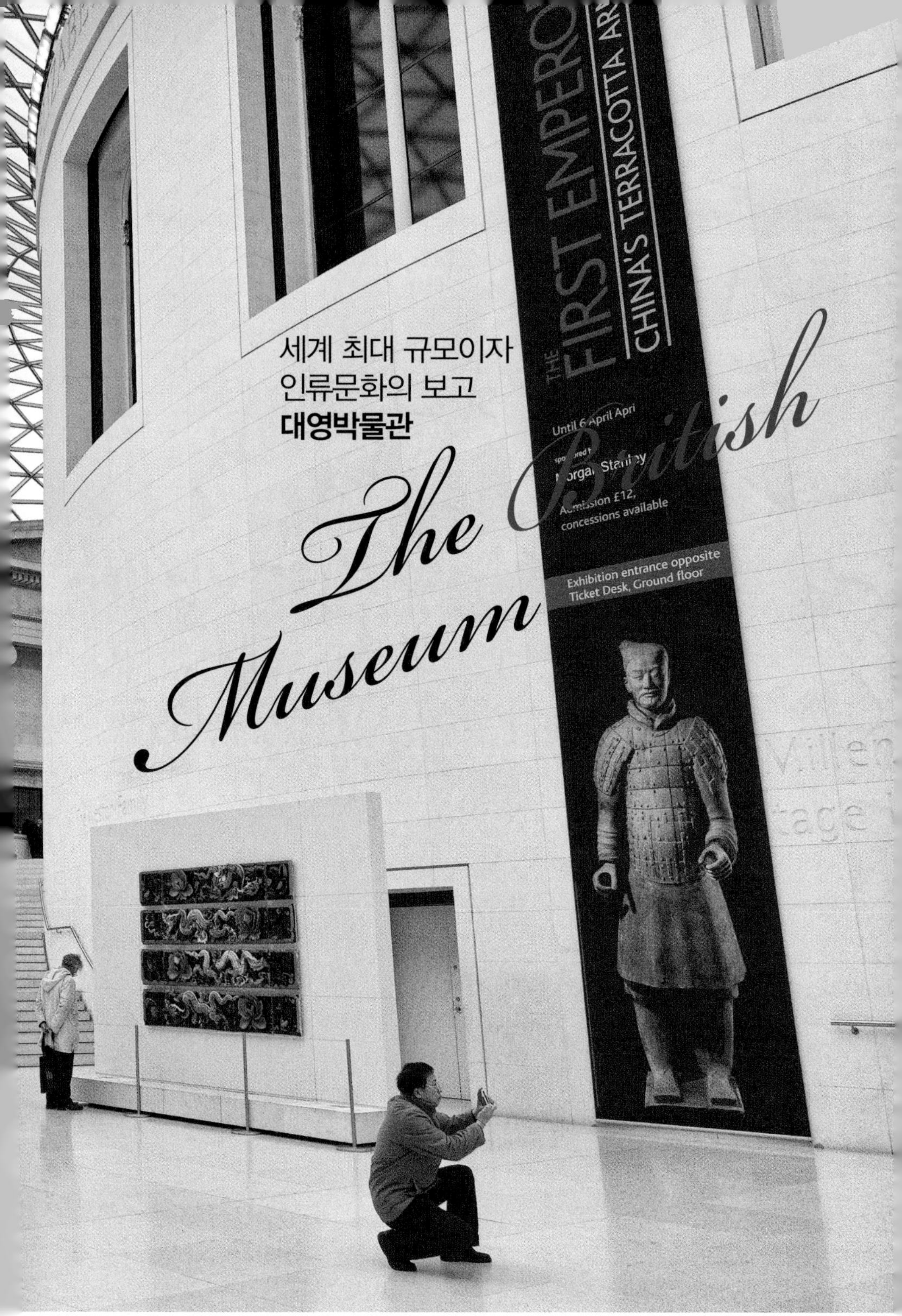

대영박물관의 하이라이트라고 말할 수 있을 정도로 중요한 전시 공간인 그리스·로마 전시실. 파르테논 신전의 주요 조각들을 옮겨다 놓아 파르테논 갤러리라고 말할 수 있을 정도다.

영국의 런던 블룸즈버리에 위치한 대영박물관은 파리 루브르 박물관과 쌍벽을 이루는 세계 최대 규모의 박물관이다. 선사시대부터 현대미술에 이르는 긴 세월 동안 창작된 전 세계 예술품을 한데 모아 전시하고 있는 세계 최초의 공공 박물관으로 자리 잡고 있다.

대영박물관은 18세기 영국의 학자이자 의사였던 한스 슬로언 경(Sir Hans Sloane)이 국가에 기증한 유품으로 시작되었다. 1753년 그가 기증한 수집품은 식물표본이나 서적을 제외하고도 약 8만 점에 이르렀는데 이 유물만으로 박물관을 만들었다. 이후 의회가 자금을 모아 1759년 1월 15일에 지금의 대영박물관을 만들어 일반에 공개하기에 이르렀다. 박물관 부지는 원래 블룸스베리의 몬태규 저택이다.

세계 최대의 인류문화사 관련 자료를 수집해 놓은 대영박물관은 지하와 1층, 2층 등 세 개 층에 걸쳐 94개의 전시실로 나누어져 있다. 전시실 동선도 무려 4km에 달해 모든 작품을 대충만 관람해도 사나흘은 족히 걸린다. 박물관 관람은 입구 안내데스크에서 무료로 배포하는 박물관 배치도를 보고 순서를 정하는 것이 좋다. 영국에서는 그라운드 플로어(Ground floor)인 1층 중앙 입구에 들어서면 천장에서 자연광이 내려오는 그레이트 코드

(Great Court)가 나타난다. 중앙에는 800만 권 이상의 장서를 소장한 대영도서관이 있고, 전시실은 그레이트 코드 왼편으로 펼쳐진다. 그라운드 플로어에는 이집트 조각 전시실, 중동아시아 전시실, 그리스 · 로마 전시실 등 고대 유적을 모아놓은 전시실과 뒤편의 한국 전시실 등이 있다.

대영박물관에서 가장 주목받고 있는 전시실은 이집트 조각 전시실(Egyptian Sclpture)이다. 전시실 앞에 이집트의 상형문자를 해석할 수 있는 중요한 단서가 된 로제타스톤이 전시되어 있다. 1799년 나폴레옹 원정대가 나일강 삼각주에서 발견한 로제타스톤은 이집트 상형문자, 민간문자, 그리스어로 법령이 새겨진 검은 현무암이다. 람세스 2세 조각상은 두상을 강조하기 위해 머리와 가슴이 서로 다른 색의 화강암으로 배합된 것이 특징이다.

고대 아시리아의 유적을 모아놓은 아시아 전시실에서는 코르사바드에서 출토된 날개 달린 인두우상(人頭牛像)을 만날 수 있다. 기원전 약 710년경의 작품인데, 입방체의 옆면에 다리 4개를 처리하고 앞면에 2개를 부조 처리하면 다리 하나가 겹쳐 5개의 다리가 만들어진다. 이런 방법은 옆에서 보면 걸어가는 듯하고 앞에서 보면 정지해 있는 것 같다. 고대 아시리아 니네베에서 출토된 부조 작품 〈사자를 죽이는 아슈르바니팔 왕〉도 빼놓을 수 없는 전시물이다.

그리스 · 로마 전시실(Greece & Rome)은 파르테논 갤러리(The Parthenon Galleries)라고 말할 수 있을 정도로 파르테논 신전의 주요 조각들을 옮겨다 놓았다. 대영박물관의 하이라이트라고 말할 수 있을 정도로 중요한 전시 공간이다. 19세기 초 터키 대사를 하던 엘긴 경이 파르테논 신전 외벽에 장식되어 있던 부조들을 떼어서 영국으로 가지고 왔다고 하는데 지금까지 계속 그리스 정부와 소유권 문제로 분쟁 중인 것으로 알려지고 있다. 특히 파르테논 신전의 부조물 엘진 대리석(Elgin Marbles)은 볼수록 경이롭다.

2000년 11월 120여 평의 독립 공간에 한국관이 만들어졌다.

∴Travel Story **대영박물관 입장료는 공짜?** 결론부터 말하면 대영박물관 입장료는 자신이 정한다. 전시되고 있는 유물들이 대부분 외국으로부터 기증받거나 식민지 시대에 가져온 것이기 때문에 따로 입장료를 받지 않는다. 다만 입구에 마련된 기부금 상자에 넣고 싶은 만큼 돈을 넣으면 된다. 영국 의회는 매년 대영박물관의 운영과 미술품의 수집 및 복원을 위해서 예산을 책정해 놓고 있다. 대영박물관은 만들어질 때 박물관인 동시에 도서관으로서 창립되었다. 그리고 영국에서 발행되는 모든 서적이나 일반 간행물까지 의무적으로 대영박물관 도서관에 기증하도록 정했기 때문에 장서가 엄청나게 많다. 따라서 일반에 공개되지 않은 보관 자료까지 따지면 도서관 규모만으로도 세계 최대라고 할 수 있다.

왕가의 당당함이 고스란히 존재하는 윈저 성은 런던 근교 나들이의 하이라이트. 못 보고 돌아오면 두고두고 후회하게 되는 곳이다. 여왕이 거주할 때를 제외하고는 성 구경이 가능하다. 윈저 성 뒤편의 산책로 롱 워크를 따라 걸으며 멀리 보이는 윈저 성의 아름다움을 감상해보자.

## 장엄한 풍경의 **윈저 성**

# *Windsor Castle*

런던 서쪽 36km 지점에 있는 윈저 성은 가벼운 마음으로 다녀올 수 있는 런던 근교 여행지다. 런던을 찾은 관광객들이 복잡한 런던 시내에 익숙해지고 답답해졌을 때 한 번쯤 다녀오는 곳이기도 하다. 윈저 역은 사철 몰려드는 관광객으로 복잡하지만 성의 정면 쪽은 전혀 다른 세상이다. 넓게 펼쳐진 잔디와 줄지어 선 마로니에, 직선으로 뻗은 롱 워크(long walk) 지역을 오가는 마차와 마부가 성채와 어울려 마치 중세에 온 느낌이다. 해가 좋은 날에는 웃옷을 다 벗고 일광을 즐기는 사람도 심심찮게 보인다.

윈저 성은 오늘날에도 사용하고 있는 왕실의 성으로 그 규모가 세계 최대이다. 900년의 역사를 지닌 윈저 성은 잉글랜드 왕의 성으로 사용돼왔고 현재는 여왕의 공식 거주지이다. 찰스 3세가 부활절이나 크리스마스, 그리고 주말을 이곳에서 보내는데 왕이 거주 중일 때 왕실 깃발이 걸려 여왕이 머물고 있음을 알린다.

윈저 성을 건축하기 시작한 왕은 정복왕 윌리엄이다. 1070년 노르만 왕조를 정복한 윌리엄 왕은 런던의 서쪽 지역을 방어하기 위해 목조의 성채를 만들기 시작했고, 에드워드 4세에 의해 증축되고, 헨리 8세에 의해 완성되었다. 성 안에는 집무를 보던 스테이트 아파트먼트, 고딕 양식의 성 조지 예배당과 메리 여왕의 인형의 집 등이 있다. 루벤스, 반 다이크 등의 그림과 양탄자, 도자기 등을 전시해둔 갤러리도 있다.

윈저 성은 1992년 대형 화재가 발생하여 성 조지 성당을 비롯해 스테이트 아파트먼트의 일부가 불타버렸으나 1997년에 이르러 대부분 복구하였다. 에드워드 4세에 의해 건축된 성 조지 예배당은 화려한 고딕 양식의 건물이다. 이곳에 에드워드 4세를 비롯하여 조지 5세, 메리 여왕, 헨리 8세 등이 묻혀 있다. 윈저 성 내부에는 중세 갑옷과 무기, 왕실 집기 등을 전시한 공간이 공개되어 있어 관광객들이 관람할 수 있다.

매주 목요일과 토요일에는 오전 11시에 근위병 교대식이 진행된다. 교대식

∴Travel Tip **영국의 명문 사학 이튼 칼리지** 템즈 강을 사이에 두고 윈저 성 건너편에 자리 잡고 있는 이튼 칼리지는 영국의 명물 가운데 하나다. 1440년 헨리 6세에 의해 설립되었다. 처음 헨리 왕이 설립했을 당시에는 이튼 타운 주변에 거주하는 학생들 중에서 소수를 골라 무료교육의 기회를 제공했다. 하지만 현재 이곳은 영국의 귀족과 상류층 자제들이 대거 수학하고 있는 명문 사립학교로 변모했다. 고풍스런 안경에 1850년부터 바뀌지 않은 교복을 곱게 차려입은 이튼 칼리지 학생들은 최고의 명문 사립학교 학생답게 엄격한 규율과 예절을 지켜가며 절제된 생활을 하는 것으로 유명하다. 남자만 입학할 수 있으며 전원 기숙사 생활을 원칙으로 하고 있다. 작가 조지 오웰과 헉슬리, 찰스 황태자, 윌리엄 왕자와 해리 왕자도 이튼 칼리지 출신. 학교를 방문하면 예배당과 가장 오래된 교실, 박물관 등을 둘러볼 수 있다.

900년의 역사를 지닌 윈저 성은 잉글랜드 왕의 성으로 사용되어 왔고 현재는 여왕의 공식 거주지이다. 엘리자베스 2세 여왕이 부활절과 크리스마스 그리고 주말을 이곳에서 보내는데 여왕이 거주 중일 때 왕실 깃발을 계양함으로써 이를 알린다.

크고 작은 레스토랑과 카페가 모여 있는 윈저 성 앞 하이 스트리트. 만약 오후에 이곳을 찾는다면 애프터눈 티와 스콘을 저렴하게 즐길 수 있다. 윈저 중앙역 앞에는 쇼핑 거리가 있어 간단한 기념품을 구입할 수 있다.

은 런던 버킹검 궁전의 교대식보다는 규모가 작지만 절도 있는 동작과 독특한 걸음걸이가 그런대로 볼 만하다. 제대로 격식을 갖추어 진행되는 교대식을 보려면 성 안마당에 들어와야 하는데 이때는 입장권이 필요하다.
튼튼한 석조성으로 이뤄진 윈저 성을 둘러싼 로열 타운에는 오래된 포석이 깔려 있어 운치와 낭만이 서려 있고 그 위를 관광객을 위한 마차가 지나간다. 윈저 성 뒤편으로는 아스팔트 포장의 긴 산책로가 펼쳐져 있다. 롱 워크라고 부르는 이 산책로는 찰스 2세에 의해 조성된 것으로 그 길이만 해도 9km에 이른다. 일반에게 개방된 롱 워크는 그 가운데 200m 정도다. 관광마차를 타고 여유롭게 돌아보는 것도 좋고 산책 삼아 걸어도 즐겁다. 산책로 양옆으로 푸른 잔디와 나무가 우거져 있어 잠시 쉬어갈 수도 있다.
윈저 성 앞에 있는 하이 스트리트에는 크고 작은 레스토랑과 카페가 모여 있다. 만약 오후에 이곳을 찾는다면 애프터눈 티와 스콘을 저렴하게 즐길 수 있다. 윈저 중앙역 앞에는 쇼핑 거리가 있어 간단한 기념품을 구입할 수 있다. 역에서 이튼 칼리지 방향으로 이어지는 이튼 하이 스트리트(Eton High Street)에는 앤틱숍들이 모여 있어  구경만 해도 재미있다.

068 **영국** 그리니치 천문대

# Greenwich Observatory

## 세계 시간의 중심이 되는 **그리니치 천문대**

**본초자오선이 지나는 그리니치 천문대는 세계 시각의 중심이다. 찰스 2세가 천문 관측과 시간 측량에 대한 연구를 하기 위해 세운 천문대로, 바다를 항해하는 사람들의 안전에 큰 도움이 되었다. 템즈 강이 내려다보이는 언덕위에 있어 런던을 방문하는 관광객들이나 주말 나들이를 나온 런던 시민들이 많이 찾는다.**

구 해군대학 정문 안으로 들어오면 넓은 잔디밭과 탁 트인 길이 있는 그리니치 공원. 이곳에서 먼저 들를 수 있는 곳은 국립해양박물관이다. 해양박물관 옆의 탁 트인 언덕 위로 보이는 곳이 그리니치 관측소로 자오선과 망원경이 있다.

런던에서 템스 강 하구 쪽으로 약 10km 떨어져 있는 그리니치는 세계 시간의 중심이다. 자오선의 측량 기준점인 경도 0, 본초자오선이 있는 곳으로 영국 천문학자들은 오랫동안 그리니치 천문대를 지구의 위치 측정 기준으로 삼아 왔다. 네 개의 자오선이 그리니치 천문대를 기준으로 하고 있으며, 특히 경도의 기준이 되는 본초자오선은 1851년에 정해져서 1884년에 워싱턴 국제회의에서 결정되었다. 이후 그리니치는 세계 시간의 기준이 되었다.

세계의 기준시를 정한 본초자오선이 이곳을 지나고, 경도의 원점도 이곳이다. '그리니치 평균시'는 그리니치 자오환을 0도로 잡고, 경도 15도마다 1시간씩 차이가 나도록 정했다. 예를 들어 영국이 0시면 동쪽에 있는 중부 유럽의 독일 · 프랑스는 1시가 되고, 동경 135°가 기준인 한국과 일본은 9시가 된다. 서머타임을 적용할 때는 8시가 된다. 동쪽이 태양과 먼저 만나기 때문에 영국을 기준으로 했을 때 시간이 빠르다.

지구를 일정한 간격으로 나눈 자오선은 눈에는 보이지 않지만 그리니치 천문대에 가면 그 존재를 확인할 수 있다. 천문대 앞마당에 스테인리스로 표시했으며 1999년 12월 16일 이후에는 하늘을 향해 초록색 레이저를 쏘아 올리고 있다. 그리니치 평균시(Greenwich Mean Time, GMT)는 원래 그리니치에서의 관측을 토대로 계산되는 시각이었다. 하지만 1954년 이후로

∴Travel Story **찰스 2세와 그리니치 천문대** 찰스 2세가 그리니치에 천문대를 세운 이유는 금전과 관계가 있다. 콜럼버스가 아메리카 대륙을 발견하고 대항해시대가 열리면서 유럽의 힘 있는 나라들은 앞을 다투어 바다로 나갔다. 영국은 북미의 대서양 연안에 식민지를 만들고 해상무역에 전력을 다했다. 그러나 17세기경의 선박 기술과 항해술은 자연재해에 취약해서 폭풍과 해일에 속수무책. 전 세계를 돌며 무역을 통해 얻은 재화나 진귀한 물건들을 뜻하지 않은 자연재해 때문에 바다에 빼앗기는 일이 자주 일어났다. 특히 항해술과 관련 있는 천문과 지리에 관한 지식이 필요했기 때문에 그리니치에 천문대를 세웠다.

는 그리니치가 아닌 다른 천문대의 관측을 토대로 정해졌으며, GMT와 협정세계시의 기준점이 되는 거리가 불과 100m밖에 안 되기 때문에 협정세계시의 뜻으로 쓰기도 한다.

그리니치 관측소는 1675년 영국 왕 찰스 2세가 세운 천문관측 및 시간측량 연구기관이다. 초대 천문대 책임자 존 플램스테드(John Flamstead)는 이곳에 거주하면서 천문을 관측하고 행성과 태양·달·별의 위치와 운행을 탐구했다. 이후 부임한 학자들이 천문과 시간 측량에 관한 연구를 계속해 세계 천문학의 중심 위치를 잃지 않았다. 그리니치 관측소는 언덕 위에 있어 천문 관측에 유리하고 언덕 아래로는 멀리 항해에서 돌아오는 배들이 템즈 강을 따라 올라가는 것을 확인할 수 있어 당시 관측소 위치로는 최적이었다.

런던 시내에서 그리니치 천문대로 가기 위해서는 그리니치 역이 아닌 커티 샥 포 마리타임 그리니치(Cutty Sark for Maritime Greenwich) 역에서 내려야 편하다. 역에서 내리면 런던과는 또 다른 분위기가 느껴진다. 펍들도 많고 아기자기한 교외 마을 분위기다. 열차에서 내린 사람들이 많이 가는 방향을 따라 걸으면 찰스 2세가 세웠다는 구 영국 해군대학이 보인다.

해양박물관 옆의 탁 트인 언덕 위로 보이는 곳이 그리니치 관측소다. 이곳에서 처음 만나는 공간인 본관은 자오선과 망원경이 있는 건물이다. 이곳 1, 2층에는 근대 이후의 망원경들과 시간의 흐름을 측정하는 기구들이 전시돼 있다. 르네상스 이후 우주 천체 관측의 주요 도구로 쓰인 큰 망원경들도 전시되어 있다. 전시물 중에는 아이작 뉴턴의 망원경도 있다. 뉴턴도 자신의 망원경을 스스로 조립해 사용했던 것으로 알려지고 있다. 본관 출구로 나가면 천문관측소(Astronomy Center)와 우주관측을 하는 천문대(Planetarium)로 이어지는 입구를 만나게 된다.

본관 옆 건물은 붉은 벽돌의 고풍스러운 건물인 플램스티드 관(Flamstead House)이다. 내부에 천문관측실과 시간 갤러리 등이 있다. 왕립천문학자로 임명된 플램스티드가 초대 천문대장으로 거주하며 연구하던 당시의 모습을 복원해 놓았다. 시간 갤러리에는 시간 측정을 연구하던 기구들이 있다. 이 전시물들을 통해 '왜 시간을 측정해야만 했는지'에 대한 의문을 풀 수 있다. 장님 코끼리 더듬듯 미지의 바다를 향해 나갈 때 자신의 배가 어느 방향으로 어느 정도의 시간을 항해했는지를 정확히 알아야 되돌아올 수 있었기 때문이다.

# 만년설을 품고 있는 유럽의 지붕 **융프라우**

*Jungfrau*

유럽에서 가장 높은 곳에 있는 융프라우요흐 역까지 가는 융프라우 등산열차. 너무 높은 곳에 있어 정상 부근에서는 고지 적응을 위해 네 차례나 정차할 정도다. 융프라우요흐 역에 도착하면 알프스 아래 아름다운 풍광을 파노라마로 감상할 수 있다. 알프스에서 가장 긴 알레치 빙하 구경은 융프라우 여행의 보너스다.

융프라우요흐행 등산열차가 출발하는 클라이네 샤이데크. 스키 시즌에는 스키를 등산열차에 싣고 올라와 광활한 천연 스키장에서 스키를 즐긴다. 여름에는 스키 슬로프로 이용됐음 직한 길을 따라 트래킹을 즐길 수 있다.

만년설이 있는 알프스의 연봉과 그 설원을 오르는 빨간색 등산열차가 있는 풍경. 스위스 알프스 여행의 백미로 꼽히는 융프라우에서 만날 수 있는 인상적인 장면이다. '융프라우(Jungfrau)'는 독일말로 '젊은 처녀'라는 뜻으로, 주변의 '묀휘(Monch)' '아이거(Eiger)'와 더불어 베르너 오버란트 지역의 대표적인 관광지다. 많은 사람들이 베르너 오버란트 지역을 융프라우라고 여기고 있지만 툰 호수, 브리엔츠 호수, 스피츠 남쪽 지구 등 인터라켄을 중심으로 7개의 지역으로 이루어진 알프스 자락의 조용한 마을이다.

베르너 오버란트 지역 관광 명소 가운데 가장 인기 있는 곳은 '유럽의 지붕' 융프라우요흐(Jungfraujoch)다. 그러나 살인적인 물가 때문에 짧을 수밖에 없는 스위스 일정에서 융프라우의 정상 부근에 있는 융프라우요흐에 오르는 여정을 넣기란 생각보다 쉽지 않다. 융프라우 정상에 오르려면 온전한 하루가 필요하기 때문이다. 오전 9시 이전에 인터라켄 동역에서 출발해 정상에 가까운 역인 융프라우요흐 역까지 등산열차를 두 번 갈아타고 올라가야 하고 내려올 때도 같은 방법으로 내려와야 한다. 등산열차에서 보내는 시간도 만만찮고 산소가 희박한 융프라우 정상에서의 행동이 느려질 수밖에 없어 생각보다 많은 시간이 소요된다.

스위스는 산악지역을 포함해서 약 5000km에 이르는 철도 강국이다. 주

∴Travel Tip **알프스의 동화나라, 얼음궁전** 1934년 벵겐과 그린델발트 출신의 두 산악인에 의해 만들어진 얼음궁전은 융프라우요흐의 중요한 관광 콘텐츠다. 얼음궁전의 면적은 약 1000㎡로 알레치 빙하의 20m 아래에 위치해 있다. 얼음궁전 안에는 아치형의 지붕, 희미하게 빛나는 푸른 불빛 아래 얼음으로 깎아 만든 야생동물 및 그밖의 다른 전시물이 전시되고 있다. 빙하가 매년 약 50cm 가량 움직이는 문제 때문에 융프라우 철도 빙하 전문가가 정기적인 얼음궁전 지붕에 대한 보수를 하고 있다. 또 수천 명의 방문객의 체온으로부터 항시 영하 2도 이하를 유지하기 위해 특수장치가 설치되었는데 얼음궁전 방문객으로부터 발생하는 온기는 융프라우 레스토랑 난방에 사용되어 에너지 비용을 최소화하고 있다.

로 산악지역에 뻗어있는 스위스 철도 기술은 경이롭다. 그 가운데 가장 인상적인 노선이 1912년에 완공된 융프라우 철도다. 인터라켄(Interlaken)과 라우터브루넨(Lauterbrunnen) 사이는 BCB를 이용하게 되는데 이 구간은 본격적인 등산열차 구간은 아니다. 소요시간은 약 20분 정도다. 라우터브룬넨에서 클라이네 샤이데크(Kleine Scheidegg)까지는 레일 사이에 톱니가 있는 등산열차 WAB가 운행되는데 약 45분 정도 소요된다.

융프라우요흐행 등산열차가 출발하는 클라이네 샤이데크는 라우버호른(Lauberhorn) 산 남쪽 사면을 이용한 자연 슬로프가 인상적인 곳이다. 스키 시즌에는 스키를 등산열차에 싣고 올라와 광활한 천연 스키장에서 스키를 즐긴다. 여름에는 트래킹 코스로 쓰였음직한 길을 따라 스키 코스가 만들어진다. 스위스 사람들은 겨울이 되면 시즌권과 같은 산악열차 이용권을 구입해 BCB와 WAB를 타고 클라이네 샤이데크까지 올라와 스키를 즐긴다. 산악열차 이용권이 리프트 이용권이 되는 셈이다.

클라이네 샤이데크에서 유럽에서 가장 높은 곳에 위치한 융프라우요흐 역(해발 3454m) 사이는 등산열차 JB가 운행된다. 두 역 사이의 철길은 약

클라이네 샤이데크와 융프라우요흐 역 사이를 운행하는 등산열차 JB

12km에 달하는데, 클라이네 샤이데크에서 아이거 글래처(Eiger Glacier) 역까지 2km는 산악지역으로 운행되고 그 이후부터는 암반을 뚫어 만든 터널 구간이 시작된다. 정상을 향해 오르던 열차가 아이거완드(Eigerwand) 역에서 약 5분간 정차할 때 잠시 내려 그린델발트, 클라이네 샤이데크, 인터라켄 지역과 툰 호수까지를 내려다볼 수 있다. 다음 역은 '얼음의 바다'라는 의미의 아이스미어(Eismeer) 역인데 이곳에서는 끝없는 빙하와 암벽을 감상할 수 있다. 클라이네 샤이데크를 출발해서 융프라우요흐 역에 도착할 때까지 걸리는 시간은 50분 정도다. 가는 도중 역이 없는 곳에서 잠시 정차했다 출발하기도 하는데 이는 기압 적응을 위해서다. 해발 2320m-2565m-3160m-3454m 정도에서 정차를 한다.

종착역인 융프라우요흐 역에서 내리면 많은 사람들이 얼음궁전을 구경한다. 만년설 아래 빙하를 뚫어 만든 동굴을 따라 얼음조각을 해 놓은 얼음궁전은 규모나 조각은 볼품없지만 천연빙하를 걷는 기분은 특별하다. 얼음궁전 구경 후에는 전망대 밖 설원으로 나와 아이거, 묀휘, 융프라우 등 베르

너 오버란트 지역 3대 영봉을 감상할 수 있다. 만년설이 신비스런 산 정상에서 내려다보는 풍광과 북쪽 사면으로 이어지는 빙하의 장관은 두고두고 잊지 못할 풍경이다.

융프라우요흐 역 승강장 반대편으로는 스핑크스 전망대로 가는 통로가 열려 있다. 유럽에서 가장 높은 3571m에 있는 스핑크스 전망대는 1996년 문을 열었다. 길이가 22km나 되는 알프스에서 가장 긴 알레취 빙하를 내려다볼 수 있고, 베르네즈 알프스 지대, 쥐라지방 등도 건너다 볼 수 있는 스핑크스 전망대는 융프라우요흐의 자랑 가운데 하나다.

융프라우요흐에서 내려올 때는 클라이네 샤이데크 역을 거쳐 아이거 북벽 아래 있는 그린델발트(Grindelward)를 들르게 된다. 아이거 북벽은 영화 〈노스페이스〉에 등장해 유명해진 곳이다. 조난사고, 극복, 인간승리 등 장엄하기까지 한 자연의 위대한 힘과 이를 극복하는 특별한 경험을 담은 영화다. 아이거 북벽을 내려오면서 구경하는 그린델발트 지역의 스위스 마을 풍경은 한 폭의 그림 같다.

융프라우 주변 여행의 중심지 그린델발트

# Interlaken

## 터키블루 빛 호수에 반하다 **툰 호수**와 **브리엔츠 호수** 유람선 여행

신비한 물빛을 띠고 있는 툰 호수와 브리엔츠 호수는 유럽의 지붕 융프라우를 구경하러 가는 길에 유람선으로 들러볼 만한 곳이다. '호수 사이의 도시'라는 의미의 인터라켄에서 두 호수 가운데 마음에 드는 호수 한 곳을 골라 박하향같이 산뜻한 유람선 여행을 떠나보자.

인터라켄 서쪽에 있는 툰 호수는 인터라켄 서역 선착장을 출발해 스피츠, 툰과 같은 호수 마을을 거쳐 다시 인터라켄으로 돌아오는 유람선을 타고 돌아볼 수 있다. 호수를 가로지르며 호숫가 마을을 들리기 때문에 약 4시간 정도 소요된다.

유럽의 지붕 융프라우로 가는 관문 도시 인터라켄은 알프스의 빙하가 녹아 만들어진 툰 호수와 브리엔츠 호수 사이에 있는 관광도시다. '호수 사이의 마을'을 뜻하는 인터라켄(interlaken)이라는 이름에 걸맞게 서역을 끼고 툰(thun) 호수가, 동역을 끼고 브리엔츠(Brienz) 호수가 있다. 석회 성분이 많아 터키 블루 색 물빛을 띠는 수면 위로 알프스 산 그림자와 푸른 하늘이 담겨 있어 신비하고 아름다운 풍경이 있는 호수들이다.

인터라켄에서 출발하는 브리엔츠행 유람선은 인터라켄 동역(Interlaken Ost)에서 출발한다. 그러나 특별히 브리엔츠에 머물지 않고 유람선을 타고 호수의 풍광만 감상하려면 동역에서 마이링겐이나 루체른행 열차를 타고 브리엔츠까지 가서 유람선을 타고 되돌아오는 것이 좋다. 유람선 운행 횟수보다 열차 운행 횟수가 훨씬 많아 유람선을 타고 인터라켄으로 되돌아올 수 있기 때문이다. 하루 전에 인터라켄 동역에서 브리엔츠로 가는 열차시간을 확인하면 시간 낭비 없이 브리엔츠호 유람선 여행을 즐길 수 있다.

인터라켄 동역에서 브리엔츠까지는 열차로 약 20분 정도 소요된다. 브리엔츠 열차역과 유람선 선착장은 철로를 가운데 두고 마주 보고 있어 쉽게 찾을 수 있다. 하얀 보트들이 한가로이 떠 있는 선착장 주변의 풍광은 조용하고 아름답다. 이곳에서 인터라켄 동역행 유람선이 출발한다. 유람선은 브

∴Travel Tip **툰 호수 유람선 이용은 이렇게!** 툰 호수와 브리엔즈 호수를 운항하는 유람선은 선실이 2층이다. 유레일 글로벌패스나 셀렉트패스를 소지한 경우는 무료로 승선이 가능하다. 유람선 2층은 레스토랑이며 전망이 1층보다 훨씬 좋다. 1등석 유레일패스를 소지한 경우는 어느 층이나 이용할 수 있지만 2등석을 소지한 경우는 1층에만 탑승할 수 있다. 만약 2등석 패스 소지자가 2층에서 호수 주변을 조망하고 싶으면 2층의 레스토랑을 이용하는 것도 한 가지 방법이다. 따뜻한 커피 한 잔을 앞에 두고 아름다운 호수와 호숫가 마을을 감상해보자.

리엔츠 호반에 있는 10곳 정도의 큰 마을을 들러서 동역까지 오는데, 호수를 가로지르거나 호숫가를 따라가며 사람을 태우고 내려준다. 소요시간은 약 1시간 30분 정도다. 겨울에는 브리엔츠 유람선을 운행하지 않는다.
브리엔츠 호수는 사철 언제나 아름답지만 해빙기인 5월에 가장 아름답다. 알프스 산자락에 쌓여 있던 눈이 녹아 만들어진 물줄기가 호수로 떨어지는데 이때 만들어진 거대한 폭포가 장관이다. 이때쯤이면 절벽 사이로 야생화들이 가득 피어나고 선착장에 옹기종기 모여 있는 그림 같은 마을 풍경이 더욱 맑아진 물빛에 담겨, 두고두고 잊지 못할 풍경화를 만들어낸다.
인터라켄 서쪽에 있는 툰 호수는 인터라켄 서역 선착장을 출발해 스피츠, 툰과 같은 호수 마을을 거쳐 다시 인터라켄으로 돌아오는 유람선을 타고 돌아볼 수 있다. 베른에서 인터라켄으로 올 때는 베른 중앙역에서 기차를 탑승하여 툰 역에서 내린 다음 도보 거리에 있는 유람선 선착장으로 이동하여 툰 호수 유람선에 탑승하면 된다. 스피츠에서 인터라켄 서역에 이르는 호수 주변에는 동화 속에 나옴직한 아담한 마을들이 여럿 있어 다른 세상에 온 듯하다.

동화 속에 나옴 직한 집들이 가득해 다른 세상에 온 듯한 스피츠

루체른과 몽트뢰를
기차로 즐기는
**골든패스 기차여행**

스위스에는 여러 가지 테마기차들이 운행되고 있다. 그중 스위스의 한가운데를 서에서 동으로 관통하는 골든패스 파노라마 노선은 알프스 영봉과 툰 호수, 브리엔츠 호수를 통과하고 있어 스위스 기차여행에서 가장 인기가 높다.

# Pass Line

츠바이지멘에서 인터라켄을 거쳐 루체른까지는 산악과 호반을 달리는 구간. 일등석에는 알프스 영봉의 아름다운 자태를 올려다볼 수 있는 유난히 큰 차창이 있어 인기 있다.

스위스만큼 다양한 기차를 만나볼 수 있는 나라도 드물다. 필라투스에서는 세계에서 가장 급한 경사를 오르는 등산기차에 탑승해 볼 수 있고 유럽의 지붕이라는 융프라우를 찾아갈 때는 세 번씩이나 산악기차를 갈아타면서 구간마다 다른 분위기의 기차를 경험할 수도 있다. 영토가 워낙 작은 나라라 운행되는 노선의 총 연장은 짧지만 기차의 종류만큼은 정말 다양하다. 초콜릿 상자 속에서 모양도 다르고 맛도 다른 초콜릿을 골라 먹듯 독특한 분위기의 기차여행을 즐겨보자.

스위스에는 여러 가지 테마기차들이 운행되고 있다. 스위스의 대표적인 테마 기차로는 골든패스 라인(루체른-몽트뢰)을 비롯해 빙하 특급(체어마트-다보스), 빌헬름텔 특급(루체른-루가노), 베르니나 특급(쿠어-루가노)이 있다. 각 운행구간에는 스위스를 대표하는 관광자원이나 역사적인 인물, 특산물 등의 이름이 붙어 있다. 특히 골든패스는 스위스에서 가장 아름다운 호수와 알프스의 연봉 사이를 운행하는 노선으로, 다양한 기차를 골라 탈 수 있고 긴 구간을 운행하고 있어 스위스 테마기차여행을 즐기려는 사람들이 많이 이용하고 있다.

스위스 테마기차가 운행되는 구간은 모두 빼어난 경관을 자랑한다. 그 가운데 골든패스 파노라마는 아름다운 경치와 더불어 스위스에서 이름난 여

∴ **Travel Tip 골든패스 기차여행 노하우** 스위스를 기차로 여행하는 사람들은 유레일패스나 스위스 철도패스를 주로 이용한다. 스위스를 운행하는 기차에 패스로 탑승하는 사람들은 기본적으로 예약이 필요하지 않다. 시간만 정확히 확인하고 플랫홈에 20분 전에 도착해 탑승하면 된다. 1등석은 미리 예약된 좌석을 피하면 되지만 몽트뢰-츠바이지멘 구간의 클래식 기차나 VIP 기차는 예약금을 지불하고 좌석을 배정받아야 한다. 2등석 패스이지만 1등석에 앉아 있고 싶다면 업그레이드 비용을 지불하면 된다. 골든패스 기차는 창이 상당히 크고 깨끗해서 풍경을 감상하거나 사진을 찍기에 매우 좋지만 창이 넓은 탓에 여름이나 한낮에는 강렬한 햇빛 세례를 받게 된다. 자외선 차단제를 준비하는 것이 좋다.

행지들을 이어주는 기차라 더욱 인기가 많다. 골든패스 파노라마는 스위스 서쪽 끝 레만 호반에 있는 도시 제네바(Genève)에서 시작해 몽트뢰(Montreux), 인터라켄(Interlaken)을 거쳐 루체른(Luzern)에 도착하는 노선이다. 스위스를 횡단하는 코스로 '스위스의 리비에라'라고 불리는 보(Vaud) 주와 스위스 연방이 체결된 역사적인 장소인 루체른(Lucerne) 호 지역을 연결하고 있어 의미 있는 기차 노선이기도 하다.

골든패스 파노라마는 제네바에서부터 시작되는 노선이기는 하지만 실제로는 몽트뢰에서 골든패스로 도색된 전용기차를 이용할 수 있다.

몽트뢰에서 츠바이지멘 사이를 운행하는 골든패스 파노라마 기차의 가장 앞 칸에는 골든패스 파노라마를 즐길 수 있는 VIP코스가 있어 아름다운 풍광을 더욱 생생하게 감상할 수 있다.

츠바이지멘에서 인터라켄을 거쳐 루체른까지는 산악과 호반을 달리는 구간이다. 이 기차 역시 1등석을 1량 혹은 2량 정도 운행하고 있는데 유난히 큰 차창으로 알프스 영봉의 아름다운 자태를 감상할 수 있다. 인터라켄을 출발한 기차가 브리엔츠 호수를 따라 브리엔츠에 도착한 다음 산악기차처럼 톱니바퀴 레일을 이용해 산길을 오르는 구간을 통과하게 된다. 인터라켄에서 루체른까지의 기차 코스는 스위스의 여러 기차 노선 중 가장 풍경이 아름다워 이 노선을 두고 '골든패스 라인'(Golden Pass Line)이라고 부른다. 이 구간에서는 어디서 출발하든지 진행 방향 오른쪽에 앉아야 아름다운 풍광을 만끽할 수 있다.

'골든 패스 라인'은 스위스의 여러 기차 노선 중 가장 풍경이 아름답다.

# 천국과 지상의 중간계에 위치한 악마의 산 **필라투스**

# *Mt. Pilatus*

**루체른에는 '천국과 지상의 중간계'라 불리는 필라투스 산이 있다. 하늘에 오르지 못하고 구천에 떠도는 영혼들이 있어 '악마의 산'이라 불리기도 한다. 산 정상에서 내려다보는 루체른 일대의 아름다운 호수가 있는 풍광과 손에 잡힐 듯 눈앞에 보이는 알프스 연봉의 만년설이 마음마저 시원하게 만든다.**

PILATUS

필라투스 정상에 있는 광장에서 스위스 전통 악기인 알펜 혼을 연주하는 사람들을 만날 수 있다. 웅장하고 깊은 소리가 필라투스 여행을 축하해준다.

'악마의 산' 필라투스, '여왕봉'이란 애칭의 리기, 융프라우와 같은 경치를 내려다보는 티글리스 등이 루체른에서 오를 수 있는 대표적인 알프스 봉우리다. 루체른 시내에서 가장 가까운 곳에 있는 필라투스는 정상으로 가는 등산열차와 로프웨이, 곤돌라 등 다양한 탈것들이 있어 아이들이 특히 좋아한다. 등산열차를 타고 정상을 오르는 것만으로도 루체른 여행은 여한이 없을 정도로 특별한 경험이 된다.

필라투스 정상으로 가는 등산열차는 루체른에서 산자락을 돌아가야 하는 알프나흐슈타트(Alpnachstad) 역에서 출발한다. 그러나 초행길에 이 역을 찾아가는 것이 번거롭기 때문에 많은 사람들은 루체른 시내에서 15분 정도 거리에 있는 크리엔스라는 곳에서 곤돌라와 로프웨이를 이용해 정상에 오른다. 크리엔스는 루체른 시내에서 1번 버스를 타면 쉽게 찾을 수 있다. 이곳에서 내려 5분 정도 걸으면 곤돌라 탑승장에 닿는다.

중간 기착지인 로프웨이 역에서 루체른 시가지와 피어발트슈테터 호수를 내려다보는 기분은 요들송이 절로 나올 듯 상쾌하다.

로프웨이 역에서 필라투스 산 정상을 보면 깎아지른 절벽이 주는 위압감에 숨이 막힐 정도다. 작은 버스만 한 로프웨이의 빨간 차체가 매달려 있는 로

∴Travel Story **본디오 빌라도와 필라투스** 루체른에서 가장 눈에 잘 띄는 가파른 바위산 필라투스는 '악마의 산'이라는 별칭을 가지고 있다. 이 산에는 오래전부터 용에 얽힌 여러 전설과 신화가 전해 내려오고 있다. 중세 때부터 이 지방 사람들은 바위산 협곡에 영원한 축복을 가져다주는 용과 망령들이 머물고 있다고 믿었다. 그런 필라투스가 악마의 산이라는 이미지를 갖게 된 계기는 예수를 십자가에 매단 로마 총독 본디오 빌라도 때문이다. 죽은 빌라도의 시신이 버려진 로마의 강이 해마다 범람하자 유해를 수습해 다시 묻은 곳이 필라투스 산 정상의 호수다. 그러자 필라투스 산은 수시로 천둥번개가 치는 공포의 산으로 바뀌었다. 스위스 사람들은 빌라도의 악령 탓이라 믿었고 16세기에 루체른 성직자들이 방문한 뒤 호수가 메워졌다. 빌라도의 라틴식 이름은 폰티우스 필라투스다.

프를 따라가야만 겨우 정상을 찾을 수 있다. 40인승의 로프웨이가 도착하는 필라투스의 정상은 해발 2132m. 이곳에 오르면 주위가 거칠 것 없어 시원하다. 멀리보이는 알프스 연봉도 발아래 있는 기분이다.

필라투스 산 정상에는 5개의 야외전망대가 있다. 이들 전망대까지는 정해진 하이킹 코스를 따라 올라갈 수 있는데 짧은 코스는 약 10분 정도, 가장 긴 코스는 약 35분 정도 걸린다. 소요시간은 코스의 난이도와 길이에 따라 각각 다르다. 관광객들이 가장 많이 선택하는 전망대는 해발 2106m의 오버하우프트와 해발 2118m의 에셀 등이다.

이 두 개의 전망대에서는 아이거, 융프라우 같은 알프스 고봉들과 피어발트슈테터를 포함한 6개의 호수들을 360도 파노라마로 감상할 수 있다. 야외레스토랑이 있는 곳을 출발지점으로 삼았을 때 소요시간은 약 10분. 난이도에 있어서는 에셀이 좀 더 경사가 가파르고 힘든 편이다.

필라투스 정상에서 내려갈 때는 산 반대편 쪽으로 운행하는 등산열차를 많이 이용한다. 전세계에서 가장 가파른 곳을 운행하는 이 열차는 철길 1km를 달리면 고도가 480m나 낮아지는 것으로 알려져 있다. 경사가 급한 구간을 통과할 때는 현기증을 느낄 정도다. 이런 이유로 필라투스 등산열차는 날씨가 좋은 5월 하순부터 8월 하순까지만 운행된다.

**좌** 작은 버스만 한 필라투스 정상행 로프웨이 **우** 필라투스 반대편으로 운행하는 등산열차

073 **스위스** 루체른 리기 산

## 박하사탕 같이 상쾌한 **리기 산** 하이킹

# *Mt. Rigi*

**청량한 공기와 눈이 시원해지는 산뜻한 호수가 내려다보이는 풍경. 리기 산 하이킹 도중에 만나는 상쾌한 순간이다. 몸과 마음이 깨끗해지는 리기 산 여행은 나를 위한 재충전 여행지로 부족함이 없다. 전설상 스위스 건국의 아버지라 불리는 윌리엄 텔에 관련된 명소를 찾아가는 여행은 리기 산 여행의 보너스다.**

피어발트슈테터 호수를 사이에 두고 루체른과 리기 산이 마주 보고 있다. 트래킹의 명소 리기 산이 양옆에 있어 아름다운 호수를 내려다보며 산길을 걷는 알프스 트래킹도 즐길 수 있다.

'산악과 호수의 나라' 스위스. 사방이 알프스의 거봉들로 들어차 있고 그 산을 오르는 등산열차의 낭만을 만끽할 수 있는 곳. 산길을 따라 하이킹을 즐기는 무공해 여행지가 지천으로 널려 있어 색다른 즐거움을 얻을 수 있는 나라가 스위스다. 그래서 많은 사람들은 스위스를 재충전을 위한 여행지로 생각하고 그곳으로 여행을 떠난다.

루체른은 알프스와 피어발트슈테터 호수를 배경으로 자리 잡고 있어 더욱 매력적인 곳이다. 여기에 트래킹의 명소 리기 산이 양 옆에 있어 아름다운 호수를 내려다보며 산길을 걷는 알프스 트래킹도 즐길 수 있다. 유명한 유적지나 관광지를 주마간산 격으로 보고 지나가는 보통의 여행보다 몸과 마음이 살찌는 여행이 기다리는 곳이 루체른의 리기 산이다.

하이킹을 위한 준비가 부족한 채로 방문했다면 산 정상까지 운행되는 등산열차를 타면 된다. 이곳에는 스위스 최초로 만들어진 등산열차가 있다. 이 열차를 타고 산을 오르다 정상 한두 정거장 전에 내려서 정상 정복에 도전해보는 것도 재미있다. 알프스의 숲을 뚫고 올라가는 산악 기차여행은 전 세계 어느 곳에서도 맛볼 수 없는 상쾌함이 있다.

루체른에서 리기 산으로 가는 길은 전설 속의 인물 윌리엄 텔이 악덕 관리 게스라를 쏘았다는 퀴스나흐트를 거쳐 등산 철도가 시작되는 피츠나우로 가는 호반길과, 유람선으로 피어발트슈테터 호를 건너가는 뱃길이 있다. 가는 길에 유람선을 타고 되돌아올 때는 낭만 넘치는 호반길을 택하는 사람이 많다.

루체른 역 앞에 있는 선착장에서 떠나는 유람선 크루징은 이곳 여행 일정에서 빼놓을 수 없는 즐거움이다. 유람선을 타고 호숫가에 있는 아름다운 마을과 멀리 보이는 알프스의 연봉을 감상하는 여행은 한결 이국적인 정취를 자아낸다. 크루징은 등산 열차가 떠나는 피츠나우까지 1시간 남짓 걸린다. 선착장을 빠져나오면 바로 등산 철도역이다. 루체른에서 오는 배가 도착하기를 기다리고 있던 등산 열차는 배 도착 시간에 맞춰 운행되는 느낌이다. 옆으로 6명이 앉아도 넉넉한 붉은색 전동차. 운 좋게 왼쪽 창가에 앉으면 호수를 구경하며 오를 수 있다. 안테나와 삼각점 표지가 있는 리기 산 정상은 해발 1797.5m. 예전에는 이곳에 목조로 된 망루가 있어 일출이나 일몰을 구경했다고 하지만 지금은 남아 있지 않다. 산 정상에서 내려다보이는 피어발트슈테터 호수와 루체른 시가는 손에 잡힐 듯이 가깝게 있다.

산 정상에서 조금만 시선을 돌리면 색다른 풍경이 펼쳐진다. 말 그대로 파노라마다. 산 아래에서 정상까지 올라오는 등산 열차 길은 비교적 완만하지만 그 반대쪽은 급한 경사다. 1800m에 가까운 높은 산에서 내려다보는 경치는 뒷동산에 올라 사방을 둘러보는 듯한 아늑함이 있어 색다른 느낌을 얻을 수 있다. 내려가는 길에 로프웨이를 이용할 것을 권한다. 보통 여행객들은 리기 산 정상에서 로프웨이가 있는 칼트바트까지 하이킹 코스를 이용해 내려간 후 산 아래 베기스까지 로프웨이를 타는 것이 일반적이다. 그러나 시간에 쫓기거나 아이들이 있는 경우는 칼트바트까지 등산 열차를 타고 내려간 후 로프웨이에 오르는 것이 좋다.

해발 1453m의 칼트바트에서 타고 내려가는 로프웨이는 정말 환상적이다. 구름을 뚫고 내려가는 로프웨이는 낙하산을 타고 있는 느낌이다. 구름 속에 휩싸여 있다가 갑자기 급강하하는 로프웨이 사이로 언뜻언뜻 보이던 베기스 마을과 피터발트슈테터 호수가 순식간에 눈앞으로 달려온다.

리기 산 전망대의 사람들

∴ Travel Tip **윌리엄 텔과 루체른** 머리 위에 올려놓은 사과를 활로 쏘아 맞추는 윌리엄 텔 이야기의 무대는 어디일까? 스위스 건국의 아버지라 부르는 윌리엄 텔이 활약했던 무대로 알려져 있는 곳이 바로 루체른 부근이다. 악덕 관리 게스라를 쏘았던 퀴스나흐트가 북단에 위치해 있다. 피어발트슈테터 호수 남동쪽에는 붙잡혔던 윌리엄 텔이 탈출한 지지콘이 있고 윌리엄 텔 부자의 동상이 세워진 알트도르프 등 호반의 마을들은 그와 관계된 명소로 이어져 있다. 스위스 건국에 관련된 이야기가 있는 옛 도시와 마을을 한 바퀴 돌아 악센 가도를 달려 보는 것도 흥미롭다.

## 074 **스위스** 루체른 구시가지

루체른은 중세의 모습을 간직한 조용하고 아름다운 도시다. 벽화가 그려진 옛 주택가, 꽃으로 단장한 카펠 다리, 고딕 양식의 호프 교회와 오래된 무제크 성벽에 둘러싸인 구시가지 등 스위스를 대표하는 역사적인 유산도 많다. 이런 중세도시를 천천히 걸으며 다리가 튼튼해지는 여행을 할 수 있다.

# 중세 도시의 고풍스러움이 넘치는 **루체른 구시가지**

# Luzern Old Town

로이스 강의 작은 마을이던 루체른은 8세기에 베네딕트파 수도원이 세워지면서 번창하기 시작했다. 호수와 알프스의 경치도 유달리 아름다워 유럽의 왕족, 귀족들에게 각별한 사랑을 받았다.

루체른은 아직도 중세의 흔적이 해묵은 장미향의 오데코롱 같은 향기로 남아 있는 곳이다. 예로부터 교통의 요충지로 번창했으며, 아담한 고도의 정취와 더불어 호수와 알프스의 경치도 유달리 아름다워 유럽의 왕족과 귀족에게 각별한 사랑을 받았다. 이 때문인지 문인, 작곡가 등의 예술가들도 자주 찾는 동경의 땅으로, 바그너가 만년의 한때를 지낸 곳으로 알려져 있다. 옛날에는 로이스 강의 작은 마을이던 이곳은 8세기에 베네딕트파 수도원인 장크트 레오데가르가 세워지면서 번창하기 시작했다.

루체른 중앙역은 기차를 이용해 루체른으로 들어오는 관광객들에게 사랑받는 곳이다. 역을 나서면 걸어서 10분 거리에 구경할만한 곳들이 대부분 모여 있기 때문이다. 중앙역이 있는 신시가지와 구시가지는 로이스강 위를 지나는 여러 개의 다리로 이어져 있다. 역에서 내린 사람들은 대부분 루체른에서 가장 큰 제(See) 다리를 건너 구시가지로 간다. 길 오른 편에는 유리 같이 맑은 햇살이 가득 퍼져 있는 루체른 호수가 여행객들을 반긴다.

중세풍의 오래된 거리를 빨리 만나려는 사람들은 카펠의 다리로 먼저 가기도 한다. 오래된 목조다리인 카펠 교는 길이 200m가량으로 1333년에 놓여졌다. 지붕의 용마루에는 17세기에 하인리히 베그만이 루체른 수호성인의 생애를 그린 110장의 삼각형 판화가 부착되어 있다. 고풍스러운 분위기가

∴ Travel Tip **루체른의 사육제** 중세풍 도시 루체른은 차분하고 한적한 곳이지만, 일 년에 두 차례 광란의 축제를 벌인다. 매년 3월 초 사순절(四旬節) 직전에 6일간 카니발이 열린다. 예수의 고난을 기억하는 기도를 올리고, 금식하기 전 마음껏 마시고 즐기는 것과 고난과 죽음 후에 부활의 기쁨이 올 것을 미리 축하하는 행사다. '파스나흐트(Fasnacht)'라 부르는 축제의 마지막 날 밤, 수백 명의 광대와 악단이 모두 나와 온 시가지를 다니며 분위기를 띄운다. 그러면 화장과 의상으로 각자의 개성을 표현한 사람들이 거리로 나온다. 7시부터 차량운행이 통제돼 10시까지 행렬이 이어진다. 피날레는 흥청망청 즐기던 광대를 죽이고 가면을 불태우는 퍼포먼스로, 세속성을 버리고 경건함을 되찾는다는 것을 표현한다.

물씬 풍기는 이 다리는 낮에는 난간의 넘칠 듯한 꽃들과 밤에는 다정한 불빛들로 낭만적인 경치를 만들어낸다.
카펠의 다리를 건너 구시가로 들어서기 전에 로이스 강변을 따라 호수 반대편 방향으로 100m 정도만 올라가면 피카소 미술관을 만난다. 구시청사 바로 옆에 위치해 있는 이 미술관은 '암린 하우스'라는 이름을 가진 곳으로, 피카소의 작품을 수집해 놓은 곳으로도 유명하다. 1601년 월터 암린이라는 사람이 시청의 동쪽에 있는 석조건물을 구입한 다음 1616~1618년 그 옆에 또 다른 르네상스식 석조건물을 짓고 4층 회랑을 만들고 안마당을 덮어서 두 건물을 연결한 복잡한 구조이다.
1946년 루체른 시에서는 도시 탄생 800주년을 기념하여 이곳에 있는 작품과 함께 건물 전체를 구입하여 1977~1978년에 다시 증개축을 했고 지금은 공식적인 연회와 이벤트를 위해 사용하고 있다. 이 건물 2층과 3층은 로젠가르트 가문이 시에 기부한 피카소의 작품이 자리를 차지하고 있다. 많은 피카소의 회화와 철 조각품, 구아슈 그림들, 손으로 그린 그림들, 도자기, 원화 작품 등이 전시되고 있다.
16세기에 번성했던 예술기법으로 채색된 벽화들이 좁은 골목과 화려한 광장을 장식하는 루체른에는 다양한 박물관이 있어 교육적으로도 유익하다. 피카소의 작품을 수집해 놓은 피카소 미술관과 작곡가 리차드 바그너가 지냈던 저택을 개조해 놓은 바그너 박물관, 교통수단과 커뮤니케이션에 대한 박물관인 스위스 교통 박물관 등이 있어 이곳만 찾아보더라도 하루해가 짧을 지경이다.

로이스 강변을 따라 늘어선 구시가지. 구시청사와 피카소 미술관을 만날 수 있다.

중세시대를 호젓하게 걷는

# 루체른 도보여행

# *Luzern Walking Tour*

**중세의 역사가 간직된 루체른 구시가지를 걸어서 돌아보자. 아직도 거리 곳곳에서 만날 수 있는 중세의 흔적에 20세기 문명의 이기가 잘 결합되어 있어 '천의 얼굴을 가진 매혹적인 도시'라고 할 수 있다. 이런 도시의 골목을 가족과 함께 손잡고 쏘다녀보는 것도 두고두고 추억에 남을만한 여행이 된다.**

루체른은 작은 도시이기 때문에 걸어서 구경할 수 있다. 보통 관광객들이 주로 이용하는 도보여행 코스는 루체른 역 광장에서 출발하여 상점과 은행, 영화관 등이 늘어서 있는 필라투스 거리를 중심으로 한 신시가지를 둘러본 후 로이스 강과 무제크 성벽 사이에 있는 구시가를 거쳐 호프 교회에서 파노라마관을 거쳐 빈사의 사자상이 있는 라이온 기념비와 빙하공원까지 가는 것이다.

로이스 강 북쪽에 있는 구시가에서 가장 유명한 볼거리는 무제크 성벽이다. 루체른 시가지 보호벽인 무제크 성벽은 1386년 건축된 것으로 예전에는 루체른을 둘러싸고 있었지만 지금은 구시가의 북쪽에 900m 정도만을 남겨놓고 있다. 탑 내부의 어둠침침한 좁은 계단을 올라가면 중세의 세계로 되돌아간 기분이 든다. 성벽 위에서는 로이스 강을 사이에 둔 루체른의 번화가, 그리고 반대쪽의 신록이 우거진 주택가 등이 평화로워 보인다.

처음 만들어졌을 때 모습이 그대로 간직된 이 성벽에는 여러 개의 탑이 있다. 그중 쉬르메르(Schirmer), 찌트(Zyt), 맨리(Mannli)·등 세 개의 탑만 관광객들에게 개방되고 있다. 이 세 개의 탑 중에서 한스 루터(Hans Luter)가 1535년에 만든 가장 오래된 시계탑이 찌트 탑에 있다. 이 시계탑에서는 매 시간 벨소리를 울리는데 다른 도시의 시계탑보다 1분 앞서 소리를 내는 특징이 있다.

루체른 시가지 보호벽인 무제크 성벽. 1386년 건축되었고, 지금은 구시가의 북쪽에 900m 정도만을 남겨 놓고 있다. 탑 내부의 어둠침침한 좁은 계단을 올라가면 중세의 세계로 되돌아간 기분이 든다.

무제크 성벽이 끝나는 지점에서 머지않은 곳에 뢰벤 광장이 있다. 이곳 코너에 파노라마관이 있고, 그곳에서 호수와 반대 방향으로 걸어가면 라이온 기념비와 빙하 공원 등 볼만한 곳이 계속 이어진다. 호수 방향으로 내려오면 루체른의 대표 성당인 호프 교회를 만날 수 있다. 호프 교회는 베네딕트 수도회가 8세기에 설립한 유서 깊은 성당으로 지난 1633년 화재로 무너졌으나 1645년 다시 복원되었다. 스위스에서 가장 중요한 르네상스 교회 건축물로, 특히 건물의 정면 장식이 유명하다.

호프 교회에서 빈사의 사자상이 있는 공원으로 가는 길에 알프스 연봉을 바라보는 아름다운 스위스 전통가옥이 있다. 알프스 산속으로 찾아가지 않더라도 도심 속에서 이렇게 아름다운 풍경을 만날 수 있다는 것은 행운이다. 겨울 폭설에 대비하기 위해 비탈지게 만든 지붕과 추위를 막기 위한 이중창이 있는 목조주택은 스위스 사람들이 살아온 생활환경을 짐작하게 한다.

호프 교회에서 뢰벤 거리를 300m쯤 올라가면 빙하 공원이 있다. 이곳은 1872년 건축공사 중 거대한 빙하시대의 화석이 발견되어 전 세계에 알려진 자연 유적지다. 빙하 공원에 오는 사람들은 2천만 년 전의 바다조개와 부채

∴Travel Story **용맹의 상징, 빈사의 사자상** 빈사의 사자상(瀕死의 獅子像)은 '라이온 기념비'라고도 부른다. 이국에 묻힌 스위스 용병의 위령비로 거의 죽음 상태에 임박한 사자가 가로누워 있다. 이 석상은 1792년 8월 10일, 프랑스 대혁명 당시 파리의 튈르리 왕궁에서 루이 16세와 마리 앙투아네트 왕비 등 왕족 일가를 몸으로 지켜 주다 전멸한 786명의 스위스 용병을 기념하여 세워진 것이다. 지금은 세계적인 부자 나라로 자리 잡고 있지만 수백 년에 걸친 가난의 터널에서 외국에 용병을 보내 벌어 온 돈으로 연명했던 스위스의 아픈 과거가 남아 있는 현장이다. 사암 절벽을 파 동굴을 만들고 그 안에 사자상을 조각한 빈사의 사자상은 덴마크의 조각가 토르발센이 만들었다. 창에 찔린 채 고통스럽게 죽어가는 사자는 슬픈 눈, 마른 몸을 하고 있지만 떡 벌어진 어깨만은 마지막 자존심을 지키고 있다. 마크 트웨인은 이 사자상을 보고 "지구에서 가장 슬프고 감동적인 조각상"이라고 말했다. 이 석상에서 프랑스 황실 근위병이나 바티칸을 지키는 군대로 나가 벌어들인 돈으로 살아가야 했던 가난한 나라의 아픈 역사를 느낄 수 있다.

모양 종려 잎의 화석 등을 보며 오랜 시간 흘러온 지구의 역사를 한눈에 알 수 있다. 빙하 공원 옆에 있는 라이온 기념비는 잊지 말고 들러보아야 할 곳이다. 라이온 기념비는 이국에 묻힌 스위스 용병의 위령비로 빈사 상태의 라이온이 가로누워 있다. 흔히 '빈사의 사자상'이라고 불리는 이 석상은 수백 년에 걸친 가난의 터널에서 외국에 용병을 보내 벌어온 돈으로 연명했던 스위스의 아픈 과거가 남아 있는 현장이다.

중세의 모습을 그대로 간직한 호반의 도시 루체른. 태고의 스위스가 보이는 빙하 공원이나 손쉽게 갈 수 있는 루체른의 전망대 귀치, 매주 화요일과 토요일 아침 7시 무렵부터 로이스 강 부근의 반호프 거리에서 열리는 꽃 시장, 매주 토요일에는 슈프로이어 다리의 신시가 쪽에서 열리는 벼룩시장 등이 있어 다양한 즐거움을 주는 곳이다. 거리마다 넘쳐나는 이국적인 정서와 다양한 풍경이 한 폭의 그림처럼 다가오는 루체른 도보 여행. 잊을 수 없는 추억의 순간이 된다.

호수와 성당이 있어 아름다운 루체른 구시가지

세계에서 가장 살기 좋은 도시

**취리히**

*Zurich*

스위스 최대 인구를 자랑하는 취리히. 비록 수도 자리는 베른에 넘겨주었지만 도시 규모나 경제활동의 규모 등을 따져볼 때 실질적인 수도라고 할 수 있다. 삶의 질을 높이는 생활기반시설이 잘되어 있어 세계에서 가장 살기 좋은 곳 가운데 하나로 평가받고 있다.

취리히는 교통 기반시설과 생활환경, 복지시설, 문화시설들이 잘 갖춰져 있어 여러 권위 있는 잡지에서 '세계에서 가장 살기 좋은 도시'로 선정됐을 정도로 쾌적한 도시다.

스위스의 행정상 수도는 베른이지만 경제의 수도는 취리히다. 세계를 향해 열려 있는 국제공항이 있는 곳도 취리히이고 스위스 최대 인구를 자랑하는 도시도 취리히다. 금융과 상공업의 발달로 알프스의 가난한 나라에서 오늘날의 부자 나라로 다시 태어날 때 가장 중심적인 역할을 했던 도시이기도 하다. 그 때문에 많은 사람들이 스위스의 수도를 취리히로 착각하기도 한다. 취리히는 여러 가지 면에서 수도의 모습과 상당히 닮아 있다. 많은 자동차들이 지나다니는 혼잡한 도로, 어디를 가는지 무척 바쁘게 오가는 사람들, 길 양옆으로 빈틈없이 들어선 수많은 상점들은 스위스의 어느 도시보다도 활기차다.

취리히의 관문은 중앙역이다. 대부분의 여행자들은 이곳에서 일정을 시작한다. 취리히 중앙역을 나오면 반호프 거리(Bahnhof strasse)를 만난다. 반호프 거리는 취리히 중앙역에서 호숫가의 뷔르클리 광장(Burkliplatz)까지 이어지는 1.3km 가량의 큰길이다. 이 길은 취리히에서 가장 번화한 거리로, 길 양옆으로는 명품점을 비롯해 의류, 시계 등을 파는 다양한 상점이 늘어서 있다.

반호프 거리에서 조금 더 내려가다 성당 첨탑이 보이는 방향으로 난 왼쪽 길로 빠져나가면 취리히 호수로 흘러내려가는 리마트(Limmat) 강이 나타난다. 갑자기 복잡한 도심에서 벗어나 한적한 소도시로 빠져나온 느낌이

∴Travel Story **스위스의 경제 수도와 쾌적한 도시 취리히** 2000년대 중반 컨설팅 회사 윌리엄 머서에서는 전 세계에 흩어져 있는 215개 도시를 대상으로 '어느 도시가 가장 살기 좋은 도시인가?'에 대해 조사를 벌였다. 그 결과 삶의 질이 가장 높은 도시로 캐나다 밴쿠버와 스위스 취리히가 선정되었다. 취리히는 교통 기반시설과 생활환경, 복지시설, 문화시설들이 잘 갖춰져 있어 여러 잡지에서 '세계에서 가장 살기 좋은 도시'로 선정했을 정도로 쾌적한 도시다.

든다. 강을 가로지르는 뮌스터 다리(Münster Brücke)를 중심으로 루체른의 대표적인 교회나 성당이 세 곳이나 있어 종교개혁 이전과 종교개혁 이후의 교회 분위기를 비교해볼 수 있다.

프라우뮌스터(Fraumünster) 수도원은 '성모 교회'라고도 부른다. 이 성당은 853년 루트비히 2세에 의해 만들어진 수녀원을 종교개혁 이후 개신교 교회로 사용하고 있다. 취리히를 대표하는 고딕 양식 건축물로 18세기에 세워진 첨탑과 성서에 등장하는 이야기를 주제로 한 샤갈의 스테인드글라스로 유명하다.

2개의 첨탑이 인상적인 그로스뮌스터(Grossmünster)는 '대성당'이라고도 부르는데 취리히 관광의 랜드마크가 되는 건축물이다. 원래 이곳에는 카를 대제가 세운 교회가 있었는데 그 자리에 11세기부터 13세기까지 200년 가까운 시간을 들여 교회를 다시 지었다. 현재 이곳은 로마네스크 양식의 교회로는 스위스에서 가장 크다. 16세기에 츠빙글리가 성직자로 있으면서 종교개혁을 주도한 장소로도 잘 알려져 있다. 성당 내부에는 1933년 자코메티가 제작한 스테인드글라스가 있는 것으로도 유명하다.

뮌스터 다리에서 리마트 강을 따라 남쪽으로 내려가면 취리히 호수(Zürichsee)를 만나게 된다. 알프스의 빙하가 녹아 만들어진 빙하호로 레만 호수, 피어발트슈테터 호수에 이어 스위스에서 세 번째로 크다.

취리히 호수는 레만 호수, 피어발트슈테터 호수에 이어 스위스에서 세 번째로 크다.

# 라인 강변의 문화와 예술을 품은 바젤

# *Basel*

바젤은 스위스와 독일, 프랑스 세 나라의 국경이 만나는 매우 이색적인 곳이다. 그 접경을 상징하는 조형물에서 세 나라가 더불어 살아가는 평화로운 공간이라는 사실을 확인할 수 있다.

바젤은 스위스, 독일, 프랑스 3국의 국경에 접해 있는 스위스 경제의 중심지다. 많은 은행과 상업기관을 가진 유럽의 금융 중심지이기도 하며 교통의 중심이기도 한 스위스 제2의 도시다. 중세 때부터 학문과 문예의 중심지로 이름이 높은 바젤이 기록에 처음 나타난 것은 374년. 이후 7세기에 주교청(主敎廳) 소재지가 되었고, 1501년에 스위스 연방에 가맹하였다.
지리적으로는 알프스 산에서 시작된 라인 강이 이 도시를 관통한다. 서쪽으로 흘러온 라인 강이 북쪽으로 방향을 바꾸는 스위스 라인란트의 입구에 위치하고 있다. 주민의 70% 가량은 신교(프로테스탄트) 신자이며, 대부분이 독일어를 사용한다는 점에서 스위스라기보다는 오히려 독일에 더 가깝다.
바젤 시가지는 라인 강을 중심으로 볼 때 오른쪽은 공업지역, 왼쪽은 상업과 문화 지역으로 나눌 수 있다. 1460년 창립된 스위스에서 가장 오래된 대학과 18개의 박물관 · 국제결제은행 · 성서협회와 프로테스탄트 전도협회 · 고딕식 대성당 등이 있다. 그 후 1529년에 종교개혁이 일어났으며, 오버라인 지방의 인문주의의 중심지가 되었다.
시가지는 라인 강을 끼고 오른쪽과 왼쪽 기슭으로 나뉘는데 주요 볼거리는 구시가지에 집중되어 있다. 그리고 구시가지의 중심에는 시청사가 자리 잡고 있다. 시장 광장에 위치한 시청사는 붉은 사암으로 만든 인상적인 건축물로, 정면은 프레스코화로 꾸며져 있다. 중앙에 있는 본관이 가장 오래된

독일과 프랑스의 국경지역에 위치한 바젤. 유럽인들 사이에서는 알부자가 모여 사는 곳으로 더 유명하다.

바젤은 도시 속 미술관이 아니라
미술관 속에 도시가 자리 잡았다고
하는 편이 나을 만큼 다양한 그림이나
디자인을 많이 만날 수 있다.

건물로, 바젤이 스위스 연방에 가맹했던 16세기 초에 건축된 것이다. 이후 시에서는 시청사의 공간이 부족하여 고민하던 중 19세기 말에 왼쪽에 신관을, 오른쪽에 탑을 건축하여 공간을 넓혔다.

이 시청사는 지금까지도 시정부의 청사로 이용되고 있는데, 약 35년 전에 다시 손질해 예전의 유서 깊은 멋을 보존하고 있다. 시청사에는 17세기 한스 복스가 그린 벽화가 남아 있어 눈길을 끈다. 보통 벽화들은 종교적인 것들을 주로 그리는 것이 일반적이지만 이 작품은 사회적인 테마를 묘사하고 있다. 시청사의 내부에는 의회가 열리지 않는 경우 투어 프로그램을 통해 돌아볼 수 있다. 시청사 앞에 있는 시장 광장(Marktplatz)은 바젤 시내 중심에 위치한 활기찬 광장이다. 특히 아침부터 정오 무렵까지 주말을 제외한 매일 과일, 야채, 꽃시장이 들어선다.

시청사 뒤편에서 라인 강변을 따라 이어지는 길을 5분 정도 걸으면 대성당을 찾을 수 있다. 12세기에 창건된 대성당은 로마네스크 양식으로 건축되었지만 1356년 대지진 때 탑이 무너진 이후에 후기 고딕 양식으로 탑을 다시 세웠다. 19세기에 보수공사를 했으며 네덜란드 출신 인문주의자 에라스무스의 묘가 있다. 탑에 올라가서 거리를 바라보면 독일 슈바르츠발트(검은 숲 지방), 프랑스의 보쥬 언덕이 바라보인다.

독일 프랑스 국경지역에 위치한 스위스 바젤은 그러나 유럽인들 사이에서는 알부자가 모여 사는 곳으로 더 유명하다. 따라서 명성에 걸맞게 이곳 물가는 '숨쉬기도 겁날 정도'로 엄청나다. 여행객들이 체류하기에는 조금 버겁다. 하지만 바젤은 도시 속 미술관이 아니라 미술관 속에 도시가 자리 잡았다고 하는 편이 나을 만큼 그림이나 엄청난 명품이 지천이어서 조금 무리를 해서라도 몇 날을 체류하며 구경할만한 가치가 있는 곳이다.

스위스, 독일, 프랑스 3국의 국경이 만나는 곳에 세워진 기념물

엄격한 심사를 거쳐 선정된 최고 화랑, 최고 작가가 모이는 바젤아트페어는 미술에 관심이 많은 사람들에게는 놓칠 수 없는 좋은 이벤트다. 오늘날 세계 미술시장의 흐름을 주도할 만큼 의미 있는 행사로 자리 잡고 있다.

미술관 기행을 하기 위해 바젤을 방문했다면 시립박물관은 반드시 찾아가 보아야 한다. 1662년에 문을 연 스위스 최대의 미술관이자 세계에서 가장 오래된 공공미술관으로, 일반 공개는 1936년부터 시작되었다. 바젤 대학을 위해 미술품을 구입했던 바실리우스 아머바흐의 개인 컬렉션을 기초로 만들어진 바젤 미술관은 한스 홀바인의 작품을 세계에서 가장 많이 소장하고 있다. 이 미술관은 바젤 시의 영화와 번영의 시대와 보잘 것 없던 시절의 300년 역사를 반영하고 있어 미술관 자체가 보기 드문 역사적 연속성을 지니고 있다.

스위스는 종교개혁의 진원지였고 그중에서도 바젤은 인문주의자와 종교개혁가의 영향을 많이 받은 곳이다. 홀바인이나 뵈클린의 작품에서는 이러한 사상적 영향을 찾아볼 수 있다. 또한 일반 시민들을 위한 미술관이었다는 점에서도 스위스의 미술관 가운데 가장 훌륭한 미술관으로 손꼽힌다.

바젤에 있는 여러 개성 넘치는 전시 공간 가운데 가장 눈길을 끄는 곳이 만화박물관(Karikatur & Cartoon Museum Basel)이다. 이곳에는 세계 각국의 탁월한 재능을 가진 만화가들이 그린 2000점 이상의 캐리커처나 카툰의 원화가 전시되어 있다. 반드시 예술성 있는 원화만을 전시하고 있으며 정치적 색채나 시사성을 띠는 만화는 배제하는 것이 원칙이다. 따라서 이곳에 전시된 만화들은 휴머니즘, 사랑 등 삶의 윤활유이면서 꼭 필요한 것들을 주제로 한 경우가 많다. 한편으로 환경파괴나 가정 해체 같이 현대 문명에 대한 비판적인 작품도 많다.

장 팅걸리 미술관도 바젤의 명물이다. 움직이는 조각, 키네틱아트의 절정을 이룬 팅걸리의 조각이 전시돼 있는데 스위치를 켜면 재미있게 움직이는 팅걸리 조각을 체험하면서 즐길 수 있는 곳이다. 이 밖에도 젊은 작가들의 실험적 작품을 많이 전시하는 게겐바르트쿤스트 박물관, 인형을 전시하는 푸펜하우스 박물관 등 바젤에는 40여 개의 크고 작은 박물관과 미술관으로 눈 호사하기에 참 좋은 곳이다.

∴Travel Tip **바젤아트페어** 매년 6월에 열리는 바젤아트페어는 세계 최고의 미술 견본 시장으로, 미술에 관심이 많은 사람들에게는 놓칠 수 없는 좋은 이벤트다. 최고 화랑, 최고 작가, 그리고 돈 많은 컬렉터가 모여 엄청난 성시를 이룬다. 세계 미술시장의 흐름을 주도할 만큼 의미 있는 행사로 자리 잡고 있다. 해마다 행사의 성격이나 분위기는 다르지만 비교적 복고적이고 보수적인 분위기는 바젤아트페어를 수식하기에 적합한 단어이다. 상업성과 예술성이 구분되지 않는 뫼비우스의 띠 같다고 표현할 수 있는 바젤 아트페어를 한 번 다녀오는 것도 남다른 여행이 될 것이다.

# '젊은 베르테르의 슬픔'이 탄생한 괴테 하우스

*Goethe House*

독일이 자랑하는 세계적인 문호 괴테는 프랑크푸르트에서 태어나 자랐다. 그가 바이마르로 떠나는 26세가 될 때까지 살았던 괴테 하우스는 프랑크푸르트 시내 관광에서 빼놓을 수 없는 중요한 곳이다. 괴테 하우스는 오늘날 괴테 박물관으로 보존되고 있다.

프랑크푸르트 사람들이 '프랑크푸르트의 아들'이라 자랑하는 괴테는 독일을 대표하는 대문호다. 그는 「젊은 베르테르의 슬픔」「파우스트」 등의 대표작을 프랑크푸르트에 있는 집에서 집필했던 것으로 알려져 있다.

독일 인구의 대부분은 게르만족이다. 그리고 그들은 수세기 동안 문학을 발전시켜 왔고 그 문학적 소양이 독일 국민들의 삶에 변화를 줬다. 국경과 국경 사이가 좁은 유럽 대륙은 독일의 이런 변화에 동화되어 서양 세계 문화의 본질이 변화될 정도로 큰 영향을 받았다. 그 중심에는 중세에서 현대에 이르기까지 수많은 세계적 문학가를 배출한 독일이 있다.

우리에게 잘 알려진 독일의 세계적인 문학가로는 괴테와 쉴러, 토마스 만과 헤르만 헤세, 하이네, 릴케 등이 있다. 이 가운데 괴테는 프랑크푸르트에서 출생한 대문호로 프랑크푸르트 사람들은 그를 두고 '프랑크푸르트의 아들'이라 부르며 자랑스럽게 여긴다. 시내 곳곳에서 그를 기리는 기념관이나 박물관, 탄생 기념행사 등을 만날 수 있다.

괴테 하우스와 괴테 박물관을 찾아가려면 프랑크푸르트 시내 관광이 가장 먼저 시작되는 중앙역에서 출발하는 것이 좋다. 역 앞 정면을 보고 있는 카이저 거리를 네 블록 지나면 타우누스 길과 만나는 곳에 괴테 기념관이 나온다. 타우누스 길에는 프랑크푸르트가 자랑하는 문인들인 하이네, 쉴러, 괴테 등을 기념하는 기념관 세 곳이 나란히 있다. 괴테 기념관에서 두 블록 떨어진 곳에 괴테 하우스가 있다.

∴Travel Story **괴테의 어머니** 문인에게는 누구나 자신의 문학적 재능을 움틔우고 자라게 하는 텃밭 역할을 하는 사람들이 있기 마련이다. 괴테에게 큰 거름이 된 인물은 그의 어머니다. 괴테의 어머니는 활기차고 낙관적이며 이지적이면서도 상상력이 풍부하고 개성이 넘치는 여성으로 알려지고 있다. 괴테는 "어머니에게서 나는 삶을 즐기는 법과 이야기 지어내기의 즐거움을 물려받았다"고 회상한다. 그녀는 어린 괴테에게 매일 밤 이야기를 들려주며 아들의 상상력을 자극한 어머니였다. "바람과 불과 물과 땅-나는 이들을 아름다운 공주들로 바꾸어 내 어린 아들에게 이야기로 들려주었다. 그러자 자연의 모든 것들이 훨씬 깊은 의미를 띠기 시작했다. 밤이면 우리는 별들 사이에 길을 놓았고 위대한 정신들을 만나곤 했다." 괴테 어머니는 어린 아들 괴테와 밤마다 별들 사이에 다리를 놓았던 인물이다.

괴테 하우스는 그가 태어난 곳이자 여동생 코넬리아와 함께 자란 집이다. 적갈색 벽돌 건물로 지은 고딕 양식의 건물인 괴테 하우스는 괴테가 바이마르로 떠나는 26세까지 살았던 집이다. 그는 이곳에서 어머니를 통해 문학적 자양분을 얻는다. 이 건물은 제2차 세계대전 때 연합군의 폭격으로 완전히 파괴되었지만, 괴테의 유품을 미리 다른 곳으로 옮겨두었기 때문에 온전히 보존될 수 있었다.

18세기 부르주아 계급의 전형적인 거주 형태를 생생하게 보여주는 괴테 하우스 안에는 서재와 거실, 식당, 그리고 직접 쓴 원고 등 괴테가 살던 당시 모습이 그대로 재현되어 있다. 괴테가 '넓고 밝고 즐거운 집'이라 칭했던 괴테 하우스의 4층 '시인의 방'에서 괴테는 「젊은 베르테르의 슬픔」을 썼고 「파우스트」의 집필을 시작했던 것으로 알려지고 있다.

괴테의 방은 오른쪽으로 난 창을 통해 햇빛이 잘 드는 양지바른 곳에 있다. 푸른색 바탕에 자주색 꽃무늬 벽지가 화사한 방이다. 작은 피아노가 있고 옷장과 서랍장이 있는 괴테의 누이동생 코넬리아의 방도 들러볼 만하다.

괴테 하우스 바로 옆에 붙어 있는 괴테 박물관에는 괴테의 생애와 가족들의 생애가 장식되어 있다. 괴테가 부모를 떠나 죽을 때까지 교류하며 지냈던 친구들과 그의 성장배경 등이 잘 묘사되어 있는 곳이다.

**좌** 적갈색 벽돌 건물로 지은 고딕 양식의 건물인 괴테 하우스 **우** 괴테 하우스와 괴테 박물관을 이어주는 작은 문

유럽 대표 작가들의 명작을 만날 수 있는

## 슈테델 미술관

# *Stadelsches Kunstinstitut*

문화의 도시라는 명성을 지닌 프랑크푸르트에는 미술관과 박물관이 많다. 독일뿐만 아니라 유럽의 문화를 가득 담고 있는 미술관과 박물관 순례는 프랑크푸르트 여행을 단순한 관광에서 한 계단 높은 문화여행으로 업그레이드시키는 좋은 기회이다.

프랑크푸르트의 은행가인 슈테델의 헌금으로 설립된 슈테델 미술관. 14세기부터 현대에 이르는 다양한 유파와 세계적으로 유명한 작가들의 수준 높은 작품을 전시하고 있어 이 미술관 구경만을 위해 프랑크푸르트를 방문하는 사람도 많다.

프랑크푸르트 시내 관광의 중심지인 뢰머 광장에서 마인 강변으로 나와 아이스머 다리를 건너면 미술관과 박물관이 강을 보고 나란히 서 있다. 이곳에 무려 7개의 박물관과 미술관이 밀집되어 있어 프랑크푸르트 사람들은 이곳을 미술관 거리(Museumsufer)라고 부른다. 동쪽부터 서쪽 방향으로 순서대로 소개하면 수공예박물관, 민속박물관, 독일필름박물관, 독일건축박물관, 우편박물관, 슈테델 미술관, 리비크 하우스 등이다.

이들 가운데 가장 유명한 곳은 슈테델 미술관. 오로지 이 미술관 구경을 위해 프랑크푸르트를 방문하는 사람이 있을 정도다. 프랑크푸르트의 은행가인 슈테델의 헌금으로 설립된 슈테델 미술관은 14세기부터 현대에 이르는 다양한 유파와 세계적으로 유명한 작가들의 수준 높은 작품을 전시하고 있다. 독일에서도 작품의 규모나 수준이 매우 높은 것으로 평가받는다.

미술관에 전시된 작품 중에서 대표적인 것은 독일 르네상스의 대표 작가인 뒤러와 크라나흐, 알트도르퍼, 홀바인 등의 작품이다. 렘브란트와 루벤스, 베르메르 같은 네덜란드와 플랑드르 화가들의 주요 작품과 프라 안젤리코, 보티첼리, 틴토레토 같은 16세기의 이탈리아 르네상스 화가들의 작품도 함께 볼 수 있다. 신고전주의에서 낭만주의, 사실주의를 거쳐 인상주의로 프랑스에서 화려하게 피어난 19세기 근대회화의 대표주자들인 들라크루아와, 쿠르베, 모네, 르누아르, 마네, 드가, 세잔의 작품도 소장하고 있다. 이곳은 또한 막스 베크만, 놀데, 키르히너 등 독일 표현주의 작가들의 작품을 한자리에서 감상할 수 있는 몇 안 되는 미술관 중 한 곳이다.
공원으로 조성된 미술관 앞뜰은 아름다운 조각정원이기도 하다. 이곳은 휴식과 함께 현대 조각 작품을 감상할 수 있는 전시공간으로 이용되고 있다. 1976년부터 개인이나 그룹 단위의 작품이 전시되고 있으며 유명한 조각가로 리키, 세라, 보이스, 뤼크리엠, 크리케, 카로, 스미스의 작품이 전시되었다. 슈테델에서는 어린이 미술학교가 정기적으로 열리며 전시된 조각이 어린이의 삼차원적인 창조력의 개발을 위해서 이용되고 있다.
마인 강변의 남쪽 샤우마인카이(Schaumainkai) 거리에만 모두 7개의 박물관과 미술관이 자리 잡고 있어 일명 '박물관 거리'라고 불린다. 무료입장인 곳도 많고 입장료가 있어도 비교적 저렴한 편이다. 수공예박물관(Museum Fur Kunsthandwerk)은 16세기 바로크 양식의 공예품에서부터 아르누보 시대에 이르는 유럽의 가구 소장품들과 마이센, 님펜부르크 등과 같은 유명한 유럽 가문의 다양한 도자기가 볼 만하다.
1984년 개관한 독일필름박물관은 영화 필름의 역사와 초기 영화의 기자재 등에 대해 구체적으로 전시해 놓고 있으며, 민속박물관은 아름다운 정원이 있어 프랑크푸르트 시민들의 휴식 공간으로 이용되고 있다.
미술관 거리 끝자락에 있는 시립 리비크 미술관(Stadelsches Galerie Liebirg Haus)은 1896년에 세워진, 바로크와 로코코 양식이 조화를 이룬 고풍스럽고도 아름다운 건물이다. 원래 남작 하인리히 폰 리비크의 별장이었으나 지금은 고대 이집트부터 그리스 초기, 중세, 근대에 이르는 조각품을 대규모로 모아 전시해 놓은 박물관으로 공개되고 있다. 흉상이나 두부의 조각이 매우 독특하고 재미있으며 내부의 전시품은 물론 건물의 외관도 아름다워 관광명소로 각광받고 있다.

∴Travel Tip **서민들의 삶터 작센하우젠** 프랑크푸르트를 동서로 가르는 마인 강 남쪽 지역에 작센하우젠이 있다. 예전에 작센 지방의 제빵 기술자, 어부, 포도 원예가, 도공 등이 이곳에 터를 잡았기 때문에 붙여진 지명이다. 좁고 구불구불한 골목과 낮고 아기자기한 집 등 서민적인 분위기를 느낄 수 있는 작센하우젠은 독일의 유명한 특산품인 사과주와 아펠바인 축제로도 유명하다. 이곳만의 독특한 사과주를 맛볼 수 있으며 매년 8월에 축제를 연다.

팝아트, 회화, 사진 등 현대 예술의 걸작을 만나다

# 암 마임 현대미술관

*Museum fur*

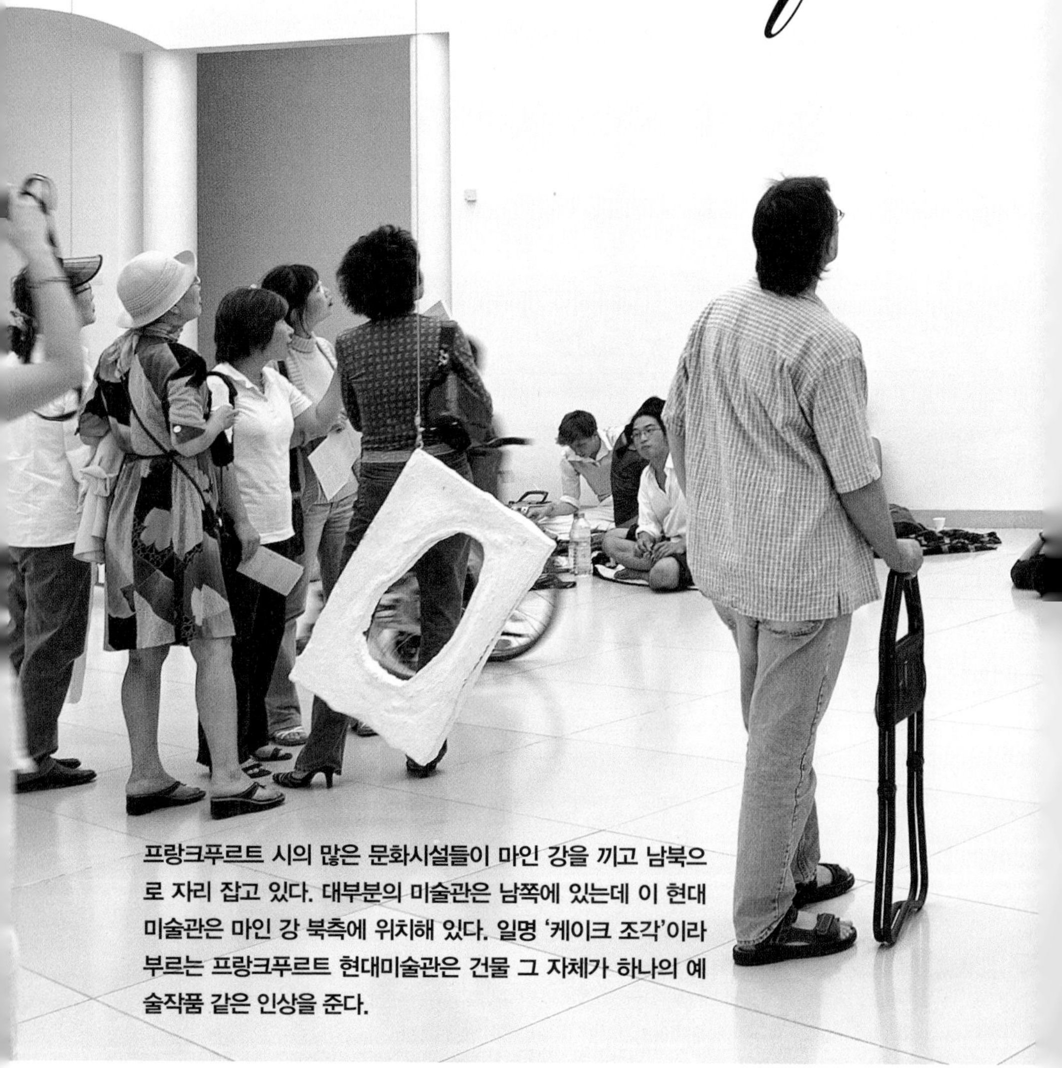

**프랑크푸르트 시의 많은 문화시설들이 마인 강을 끼고 남북으로 자리 잡고 있다. 대부분의 미술관은 남쪽에 있는데 이 현대미술관은 마인 강 북측에 위치해 있다. 일명 '케이크 조각'이라 부르는 프랑크푸르트 현대미술관은 건물 그 자체가 하나의 예술작품 같은 인상을 준다.**

# Moderne Kunst

미술관을 보물창고로 전락시키지 않도록 작품 진열과 전시 기획에 많은 배려를 하고 있는 암 마인 현대 미술관. 전시회를 실험을 위한 도구의 개념으로 파악하여 그 결과가 미술관 이미지와 소장품 평가에 미치게 한다는 운영전략을 세우고 있다.

프랑크푸르트 시의 많은 문화시설들이 마인 강을 끼고 남북으로 자리 잡고 있다. 프랑크푸르트를 대표하는 미술관 가운데 하나인 '암 마인 현대미술관'은 마인 강 북측에 위치해 있다. 구도시의 도심 뢰머 광장과 카이저 대성당에서 그리 멀지 않은 곳에 있어 광장 구경 후에 걸어서 방문해도 된다.
모던 아트 미술관으로도 불리는 이 미술관은 1986년 개관하였으며 1991년 신축, 이전했다. 건물 설계를 공모한 끝에 1983년 오스트리아 건축가 한스 홀라인의 안이 결정되어 1987년 착공했고 1991년 6월 개관했다. 미술관 건물 그 자체가 하나의 예술작품 같은 인상을 준다. 그리고 그 공간을 이용한 다양한 시도와 전시는 미술관을 찾는 이들의 눈을 즐겁게 한다. 삼각형의 내부 공간은 짜임새 있고 분명한 구획으로 구성됐으며 각 전시실들을 연결하는 통로가 미로처럼 얽혀 있다. 특히 2·3층 전시장의 벽면을 유리로 처리, 자연광을 이용할 수 있도록 한 것이 특징이다. 미술관의 경비 가운데 가장 비중이 큰 조명 비용을 줄이는 동시에 전시장의 분위기를 살리고 있다.
미술관 건축의 새로운 이정표를 세웠다는 평가를 받는 프랑크푸르트 암 마인 현대미술관은 1991년 신축, 이전할 때까지 현대미술에 관한 활동이 극히 미흡했다. 그러나 1991년 이래로 회화가 아닌 사진이나 설치미술, 행위미술과 같은 실험적인 작업들을 선보이고 있다. 과거유산을 보여주는 미술관이 아니라 현재의 시대정신을 보여주는 미술관을 운영하겠다는 암 마인

∴Travel Story **케이크 조각?** 프랑크푸르트 도심에는 마치 케이크 조각을 잘라낸 듯한 삼각형 건물이 있다. 일명 '케이크 조각'이라고 부르는 프랑크푸르트 암 마인 현대미술관은 1981년 시의회가 새로운 문화공간을 만들려는 계획의 하나로 추진됐다. 도심에 버려졌던 자투리땅이 절묘한 설계 덕분에 현대미술관으로 탈바꿈한 것이다. 프랑크푸르트 시당국은 부족한 전시공간을 확충하기 위해 도시계획과 입지 조건을 최대한 고려해 암 마인 현대미술관을 지었다.

현대미술관의 방침은 회화 이후 미술에서 무엇이 중심이 될 것인가를 짐작하게 한다.
프랑크푸르트 미술관 운영의 여러 원칙 중 가장 중요한 것은 미술관을 보물창고로 전락시키지 않도록 작품 진열과 전시 기획에 많은 배려를 한다는 것이다. 전시회를 실험을 위한 도구의 개념으로 파악하여 그 결과가 미술관의 이미지와 소장품 평가에 영향을 미치게 한다는 것이다. 이런 운영전략은 현대미술을 생산하는 과정이 단지 각자의 작업실에서만 이루어지지는 않는다는 사실을 일깨워준다.
지역사회의 문화 발전이라는 사명감을 가진 암 마인 미술관은 미술 문화의 '집결체'가 아닌, '확산'이라는 점에서 분명 성공을 거두고 있다.
현대미술 작품만을 소장하고 있는 이곳은 미술관 건립의 기초가 된 칼 슈트뢰어의 소장품에 앤디 워홀과 클래스 올덴버그, 로이 리히텐슈타인, 제스퍼 존스 등 현대 작가들의 작품이 전시되고 있다. 그밖에도 게르하르트 리히터와 아르눌프 라이너, 프란시스 베이컨, 이브 클라인 등 아직은 우리에게 생소한 현대 작가들의 작품도 만나볼 수 있다.

다양하고 기발한 시도로 관람객들을 즐겁게 하는 암 마임 현대미술관

황제의 대관식이 열렸던 독일 역사유적지

# **뢰머 광장**

*Roemer Square*

프랑크푸르트는 중세시대에 신성로마제국 황제의 대관식이 대성당에서 열렸을 정도로 중요한 위치를 차지했던 도시다. 시내 중심가에 유서 깊은 유적지들이 모여 있어 역사유적 관광을 즐기기에 편리하다. 대표적인 곳으로 독일에서 처음으로 국민회의가 열렸던 파울스 교회와, 신성로마제국의 52명의 실물크기 초상화가 벽에 장식되어 있는 구시청 건물 뢰머(Romer) 등이다.

1880년에 후기 이탈리아 르네상스식으로 건축된 오페라하우스. 쉴러 동상이 있는 타우누스 정원과 괴테 동상이 있는 갈루스 정원에 인접해 있다. 오페라 광장 앞에는 반짝 시장도 자주 서고 맥주 페어도 열린다.

'뱅크푸르트(Bankfurt)'라고 불리는 프랑크푸르트는 베를린과 뮌헨과 함께 독일을 대표하는 도시다. '유럽의 맨해튼'이라는 별명을 얻을 정도로 금융과 상업이 발달해 있다. 그리고 인천에서 직항으로 연결되는 독일 최대의 공항이 있어 독일과 스위스, 체코 등으로 여행하려는 사람들이 주로 찾고 있다.

프랑크푸르트는 8세기 샤를마뉴 황제에 의해 많은 건물이 세워지기 시작했으며, 12세기에 들어서 유럽 각국의 상인이 모여들어 견본 시장을 세우기에 이르렀다. 이런 전통이 지금까지 이어져 유럽에서 가장 큰 규모의 전시 행사가 연중 벌어지고 있다. 대표적인 것이 모터쇼와 북 페어다.

먼저 프랑크푸르트 관광의 중심지인 뢰머베르크 광장을 만난다. 프랑크푸르트의 구시가지 중앙에 위치한 이 광장이 '뢰머(로마인)'라는 이름을 가지게 된 것은 고대 로마인들이 이곳에 정착하면서부터다. 지금 이 광장에는 15~18세기의 건물들이 몰려 있다.

광장 주변에는 구시청사와 과자로 지은 집 같은 목조건물 오스트차일레가 있다. 오스트차일레는 15세기에 쾰른의 비단상인들을 위해 지어진 것으로 알려져 있다. 오스트차일레 맞은편에는 중세에 지은 계단식 지붕의 집 3동이 있다. 이런 계단식 지붕은 독일 전통가옥 중에서도 재산이나 권력이 있는 사람들이 짓는 주택이었다고 한다.

∴Travel Tip **맛과 멋을 동시에 즐길 수 있는 노천카페** 프랑크푸르트를 여행하다 보면 길거리에 테이블과 의자 등을 놓고 카페를 만든 노천카페를 흔하게 볼 수 있다. 프랑크푸르트뿐만 아니라 유럽 어디에서나 볼 수 있는 이 노천카페는 폐쇄적인 공간이 아닌 개방적 공간에 카페를 만든 것이다. 정통의 식사보다는 가볍게 즐길 수 있는 식사나 스낵, 음료 등을 제공한다. 간혹 이벤트도 열려 또 다른 볼거리를 제공하기도 한다. 실속파 여행객들에게는 좋은 쉼터가 되어준다.

뢰머 광장에 있는 이 3동의 독특한 지붕을 가진 건물은 옛날에 시청사로 사용되었던 귀족의 저택이다. 그 가운데가 구시청사 건물이다. 원래 귀족의 저택이었던 것을 1405년에 프랑크푸르트 시가 사들여 시청사를 만들었다. 제2차 세계대전 때 공습으로 파괴되었던 건물을 원형 그대로 복원해 사용하고 있다. 구시청사는 신성로마제국 황제가 대관식이 끝난 후에 화려한 축하연을 베풀었던 유서 깊은 곳으로, 프랑크푸르트 최초의 박람회가 열린 곳이기도 하다. 광장 중앙에 있는 정의의 여신 분수도 유명하다. 정의의 기준을 형상화한 저울과 엄정한 심판을 상징하는 칼을 양손에 쥐고 있다. 오른손에 칼, 왼손에 저울을 들고 시청사를 보고 서 있다.
프랑크푸르트의 관광명소 가운데 하나인 대성당은 뢰머 광장 뒤편에 있다. 이곳은 1562부터 1792년까지 역대 황제의 선거와 대관식이 거행되었던 곳이다. 성 바르톨로메오 돔이나 카이저 돔으로 불리는 이 성당은 13세기에 건축을 시작해 15세기에 완성된 고딕 양식의 건물이다. 매우 웅장한 정통 고딕 양식의 성당 외관이나 내부 구조는 독일 최대 성당인 쾰른 대성당에

15세기에 쾰른의 비단상인들이 지은 목조건물 오스트차일레

뢰머 광장 중앙에서 시청사를 보고 서 있는 정의의 여신.
정의의 기준을 형상화한 저울과 엄정한 심판을 상징하는 칼을 양손에
쥐고 시청사를 보고 서 있어 눈길을 끈다.

비하여 결코 뒤지지 않는다. 높이 95m인 첨탑은 1415년에 건축을 시작하여 1877년에 완성되었다. 첨탑 꼭대기로 오르려면 어둠침침한 계단 332개를 딛고 올라가야 한다. 첨탑 꼭대기에서는 프랑크푸르트의 아름다운 전경을 내려다볼 수 있다.

뢰머 광장에서 마인 강변으로 나오는 길 방향으로 역사박물관도 만날 수 있다. 이곳에는 중세에서 현대에 이르기까지의 역사와 문화에 대한 고문서 등이 전시되어 있다.

뢰머 광장에서 도보로 10분 거리에 있는 오페라 하우스(Alte Oper)도 프랑크푸르트 관광에서 빼놓을 수 없는 곳. 후기 르네상스 양식의 오페라하우스는 쉴러 동상이 있는 타우누스 정원과 괴테 동상이 있는 갈루스 정원에 인접해 있다. 1880년에 후기 이탈리아 르네상스식으로 건축된 오페라하우스는 역시 제2차 세계대전 때 불타고 무너져내렸지만 100주년 기념행사로 옛 모습대로 재건에 성공했다. 오페라 광장 앞에는 반짝시장도 자주 서고 맥주 페어도 열린다.

매우 웅장한 정통 고딕 양식의 성당 외관이나 내부 구조는 독일 최대 성당인 쾰른 대성당에 비하여 결코 뒤지지 않는다.

## 학문의 도시 하이델베르크와 **대학의 거리**

# *Universitatsplatz*

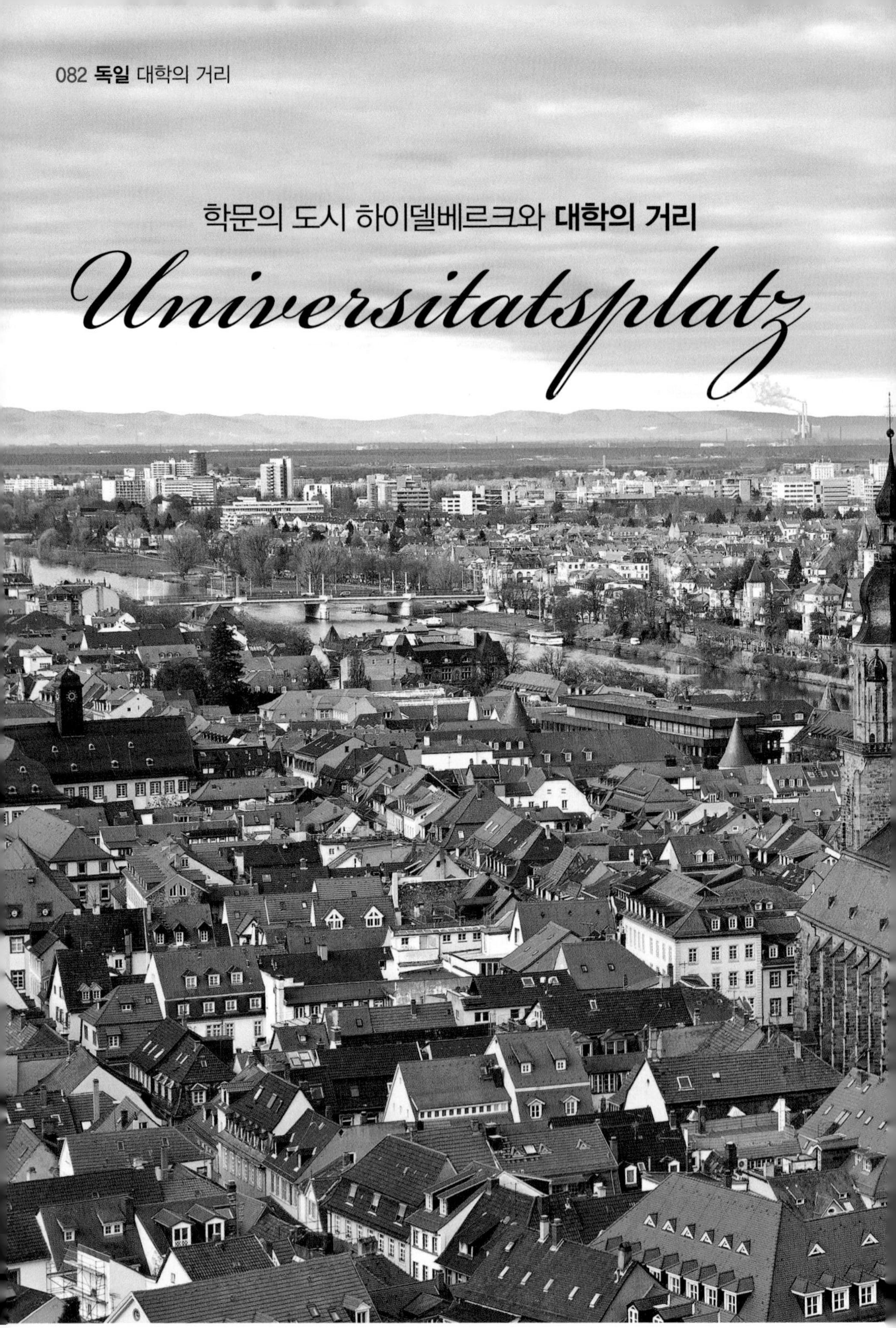

도시의 중심에 대학이 있고 대학 캠퍼스와 도시 건물들이 뒤섞여 있어 어디가 대학 건물인지를 구분하기 힘든 하이델베르크. 사람들은 오랜 학문의 도시 하이델베르크에서 대학이 생활의 일부분이 될 수 있음을 눈으로 확인한다. 칸트와 헤겔이 걸었다는 철학자의 길은 하이델베르크 구시가를 한눈에 내려다보며 걸을 수 있는 좋은 산책길이다.

하이델베르크 대학은 캠퍼스가 '대학'이라는 울타리 안에 있는 것이 아니라 거리의 블록에 보통 건물들과 함께 뒤섞여 있다. 대학 박물관 앞의 대학 광장은 누구나 쉽게 찾을 수 있는 하이델베르크 대학 캠퍼스다.

독일 남서부 바덴뷔르템베르크 주에 있는 하이델베르크는 800년의 역사를 간직한 유서 깊은 도시다. 지금은 첨단산업과 인쇄기기를 만드는 세계적인 기업이 자리 잡고 있어 역동적인 분위기를 느낄 수 있지만 산업화가 일어나기 전에는 대학이 도시의 전부처럼 보일 때도 있었다. 지금은 중세시대 모습을 간직한 건물부터 최첨단 빌딩이 함께 어우러져 전통과 첨단, 자연과 도시, 정신과 예술이 잘 익은 과일처럼 향기로운 도시다.

하이델베르크는 우리에게 '대학의 도시'로 기억된다. 수많은 시인과 예술가, 사상가, 학자를 배출하며 독일 정신사에 기여한 대학이 있는 곳이다. 이 도시는 19세기경에 '세계적인 동네(Weltdorf)'로 불렸었다. 비록 도시는 작지만 세계적인 대학이 있고 많은 외국인들이 거주했기 때문이다. 이들이 자신의 나라로 돌아가 이 도시의 매력을 칭찬했고 그 명성은 지금까지 이어지고 있다.

하이델베르크의 구시가지 중심에는 대학이 있다. 1386년 선제후 루프레히트 1세가 교황 우르바누스 6세의 허가를 받아 설립한 이 학교는 독일에서 가장 먼저 세워진 대학이다. 독어권 대학으로는 프라하 대학과 빈 대학에 이어 세 번째로 세워졌다. 그 후 600여 년의 긴 세월을 유럽 학문의 중심에서 밀려나지 않고 인문학 분야에서 발전을 거듭해왔다. 이런 학문적인 발전은 전 세계 수많은 학자와 우수한 젊은 인재들이 모이는 원동력이 되었다.

또한 16세기 종교개혁의 보루이자 이후 유럽을 풍미한 낭만주의의 중요한 무대였다. 하이델베르크 대학이 있었기에 요한 볼프강 폰 괴테, 마크 트웨인, 이마누엘 칸트, 빌헬름 프리드리히 헤겔, 칼 야스퍼스, 알프레드 베버 등 수많은 역사 속 인재들이 이 도시로 찾아와 교수 또는 학생으로 호흡했다. 칸트와 헤겔이 즐겨 산책했다는 네카어강 너머 '철학자의 길

(Philosophenweg)'에서 하이델베르크의 특별함을 발견할 수 있다.

하이델베르크를 찾는 관광객들은 플뢰크 거리를 반드시 걷게 된다. 도시의 중심에 대학이 있고 대학 교정을 찾는 것만으로도 하이델베르크 관광은 절반 정도 이루어지기 때문이다. 분위기 있는 작은 카페들과 향긋한 냄새 가득한 베이커리, 책방 그리고 오래된 고풍스런 집들이 있는 길을 따라 올라가면 하이델베르크 대학 중앙도서관과 교내 베드로 교회를 만난다. 중앙도서관은 중세부터 근세에 이르는 방대하고 중요한 자료들을 소장하고 있어 학문을 연구하는 학자나 학생들에게 자양분이 되고 있다.

대학 박물관 앞은 대학 광장이다. 하이델베르크 대학교의 캠퍼스는 세 곳이 있는데 이곳 구 시가지에 있는 캠퍼스는 인문·사회과학 관련 대학과 연구소들이다. 재미있는 점은 학교 캠퍼스가 '대학'이라는 울타리 안에 있는 것이 아니라 거리의 블록에 보통 건물들과 함께 뒤섞여 있는 것이다. 구시가 중심 거리에서 조금 들어가면 동네 골목 같은 곳에 학생 감옥이 있고 모퉁이를 돌아 나오면 분수가 있는 대학 광장이 있다. 그 앞에 대학 박물관과 대강당이 있는 형태다. 학교 속에 도시가 들어가 있는 느낌이다.

하이델베르크 대학에 가면 빼놓지 말고 들어봐야 할 곳이 학생 감옥(Studenten karzer)이다. 근세 이전의 하이델베르크 대학은 치외법권 지역이었기 때문에 대학이 자율적으로 학생들을 처벌했다. 학생 감옥은 1778년에서 1914년까지 사용되었던 것으로 알려졌다.

대학에서 네카어강으로 나가 다리를 하나 건너면 철학자의 길을 찾을 수 있다. 철학자의 길 입구는 슐랑겐베그(Schlangen)이지만 네카어 강변에서 언덕길을 올라갈 수도 있다. 철학자의 길은 산허리를 따라 굽이굽이 돌아가는 숲 속의 산책길이다. 오래전 칸트와 헤겔이 이 길을 걸으며 철학에 대한 많은 생각을 했었겠지만 관광객들에게는 하이델베르크 구시가를 내려다보며 걷는 전망 좋은 산책길일 뿐이다. 하지만 고성의 아름다움과 성령교회를 감싸고 있는 고풍스런 집들이 있는 풍경은 정말 평화롭다.

∴Travel Story **황태자의 첫사랑과 하이델베르크** 나이가 지긋한 사람들에게 하이델베르크는 영화 〈황태자의 첫사랑〉으로 추억된다. 황태자 칼 하인리히와 여관 하녀 케티 간의 '아름답지만 끝내 이루지 못한 사랑'을 담은 이 영화는 하이델베르크에서 촬영되었다. 황태자 하인리히가 흥에 겨워 '드링크 송(Drink Song)'을 부르고 모두 합창하는 장면은 황태자의 첫사랑을 감명 깊게 본 사람들에게는 언제나 다시 보고픈 대목이다. 황태자가 축배의 노래를 부르던 곳이고, 케티가 대학생들이 사이에서 맥주잔을 날랐던 쉐펠하우스는 하이델베르크의 명소가 됐다.

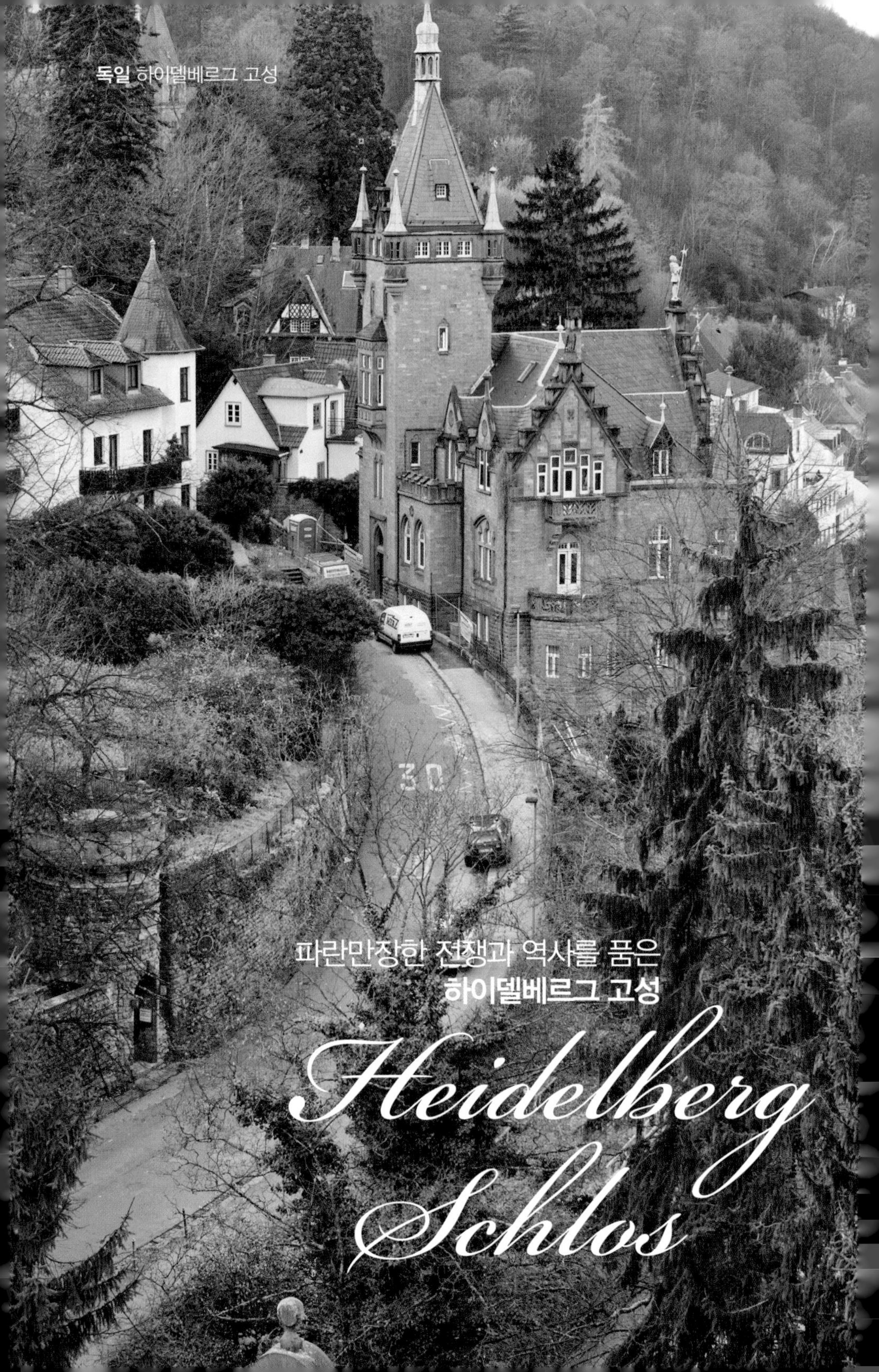

파란만장한 전쟁과 역사를 품은

# 하이델베르그 고성

*Heidelberg Schlos*

**하이델베르크 구시가지를 한눈에 내려다볼 수 있는 언덕 위의 고성은 전쟁과 방치로 파괴된 역사를 가지고 있다. 그러나 이런 폐허가 오히려 고성의 매력으로 평가되기도 한다. 고성 안에 있는 여러 건물들은 증축되고 다시 파괴되어온 파란만장한 고성의 역사를 보여주고 있다.**

하이델베르크를 찾아가는 사람들은 두 부류로 나뉜다는 이야기가 있다. 지성의 전당으로 널리 알려진 하이델베르크 대학으로 공부하러 가는 사람과 하이델베르크의 상징 고성을 구경 가는 사람이다. 오랜 시간 방치되었던 고성은 건물의 웅장함이 특별히 빼어난 것도 아니고 역사가 아주 오래되거나 보존 상태가 우수한 것도 아니다. 아마 아름답고 깨끗하면서도 웅장한 성을 기대하고 간 사람들은 다소 실망할지도 모른다.

하이델베르크 구시가지와 네카어강을 한눈에 내려다볼 수 있는 높은 언덕 위에 있는 고성은 수세기에 걸쳐 여러 선제후들에 의하여 건물이 증축되었지만 전쟁과 방치로 파괴된 역사를 가지고 있다. 30년 전쟁(1618~1648)과 팔츠 상속전쟁으로 성은 폐허가 되었다. 이후 성을 복구하려 했으나 1720년 칼 필립 3세가 선제후궁을 만하임으로 옮겨버림으로써 물거품이 되었다. 설상가상으로 1764년에는 번개에 의해 화재가 발생하여 더이상 사람이 살수 없는 폐허가 되고 말았다. 그 후 파괴자와 약탈자들이 성의 황폐화를 더욱 앞당겼다. 여기에 제2차 세계대전 때도 피해를 입었다.

그러나 이런 폐허가 오히려 고성의 매력으로 평가되기도 한다. 폐허가 주변 환경과 잘 어울리게 되었고, 미학적 가치가 커졌다는 의견도 많다. 예전에는 자연과 사람들이 만들어낸 인공 구조물이 이질적인 형태로 존재했으나 폐허상태가 되면서 이런 모순이 완화되고 조화롭게 변했다는 것이다.

∴Travel Tip **하이델베르크의 축제** 유럽의 다른 지역과 마찬가지로 하이델베르크도 때를 잘 골라 가면 유리하다. 고성에서는 일찍부터 여름음악축제가 벌어졌다고 한다. 1913년 여름에는 엘리자벳 슈투아르트가 프리드리히 5세와 결혼하여 하이델베르크로 이사 온 지 300주년이 되는 것을 기념하여 고성 축제극이 열렸다고 한다. 지금도 해마다 여름이면 고성의 오트하인리히 관 옆 안마당에서 펼쳐지는 여름 축제극은 하이델베르크와 고성의 중요 행사다. 관광객들은 1년에 세 번 볼 수 있는 하이델베르크 성의 불꽃놀이를 보기 위해 찾아오기도 한다. 5월의 하이델베르크 봄 축제, 8월의 성 축제와 9월 마지막 주의 가을축제가 그런 기회다. 봄 축제는 하이델베르크 성 안의 칼스 광장에서 펼쳐지며, 가을 축제에서는 그 해에 수확한 포도로 만든 와인도 소개한다.

하이델베르크 구시가지와 네카어강. 높은 언덕 위에 있는 고성은
하이델베르크에서만 볼 수 있는 중세풍의 아름다운 시가지 풍경이다.

미학자들이나 예술가들이 13세기에 처음 축조된 것으로 알려진 하이델베르크 고성을 이야기할 때 인공과 자연의 조화를 빼놓지 않는다.

그런 이유로 미학자들이나 예술가들이 현재의 하이델베르크 고성을 이야기할 때 인공과 자연의 조화를 빼놓지 않는 경향이 있다.
13세기에 처음 축조된 것으로 알려진 하이델베르크 고성에는 종탑을 비롯해 성문탑, 화약탑, 감옥탑 등 여러 탑과 크고 작은 건물들이 자리 잡고 있다. 고성을 방문하는 사람들이 가장 먼저 만나는 것은 담장이 무너진 채 홀로 서 있는 문이다. 하이델베르크성의 주인이었던 팔츠공국의 선제후 프리드리히 5세가 영국에서 시집온 어린 왕비를 위해 하룻밤 사이에 마련한 생일 선물이라고 한다.
고성 내에 있는 건물 중에서 가장 먼저 지어진 건물은 루프레히트 관(Rupr−echtsbau)이다. 선제후 루프레히트 3세(1398~1410)가 독일 왕이 된 것을 기념하여, 1400년경에 지은 것으로 추정된다. 이 건물의 위층 전면을 보면 팔츠의 사자 문장과 바이에른의 마름모꼴 문장과 함께, 왕을 상징하는 독일 제국 독수리 문장이 새겨져 있다. 고딕식 현관문 정수리 위치에 장미 화환을 들고 있는 두 천사 부조가 있다.
루트비히 관(Ludwigsbau)은 성의 두 번째 건물로 1524년에 세워졌다. 선제후 루트비히 5세(1508~1544)가 로렌쯔 레힐러에게 부탁하여 지은 건물이다. 계단이 나 있는 탑의 아래쪽에 문장이 있다. 선제후 루트비히 5세는 성 내에 가장 건축을 많이 한 제후이다. 1525년 성을 지키는 군인들이 거주하고, 도살장, 세탁소, 부엌, 빵 굽는 곳, 창고 등이 있는 군인관(Solatenbau)과 분수홀(Brunnenhalle), 경제관(Okonomiegebaude)을 짓고, 루프레히트 관과 부인실, 그리고 그 사이에 후기 고딕식으로 도서관을 지었다. 1534년에 지은 것으로 추정되는 부인실(Frauenzimmerbau)은 궁정 여자들의 방이 위층에 있으므로 그렇게 부른다.

1589~1592년 사이에 선제후 요한 카지미르가 술통을 보관 할 수 있는 건물로 술통관(Fabbau)을 짓도록 하였다. 후기 고딕 양식으로 지어진 술통관은 프리드리히 관 왼편 지하로 들어가게 되어 있다.

프리드리히 관(Friedrichsbau)은 1601~1607년 사이에 지어진 독일 르네상스 건축물 중 하나이다. 선제후 프리드리히 4세(1583~1610)가 건축가 요하네스 쇼흐에게 부탁하여 지었다. 이 건물은 성이 방어 개념에서 주거 개념으로 넘어갔음을 보여주는 것이다. 1층에 있는 성 내 교회는 전쟁에도 파괴되지 않고 남아 있으며, 그 위에 거실이 있다. 전면에 있는 16명의 실물 크기의 인물장식은 제바스티안 괴츠가 조각하였다. 그들은 칼 대왕에서 프리드리히 4세 자신까지 선제후의 조상들이다. 건축주인 프리드리히 4세는 1층 맨 오른편에 조각상으로 남아 있다.

재미있는 것은 프리드리히 관의 전면에 조각된 오트하인리히 상(2층의 맨 오른편 조각)이 오트하인리히 관으로부터 고개를 돌리고 있다는 점이다. 그 이유가 속설에 의하면 오트하인리히 관을 짓느라 진 빚 때문에 그 건물을 쳐다보지 않는 것이라고 한다. 프리드리히 관의 절벽 쪽 테라스로 가면 하이델베르크 시가지와 네카어강, 강 위에 놓인 카를 테오도르 다리와 강 건너편 산중턱에 있는 철학자의 길이 한눈에 들어온다.

**좌** 프리드리히 관 **우** 폐허가 된 성루

# 전쟁의 도시에서 복합 예술 도시로 변신 **카를스루에**

# *Karlsruhe*

제2차 세계대전 후 폐허가 된 군수공장을 독일 최고의 현대미술 보금자리로 만든 ZKM. 현재 독일 최고의 멀티미디어 아트센터로 자리 잡고 있다. 발상부터 결과물까지 현장해서 직접 체험하고 확인할 수 있는 ZKM은 누구나 미디어 아트를 즐길 수 있는 소중한 공간이다.

일상 속에서 흔히 접할 수 있는 소재나 스토리를 미디어 기술로 표현하고 있는 전시 작품들은 그 안에서 예술성을 억지로 드러내려는 무리한 시도를 하지 않는다. 이런 시도는 ZKM을 찾은 관람객들의 마음을 편안하게 만든다.

독일 바덴뷔르템베르크 주 카를스루에(Karlsruhe)는 라인 강 근처에 위치한 공업도시로 첨단과학과 대학의 도시다. 프랑스 국경에 가까운 인구 28만의 작은 도시로 라인 강과는 운하로 연결되어 있다. 자동차나 기차로 독일 여행을 하다 보면 자주 만나게 되는 평범한 도시이지만 이곳에는 독일 연방헌법재판소와 연방재판소가 있어 신문과 방송의 뉴스시간에 자주 등장한다. 하지만 카를스루에가 유명해지고 많은 사람들이 찾아가는 이유는 예술과 매체기술센터(Zentrum fur Kunst und Medientechnologie)가 있기 때문이다.

이름을 줄여서 ZKM이라 부르는 복합예술미디어센터는 1997년 10월에 문을 열었다. 1989년 건축사가인 하인리히 클로츠(Heinrich Klotz)가 재단을 만들고 난 후 꼭 10년만이었다. 클로츠는 ZKM의 성격을 1900년대 초 기계화 · 자동화 시대에 걸맞게 새로운 기계적 조형언어와 인간환경의 창조를 주장한 바우하우스(Bauhaus)의 뒤를 잇는 공간으로 정의하였다. 한 건물에 교육 · 연구 · 전시 시설을 모두 갖춘 공간을 만들어내려는 클로츠의 노력은 상호교류를 목적으로 하는 멀티미디어 ZKM으로 실현되었다.

ZKM가 자리 잡은 건물은 1918년 건축된 건물로 제1차 세계대전 당시의 군수품 제조공장이었다. 제2차 세계대전 때는 탄약 공장으로 연합군의 집중적인 공습을 받아 파괴되기도 했다. 전후 20년간 방치되었던 탄약 공장은 카를스루에 시민들뿐 아니라 독일 국민에게는 지우고 싶은 전쟁의 상징었다. 하지만 '전쟁의 상흔을 새로운 예술로 승화시키자'는 생각들이 카를스루에 시민들에게 설득력을 얻기 시작했고, 결국 폐군수공장이 ZKM으로 다시 태어나게 되었다.

현재 독일 최고의 멀티미디어 아트센터인 ZKM은 현대미술관, 미디어미술관, 음악음향연구소, 멀티미디어연구소, 미디어도서관 등을 갖추고 있다. 새로운 미디어 아트를 창조하기 위하여 연구하고 실험하고 전시하는 곳인 ZKM은 미디어 아티스트뿐 아니라 디자이너, 과학자, 미디어 전문가들이 함께 일하는 공간이기도 하다.

겉보기에는 덩치만 큰 평범한 공장 건물 같은 ZKM이지만 내부로 들어가면 책으로 쌓은 탑을 발견할 수 있다. 이 탑은 시민들이 가져온 책으로 쌓은 안테나 모양의 구조물이다. '미디어의 근원은 책'이라는 콘셉트의 이 탑은 지금도 책이 쌓이는 중이다. ZKM의 전시물에서 독특한 점은 상당수의 전시물을 방문객들이 직접 체험할 수 있게 꾸몄다는 것. 그 체험은 예술의 색다른 시도와 관련이 있어 보인다. 굵은 목소리는 굵은 선, 날카로운 목소리는 가늘고 짧은 선으로 표현되는 장치를 이용해 재미있는 그림을 그리는 시도가 정말 기발하다. 발상부터 결과물까지 직접 현장해서 확인할 수 있는 ZKM은 누구나 미디어 아트를 즐길 수 있는 소중한 공간이다.

ZKM은 첨단 미디어 기술과 예술을 접목시킨 독특한 공간으로 주목받고 있다. 하지만 미디어 기술과 예술을 특별히 구분 짓지도 않았고, 둘을 무리하게 결합시키려는 의도도 보이지 않는다. 이런 시도는 ZKM이 설립될 당시 '단락 짓지 말자' '과거·현재·미래를 잇는 매개체가 되자'는 기본 정신이 크게 작용한 것으로 보인다. 전시된 작품들은 일상 속에서 흔히 접할 수 있는 소재나 스토리를 미디어 기술로 표현하고 있을 뿐 그 안에서 예술성을 억지로 드러내려는 무리한 시도를 하지 않는다. 이런 시도는 ZKM을 찾은 관람객들의 마음을 편안하게 만들고 있다

∴Travel Tip **카를스루에 아트 페어** 매년 카를스루에에서는 국제 아트 페어 '아트 카를스루에(art Karlsruhe)'가 열린다. 2004년에 시작한 카를스루에 아트 페어는 아직 세계적인 아트 페어로 성장하지는 못했지만 짧은 시간에 유럽 지역에서 새롭게 떠오르는 신생 아트 페어로 자리 잡고 있다. '쾰른 아트 페어'와 함께 독일이 자랑하는 양대 미술전인 아트 카를스루에는 머지않은 시기에 독일 최고의 국제 아트 페어가 될 것으로 기대되고 있다.

세계 평화를 기리는 유대인 학살의 현장
# 다카우 유대인 수용소

*Gedenkstaette*

뮌헨 근교의 평화로운 마을 다카우는 홀로코스트가 자행되었던 끔찍한 곳이다. 거대한 부지에 수많은 유대인들을 몰아놓고 가스실과 시체소각장을 운영했던 조직적인 학살장이었지만 지금은 세계 평화를 위한 교훈을 얻는 공간으로 활용되고 있다.

# Dachau

악명 높은 가스실은 작고 낮은 평범한 건물이다. 가스실을 폐쇄하는 철문도 투박하고 가스실 내부 시설도 어수선하다. 그러나 그토록 극악한 행동이 이처럼 평범한 건물에서 이뤄졌다는 사실이 오히려 충격적이다.

뮌헨 시내 중심에서 약 40분 정도 떨어진 다카우는 평화로운 분위기가 가득한 독일 소도시다. 하지만 가스실에서 스러져간 유대인들의 원혼이 떠도는 곳이기도 하다. 다카우 수용소는 1933년 3월 10일 독일에 만들어진 최초의 나치 집단수용소로, 의학실험에 사용하기 위해 최초로 인간 실험실이 세워졌다. 제2차 세계대전이 일어나자 나치 정권은 이곳에 유대인들을 강제로 가둬두고 강제 노역과 가스실 학살 등을 저질렀다. 나치 패망 후 독일정부는 속죄하는 마음으로 이곳에 유대인들을 학살한 자료와 유물, 기념비 등을 남겨두고 지금도 역사를 반성하고 있다.

수용소가 운영되던 당시의 모습이 그대로 보존되고 있는 17만$m^2$의 수용소 자리에는 두 채의 단층건물과 60여 채의 수용소 건물이 남아 있다. 수용소의 입구는 하나뿐인데 '일하면 자유로워진다(Arbeik Macht Frei)'라는 문구가 관람객을 맞는다. 아우슈비츠의 입구에도 같은 문구가 새겨져 있다. 일할 수 있는 자는 호되게 노동시키고 일할 수 없는 자는 가스실로 보낸 것을 되새겨볼 수 있는 섬뜩한 문장이다.

수용소 입구를 지나면 넓은 운동장이 한눈에 들어온다. 운동장 오른쪽의 길고 넓은 ㄷ자형 건물이 수용소 본부가 있던 곳이다. 지금은 다카우 수용소 기념관으로 사용되고 있다. 기념관은 다카우 수용소를 이해할 수 있는

∴Travel Story **홀로코스트와 독일** 홀로코스트는 일반적으로 인간이나 동물을 대량으로 태워 죽이거나 대학살하는 행위를 총칭한다. 그렇지만 고유명사로 쓸 때는 제2차 세계대전 중 나치스 독일에 의해 자행된 유대인 대학살을 뜻한다. 독일은 끔찍한 홀로코스트를 저지른 가해 국가다. 하지만 그 끔찍한 가해 사실을 기념관을 통해 인정하고 자신들 역사의 일부로 소화하고 있는 것이 인상적이다. 자신의 실수를 솔직히 인정하고 진정한 반성의 자세를 보이면서 정면 돌파를 하는 역사의식은 비판과 격려가 혼재된 반응으로 나타나고 있다.

다양한 정보와 전시물이 있는 곳으로, 수용소를 둘러보기 전 꼭 먼저 들러야 하는 곳이다. 이곳에서 다카우 수용소의 탁월한 기념물 배치와 구성을 보다 보면 독일인들이 무엇을 어떻게 기억하려고 하는지를 분명하게 알 수 있다. 자신들의 잘못을 아주 극명하게 드러내고 있어 오히려 당황스러울 정도다. 전시물에서 드러나는 독일인들의 고민과 노력은 반성의 자세로 보기에는 너무 꼼꼼하고 치밀하다.

기념관의 왼편에는 제단처럼 보이는 구조물이 놓여 있는데 각국의 언어로 'Never Again'이라고 적혀 있다. 사람들이 이 구조물 위에 돌을 놓고 희생자들을 위해 묵념하는 모습도 보인다. 기념관 앞의 담장 위에 있는 조형물은 〈1933~1945〉라는 제목을 달고 있다. 수용소에서 기아와 질병으로 죽은 시체를 철조망 같은 형태로 상징화한 작품이다. 당시의 참담했던 상황이 고스란히 느껴진다. 그로테스크한 내용의 작품을 통해서 이곳이 어떤 곳인지가 적나라하게 느껴졌다.

기념관을 등지고 서면 미루나무가 도열한 길과 너른 공간이 눈에 들어온다. 길 좌우로 유대인들이 생활했던 생활관 두 동이 있다. 수용소가 운영되던 당시에는 셀 수 없을 정도로 많은 건물들이 이 안에 자리 잡고 있었지만 보존을 위해 남겨놓은 두 동을 제외하고는 모두 철거되었다. 이 길을 따라 이동하면, 작업장과 가스실 그리고 희생자를 애도하기 위한 시설들을 만나게 된다. 길이 끝나는 곳에는 기념관 앞 조형물과 비슷한 조형물이 우뚝 서 있다. 많은 관광객들이 기념관 앞에서처럼 희생자들의 명복을 빈다. 조형물 내부는 교회처럼 꾸며져 있고 희생자들의 명복을 비는 촛불을 킬 수 있다.

악명 높은 가스실은 조형물에서 그리 멀지 않은 곳에 있다.

수용소의 규모가 상당해서 구석구석 둘러보려면 반나절 이상의 시간이 필요하다. 러시아 정교, 가톨릭, 유대교 등 당시 수용소에서 사라져간 사람들의 넋을 위로하기 위한 교회들이 있다. 무거운 마음이라 발걸음도 무겁다. 철책 바깥쪽에 부속 건물들도 있지만 쉽게 발길이 가지 않는다. 다카우 수용소에는 독일 현역군인들도 자주 보인다. 광기에 빠졌던 그 시절을 돌아보고 같은 실수를 저지르지 말자는 정신교육이 이뤄지고 있는 듯하다. 히틀러, 감옥, 광기, 무지함……. 그런 화두가 가득한 공간을 차분한 마음으로 관람한다는 것은 생각보다 힘든 일이지만 사람이 저지를 수 있는 죄악의 극치를 보며 교훈을 얻을 수 있다는 점에서 큰 의미를 얻을 수 있는 여행이다.

# 예술의 도시로 유명한 뮌헨 관광의 중심
# **마리엔 광장**

*Mary's Square*

예전 바이에른 왕국의 수도 뮌헨은 예술의 향기가 넘쳐나는 도시다. 교통의 요지이기 때문에 이탈리아·체코 등으로 떠나는 여행자들이 이곳에서 몇 날을 머물며 관광을 즐기곤 한다. 뮌헨 관광의 중심에는 마리엔 광장이 있다. 또한 재미있는 전설이 있는 유서 깊은 교회인 프라우엔 교회가 있다.

뮌헨은 바이에른 지방의 주도로 독일에서는 베를린, 함부르크 다음으로 큰 도시다. 예전부터 예술의 도시로 명성이 높았다. 아직도 화려하고 우아하고 목가적인 이 도시를 걷는 것만으로도 즐거운 추억을 만들 수 있다.

독일 남부 최대의 도시 뮌헨. 바이에른 왕국의 수도로 역대 왕들이 예술에 대한 관심이 높아 예술의 도시로 명성이 높았다. 특히 루드비히 2세의 바그너에 대한 넘치는 사랑으로 음악과 무대의 도시로도 유명했다. 지금은 바이에른 지방의 주도로, 독일에서는 베를린·함부르크 다음으로 큰 도시다. 화려하고 우아하고 목가적인 이 도시는 지리적으로 스위스와 오스트리아, 이탈리아 여행의 출발점이 되기도 하고 동쪽의 프라하와 연결되는 사통팔달의 교통 중심지이기도 하다.

뮌헨 관광은 구시가지에서 시작된다. 그리고 구시가지의 중심에는 마리엔 광장(Marienplatz)이 있다. 1638년에 스웨덴의 뮌헨 점령 종식을 축하하는 기념탑이 광장 중앙에 세워졌는데 이 기념탑(마리아의 탑)이 광장의 이름이 되었다. 광장 앞에는 신시청사가 있고 신시청사에서 오른쪽으로 구시청사, 남쪽으로는 카페와 상점이 죽 늘어서 있다. 마리엔 광장은 중세시대에 왕실의 각종 행사가 거행되고 시장이 열렸던 곳이다.

마리엔 광장에서 가장 역사적인 사건은 1568년 빌헬름 5세의 결혼축하연으로, 당시 이 광장에서 기사들의 마상 시합이 있었다. 당시의 마상 시합은 신시청사 벽면에 있는 글로겐슈펠 시계(Neues Rathaus & Glockenspiel)에서 인형극으로 감상할 수 있다. 신시청사는 1867년에서 1909년 사이에

∴Travel Story **프라우엔 교회 악마의 발자국** 프라우엔 교회 안에 있는 '악마의 발자국'에는 이 교회를 지은 현명한 건축가가 악마를 속인 이야기가 전해진다. 교회 건축을 맡았던 건축가는 자신의 빈약한 실력 때문에 많은 난관을 겪고 있었다. 이때 악마가 찾아와 교회 건설을 돕는 대신 빛이 들어오는 창문을 볼 수 없도록 해달라고 요구했다. 마침내 건물이 완성되고 악마가 찾아와 지금 발자국이 있는 자리에서 성당 안을 살펴보니 과연 창문이 보이지 않았다. 악마는 쾌재를 부르다가 한 발자국을 내딛고는 낙담했다. 유리창 하나 없는 어둠의 공간이라 여겼는데 한 발을 내딛으니 수많은 유리창이 짝 펼쳐져 있었던 것이다. 실제로 발자국 자리에서 보면 제단 쪽의 스테인드글라스를 제외하고 유리창이 보이지 않는다.

지어진 네오고딕 양식의 건물이다. 90m에 이르는 종탑의 인형 시계가 유명하다.

마리엔 광장 서쪽에 위치한 프라우엔 교회(Frauenkirche)는 뮌헨을 상징하는 건물 중 하나다. 영어로 'Our Lady'라는 별칭을 가진 이 교회는 독특한 두 개의 종탑을 가진 아름다운 교회다. 1468년 지그문트 공작에 의해 짓기 시작했으며 높이 109m, 폭 40m에 이르는 큰 규모다. 교회 안에는 비텔스바흐 일가의 묘지와, 여러 공작의 묘지가 있다.

고전적인 외형과는 달리 교회 내부는 단순하면서도 현대적이다. 어떤 장식도 없는 흰 벽과 줄을 지어 매달려 있는 조명이 정갈한 분위기를 만들어낸다. 교회의 중심인 제단 뒤의 스테인드글라스는 현대적인 분위기로, 햇빛을 받아 색채가 더욱 밝고 화려하다.

독일 곳곳에는 '레지덴츠(Residenz)'라는 건물이 있는데 주로 왕가나 대주교가 살던 곳이다. 뮌헨의 레지덴츠 궁전은 1385년 이래 바이에른 왕가와 비테르스바흐 왕가의 궁전이다. 지금은 증축을 거듭해 7개의 안뜰을 둔 복잡한 구조가 되었다. 오랫동안 뮌헨의 문화와 예술을 주도해왔던 레지덴츠의 공개된 홀은 모두 박물관으로 사용되고 있다. 14세기에 건축을 시작해 19세기에 완성된 레지던츠 궁전은 100여 개의 방이 있는 거대한 저택이다.

**좌** 신시청사 벽면에 있는 글로겐슈펠 시계 **우** 마리엔 광장 서쪽에 위치한 프라우엔 교회 내부

087 **독일** 국립독일박물관

Deutsches Museum

# 독일의 자랑, 세계에서 가장 큰 과학기술박물관인 **국립독일박물관**

**세계에서 가장 큰 과학기술박물관 중의 하나로, 다양한 과학기술 분야를 망라하는 곳이다. 관람객들에게 인기를 끌고 있는 분야는 항공우주 · 천문학 · 자동차 · 항해술 · 철도 등이다. 전시물 성격에 따라 전시 공간을 각 층마다 세밀하게 구분해 운영하고 있다. 일부 전시물의 경우는 이론과 실제 작동 방법도 보여주고 있으며 직접 기계 작동과 기초 과학 실험을 해볼 수 있다.**

독일이 자랑하는 국립독일박물관은 뮌헨 시내를 통과하는 이자르 강의 작은 섬에 자리 잡고 있다. 세계에서 가장 큰 과학기술박물관 중의 하나로 뮌헨 출신의 유명한 엔지니어인 오스카 폰 밀러(Oscar von Miller)가 설립해 1925년부터 일반에 공개되었다. 제2차 세계대전 때 연합군의 폭격을 받아 건물과 소장품의 일부가 파괴되어 몇 년간 문을 닫았다가 1947년 다시 문을 열었다.

총면적 5만$m^2$ 부지 위에 전시된 소장품과 전시물이 1만 7000여 점이나 되며 다루고 있는 분야가 매우 다양해서 시간적 여유가 없는 관광객이라면 관심 있는 분야를 선택해서 관람해야 한다. 다양한 과학기술분야 가운데 관람객들에게 인기를 끄는 분야는 항공우주 · 천문학 · 자동차 · 항해술 · 철도 등이다. 이곳에 전시되고 있는 전문 분야는 약 30여 개 정도인 것으로 알려지고 있다.

독일박물관에서는 전시물에 따라 실제로 작동하는 이론과 방법도 보여주고 있으며 직접 기계 작동과 기초 과학 실험을 해볼 수 있는 코너도 있다. 특히 항공기, 우주선 등은 안에 들어가 내부 구조까지도 눈으로 확인할 수 있다.

뮌헨 시내를 통과하는 이자르 강의 작은 섬에 자리한 국립독일박물관. 다루고 있는 분야가 매우 다양해 시간적 여유가 없는 경우라면 관심 있는 분야를 선택해서 관람해야 한다.

박물관 소장품 가운데 가장 눈길을 끄는 것 가운데 하나는 자동차박물관의 벤츠 1호차다. 1909년에 라이트형제가 만든 최초의 엔진비행기와 1939년에 만들어진 전투기 ME109 등 항공 부문의 전시물 그리고 선박, 자동차, 인쇄기 등 수많은 과학 소장품들이 진열되어 있다. 3층의 제지기술 관련 전시물이 있는 곳에는 종이로 만든 한복이 전시되어 있는데 제지기술 관련 역사를 설명하면서 한국을 소개하고 있어 흥미롭다.

박물관은 각 층마다 전시물 성격에 따라 세밀하게 구분된 전시 공간을 운영하고 있다. 지하층에서는 주로 선박과 해양과학에 관련한 전시를 하고 있다. 1층에는 선박, 항공기, 고대에서 현대에 이르는 각종 산업기술, 건축기술 등에 관한 전시물이 있다. 2층에서는 항공기, 관측기술(망원경, 현미경), 신소재기술, 악기 관련 전시물을 전시하고 있으며 악기 역사 코너에서는 피아노와 오르간, 현악기의 발달을 시대별로 볼 수가 있어서 악기를 연주하거나 음악에 관심 있는 사람들이 많이 찾는다. 3층에서는 우주과학기술, 인쇄기술, 제지기술, 재활용과 관련한 전시물 등을 상설 전시하고 있다. 이곳에는 천체를 볼 수 있는 망원경과 천체의 움직임을 체험할 수 있는 체험관도 운영되고 있다.

∴Travel Tip **과학박물관이란?** 최초의 과학박물관은 BC 3세기에 알렉산드리아에 세워졌다. 일반적으로 자연물을 주로 취급하는 자연사계(自然史系)와 이공학계(理工學系)로 나뉜다. 이공학계는 자연과학의 원리나 발달을 취급한다. 특히 기술이나 산업에 중점을 두고 있는 경우에는 과학기술박물관, 또는 산업박물관이라 한다. '무세이온(Mouseion)'은 박물관(museum)의 어원으로 그리스에서 학예와 음악을 관장하는 9인의 여신 무사를 뜻하는 라틴어다. 르네상스 시대를 통하여 과학과 자연에 대한 사람들의 관심이 높아지면서 독일·이탈리아 등지에서 대학을 중심으로 동식물·암석광물 등의 표본이나 과학기기를 수집하였다. 16~17세기에는 해외 식민지가 확대됨에 따라 해외 물품을 공개하기 위한 박물관이 네덜란드를 중심으로 세워졌다.

지하층에서는 2층까지 툭 터진 공간을 만들어 선박과
라이트형제의 비행기 등을 전시하고 있다.

운하와 튤립의 도시

## 암스테르담

# *Amsteldam*

네덜란드의 수도로 운하와 튤립의 도시로도 유명한 암스테르담. 담 광장의 왕궁을 비롯하여 제2차 세계대전 기념비 등이 있고, '안네의 일기'로 유명한 안네 프랑크의 집도 있다. 네덜란드가 자랑하는 화가 렘브란트의 집이 보존되어 있으며 국립미술관과 시립미술관도 있어 많은 관광객들이 암스테르담을 찾는다.

북유럽의 베니스로 불리는 도시 암스테르담. 일찍이 세계를 향해 문을 열고 나가 무역으로 부를 축적했던 네덜란드의 수도로, 운하와 튤립의 도시로도 유명하다. 해양무역의 황금기인 17세기 운하를 그대로 간직하고 있는 암스테르담은 레이스처럼 수놓인 40여 개의 운하를 연결하는 500여 개의 다리가 볼 만한 세계적인 관광도시다. 72만 명의 인구가 살고 있으며, 도시 이름은 13세기에 어민이 암스텔 강에 둑을 설치하고 정착하게 된 데서 유래된 것으로 '암스텔 강의 둑'이라는 의미다.

유럽의 허브 공항 가운데 하나인 스키폴 공항이 암스테르담 가까이에 있어 유럽 대륙의 관문 역할을 한다. 국제열차도 하루에 매일 5~6회씩 암스테르담 중앙역으로 들어오고 나가는 유럽 육상교통의 한 거점이다. 이렇듯 교통의 요지인 암스테르담에는 담 광장의 왕궁을 비롯하여 제2차 세계대전 기념비 등이 있고, '안네의 일기'로 유명한 안네 프랑크의 집도 있다. 네덜란드가 자랑하는 화가 렘브란트의 집이 보존되어 있으며 국립미술관과 시립미술관도 있어 많은 관광객들이 암스테르담을 찾는다.

암스테르담 관광의 출발점은 중앙역인 경우가 많다. 유럽의 대도시와 직접 연결되는 국제열차들의 기착지이기 때문이다. 역 앞 광장을 지나 다리 하나를 건너면 왼편에 운하가 있고, 오른쪽에는 담락거리를 따라 상가들이 늘어서 있다. 광장 여기저기에는 퍼포먼스를 펼치는 사람과 거리 공연을 하는 무명 가수들을 심심찮게 발견할 수 있다. 번화가인 담락 거리를 따라

암스테르담의 모든 길이 담 광장으로 통한다는 말이 있을 정도로 담 광장은 암스테르담의 중심에 있다.

안네 프랑크의 아버지 오토 프랑크는 나치가 암스테르담을 점령하자 집을 개조해 비밀공간을 만든 뒤 그곳에서 자신의 가족과 친구 가속, 이렇게 두 가족이 2년간 숨어 지냈다. 그 당시 일어났던 일을 기록한 것이 「안네의 일기」다.

도보로 약 10분 정도 걸으면 담 광장이 나타난다.

암스테르담의 모든 길이 담 광장으로 통한다는 말이 있을 정도로 암스테르담의 중심에 있는 것이 담 광장이다. 담 광장은 시 중심부를 가로지르는 담락(Damrak)과 로킨(Rokin) 도로가 만나는 곳에 자리 잡고 있다. 이 광장은 1270년 시내 중심부를 Y자형으로 지나는 암스텔 강의 둑이 무너졌을 경우 도시 전체가 물에 잠기는 것을 방지하기 위해 13세기에 만들어진 곳이다. 왕궁과 전쟁기념탑, 신교회, 세계적으로 유명한 마담 투소 밀랍인형 박물관 등이 주변에 모여 있다. 그밖에도 거리의 예술가들과 광장을 점령하고 있는 히피들, 잠깐 다녀가는 관광객들이 뒤섞여 활기찬 분위기를 만들어낸다.

왕궁의 일곱 개 출입문은 네덜란드의 독립을 결정한 일곱 개의 주를 상징하며, 수많은 그림과 조각품이 전시돼 있어 관광객들로 늘 붐빈다. 흰색 벽돌로 지어진 카타리나 교회는 네덜란드 국왕의 대관식이 거행되는 장소로 유명하다.

∴Travel Tip **암스테르담 운하 관광** 암스테르담을 하늘에서 내려다보면 운하가 도시 곳곳으로 연결되어 거대한 유기체 같은 느낌을 준다. 암스테르담 시내에 놓인 다리가 600여 개에 이른다고 하니 운하의 규모를 짐작할 만하다. 암스테르담을 여행할 때 이 운하를 따라 유람선을 꼭 한번 타보자. 유람선은 소요시간, 코스 등에 따라 가격이 다르기 때문에 탑승하기 전에 반드시 잘 확인하는 것이 좋다. 관광객들은 보통 중앙역에서 출발하는 코스를 주로 이용하는데 한국 관광객들을 위해 한국어 안내방송도 준비되어 있는 유람선도 운행되기도 한다. 소요시간은 약 1시간이며, 탑승한 위치와 내리는 위치가 같다. 박물관 부근의 선착장에서 타고 내릴 수 있는 뮤지엄 보트도 있다. 또 로맨틱한 밤을 보낼 수 있는 암스테르담 촛불 유람이 있다.

담 광장에서 서쪽으로 접어들어 운하 위에 놓인 다리를 서너 개 정도 건너면 안네 프랑크의 집이 나온다. 안네 프랑크의 아버지 오토 프랑크는 유대인 사업가로, 나치가 암스테르담을 점령하자 집을 개조해 비밀공간을 만든 뒤 그곳에서 자신의 가족과 친구 가족, 이렇게 두 가족이 2년간 숨어 지냈다. 집 뒤쪽 체리공장 창고와 연결된 이 아지트에서 숨죽인 나날을 보냈는데 그 당시의 기록이 안네의 일기다. 안네의 집에는 그 당시의 유품 몇 점과 안네 일기에 대한 설명 등이 전시되어 있을 뿐이다. 당시 숨어 지내던 내부는 공개되어 있지 않아 실망스러울 수도 있지만 안네 프랑크를 통한 당시의 어두운 역사를 되짚어보는 데 의미를 둘 수 있다.

암스테르담을 여행하는 사람들에게 꼭 권하고 싶은 미술관은 국립미술관과 반 고흐 미술관이다. 국립박물관은 렘브란트의 대작 〈야경〉을 비롯해 세계적인 작품들을 소장하고 있다. 〈야경〉은 1990년 한 정신이상자가 그림에 염산을 뿌려 일부 손상된 상태이지만 대작의 감동은 여전하다. 렘브란트보다 더 세계적인 화가로 인정받고 있는 사람은 반 고흐다. 불과 10년이라는 짧은 기간 동안 그린 천재적인 작품들과 그의 독특한 삶을 간직한 곳이 반 고흐 미술관이다. 이곳에서는 고흐의 200여 점의 회화와 500여 점의 데생을 볼 수 있다.

**좌** 꽃시장으로 유명한 암스테르담 **우** 안네 프랑크가 숨어 지냈던 집

동화 속 마을 같은 풍차가 있는 풍경

# 잔세스칸스

# *Zaanse Schans*

암스테르담 근교의 잔세스칸스는 네덜란드 전통을 그대로 보존하고 있는 마을이다. 이 마을을 방문하면 네덜란드에서 점차 사라져가는 풍차를 구경할 수 있으며 목장에서 방금 짠 양젖이나 염소젖으로 치즈를 만드는 과정도 지켜볼 수 있다. 네덜란드를 찾아오는 관광객들에게 인기 있는, 나막신을 만드는 공장도 견학할 수 있다.

네덜란드 전통 나막신은 포플러 나무를 깎아 만든 신발로, 중세시대 초부터 즐겨 신었다. 땅이 질척거릴 때 바지나 양말이 더럽혀지는 것을 막고, 농사일을 할 때 발을 보호하는데 유용하다. 지금은 관광객들의 기념품으로 많이 팔려나간다.

네덜란드의 명물은 튤립과 풍차 그리고 나막신 등이다. 네덜란드를 여행할 때 이런 명물들을 한곳에서 만나려면 암스테르담 근교의 잔세스칸스를 방문하면 된다. 암스테르담에서 북쪽으로 약 15km 정도 떨어진 곳에 있는 잔세스칸스는 네덜란드 전통을 그대로 보존하고 있는 마을이다. 해수면보다 낮아 멈춰 있는 것 같은 강변을 따라 풍차들이 서 있고 전통 목조건물과 초지, 산책하기 좋은 강변길 등이 있어 네덜란드의 목가적인 분위기를 만끽할 수 있다.

풍차는 네덜란드에서 점차 사라지고 있지만 해수면보다 낮은 국토를 가진 네덜란드가 조금이라도 더 땅을 보존하려는 노력을 보여주는 상징물이다. 관광객들은 네덜란드 풍차를 낭만적인 소도구 정도로 접근하지만 사실 끊임없이 밀려드는 물과의 치열한 싸움을 벌이는 네덜란드 사람들의 애환이 담긴 인공구조물인 것이다. 따라서 풍차 주변에는 항상 제방과 저수지, 배수지 등이 함께 있다.

특히 국토가 해수면보다 낮아 배수가 필요한 네덜란드에서 발달했다. 19세기에 증기기관이 만들어지면서 풍차는 점차 네덜란드에서 사라져 갔다.

우리의 민속촌 같은 분위기의 잔세스칸스에는 17~18세기의 목조 가옥과 양이나 염소 등이 방목되고 있다. 풀밭 사이로 모여 있는 집들은 동화 속

∴Travel Story **나막신과 네덜란드** 네덜란드에서는 연간 300만 개의 나막신이 만들어지는 것으로 알려지고 있다. 그러나 일부 농부나 정원사들만이 작업용으로 사용하고 있고 대부분은 외국 관광객들에게 기념품으로 판매된다. 나막신은 숙련된 기술과 경험이 필요한 것으로 알려져 있다. 먼저 버드나무나 포플러나무를 큼직하게 잘라 발 사이즈에 맞게 신발 모양으로 깎은 후 구멍을 내어 안쪽을 가공한다. 양쪽 크기를 같게 만드는 것도 많은 경험이 필요하다. 마무리 작업도 까다롭다. 잘 깎은 나막신을 3~4주 그늘에 말린 뒤 사포로 잘 문질러 마지막 손질을 해야 하기 때문에 시간과 정성이 필요하다.

마을처럼 아름답다. 작은 물길 위의 목조다리와 아름다운 집, 풍차 등이 만들어내는 평화로운 풍경은 네덜란드의 전통마을이 궁금해 찾아오는 관광객들에게 깊은 인상을 심어준다.

마을에는 나막신 공장도 있다. 네덜란드 사람들은 클롬픈(Klompen)이라고 부르는 나막신은 중세시대 초부터 즐겨 신었던 포플러 나무를 깎아 만든 신발이다. 비가 와서 땅이 질척거릴 때 바지나 양말이 더럽혀지는 것을 막고, 농사일을 할 때 무거운 기계나 낫 등으로부터 발을 보호하는데 유용하기 때문이다. 네덜란드 사람들이 나막신을 즐겨 신었던 이유는 해수면보다 낮은 농지가 많아 땅이 늘 질퍽거렸고, 나막신을 만들기 가장 적합하다는 버드나무나 포플러가 많았기 때문이다. 나막신 공장에서는 나막신의 역사를 쉽게 알 수 있는 다양한 나막신들이 전시되어 있다. 그리고 나막신을 만드는 과정을 실제로 볼 수 있다.

풍차마을에는 네덜란드의 대표적 특산물인 치즈를 만드는 과정도 살펴볼 수 있다. 목장 앞에 있는 치즈 공장에 치즈 만드는 다양한 기구들이 준비되어 있으며, 관광객들에게 만드는 과정에 직접 참여하는 기회도 준다. 미리 만들어둔 치즈 덩어리들은 선반위에서 숙성 중이다. 공장 견학이 끝나면 다양한 종류의 치즈들을 상점에서 입맛에 맞는 치즈를 구입할 수 있다.

작은 물길 위의 목조다리와 아름다운 집, 풍차 등이 만들어내는 평화로운 풍경이 있는 잔세스칸스

090 오스트리아 벨베데레 궁전

르네상스 이후 유럽의 패권을 가져간 합스부르크 왕가가 자리 잡은 빈. 유럽 최고의 미술작품들이 황제의 도시 빈으로 몰려들었던 것도 어찌 보면 당연한 일이다. 화려한 미술문화를 잘 간직하고 있는 벨베데레 궁전에서의 미술관 탐방은 빈 여행에서 빼놓을 수 없는 중요한 코스다. 빈 구시가의 중심에 있는 슈테판 성당은 빈에서 가장 큰 성당으로 도시의 중요한 행사가 성당 앞 광장에서 열린다.

# Belvedere

## 오스트리아 미술관 기행의 1번지
## **벨베데레 궁전**

슈테판 성당은 빈을 대표하는 관광 명소다. 모차르트의 결혼식(1782)과 장례식(1791)이 치러진 곳으로 기억되는 이 성당 앞 광장에서 매년 12월 31일이 되면 빈 시민들이 모여 새해를 맞는 풍습이 있다.

오스트리아는 유럽 중부에 위치한 나라다. 로마 제국의 영향을 받다가 프랑크 왕국과 동프랑크 왕국을 거쳐 962년 신성로마제국으로 자리 잡으면서 강국이 되었다. 13세기 후반에는 합스부르크 왕가가 빈으로 진출하여 유럽의 넓은 영토를 관할하면서 600년간 거처하였다. 음악과 예술로 유명한 빈 문화의 중요한 원천은 바로 이곳이 600년 합스부르크 왕가의 오랜 수도였다는 점이다.

유럽의 중세와 근세는 얼마나 많은 미술작품을 소유했는지의 여부로 권력의 크기를 재던 시대였다. 따라서 유럽 최고의 미술작품들이 황제의 도시 빈으로 몰려들었던 것도 어찌 보면 당연한 일이었다. 이렇듯 유럽 최고의 화려한 미술 문화를 가지고 있는 빈을 여행할 때 미술관 기행은 빼놓을 수 없는 중요한 코스가 되고 있다.

오스트리아 미술관 기행의 1번지는 벨베데레(Belvedere) 궁전이다. 이탈리어어로 '아름다운 경치'라는 뜻을 가진 벨베데레 궁전은 17세기 후반과 18세기에 오스트리아 제국의 군인으로 활약한 사보이의 왕자 오이겐의 여름 궁전이다. 18세기 건축가 루카스 폰 힐데브란트가 건축하였다. 이 궁전의 2층 붉은 대리석 홀은 1945년 오스트리아 주권회복조약이 조인된 역사적인

∴Travel Story **노천카페의 원조?** 유럽 전통에서 노천카페란 도시의 군중 한가운데에 있는 아늑한 오아시스다. 누구나 이곳에 앉아서 길을 오가는 사람들을 한가로이 관찰할 수 있다. 그리고 조금 더 생산적인 사람이라면 진한 향의 에스프레소 커피 한 잔이나 포도주 한 잔 값으로 몇 시간이고 혼자 사색에 잠겨 소설을 쓰거나 예술운동의 기초를 마련하기도 한다. 이렇듯 유럽의 여러 도시에서 전통적이거나 혹은 현대적이지만 나름대로 유럽 특유의 정취를 더해주는 노천카페가 처음 등장한 곳은 아이러니하게도 날씨가 제법 쌀쌀한 오스트리아의 빈이다. 1684년 빈을 점령했던 튀르키예 침공자들이 물러간 직후, 세르비아의 한 이중 스파이는 그가 세운 공로에 대한 포상으로 튀르키예인들이 두고 간 여러 포대의 커피와 다방을 여는 허가를 얻었다.

장소로, 지금은 19~20세기 오스트리아 회화관으로 사용되고 있다. 2층에는 '오이겐 왕자의 승전'이라는 프레스코화가 있으며 3층에는 20세기 오스트리아 구상파의 작품이 전시되어 있다.
벨레데레 궁전에 전시되고 있는 그림 가운데 가장 주목을 받는 작품은 구스타프 클림트와 에곤 실레의 수작들이다. 오스트리아가 자랑하는 두 거장의 작품을 감상하기 위해 많은 사람들이 찾아온다. 우리나라에서는 2009년에 전시된 적이 있고 어느 제약회사의 CF 그림으로도 쓰였던 구스타프 클림트의 대표작 〈키스〉가 있는 전시실과 에곤 실레, 오스카 코코슈카의 전시실 등이 인기 있다. 그밖에도 신고전주의와 낭만주의, 비더마이어 화가들의 작품들도 볼만하다.
빈을 대표하는 관광명소인 슈테판 성당은 구시가지의 중심에 있다. 1147년 로마네스크 양식으로 짓기 시작한 이 성당은 1258년 빈을 휩쓸었던 대화재로 전소되었다가 1263년 보헤미아의 왕인 오토 2세에 의해 재건됐다. 1359년에 합스부르크 왕가의 루돌프 6세가 로마네스크 양식의 성당을 헐어버리고 고딕 양식으로 개축하였다. 제단을 향해 볼 때 왼쪽에는 '치통의 그리스도 상'이 있다. 15세기에 제작된 이 그리스도 상은 그 표정이 치통으로 고통스러워하는 것처럼 보여 이런 이름이 붙었다고 한다. 이 성당에서 모차르트의 결혼식(1782)과 장례식(1791)이 치러지기도 했다. 빈 시민들은 매년 12월 31일 슈테판 대성당 광장에 모여 새해를 맞는 풍습이 있다.

이탈리아어로 '아름다운 경치'라는 뜻을 가진 벨베데레 궁전의 정원 풍경

## 보헤미안의 상징이자 숨겨진 보석
# 프라하 성
# *Prague Castle*

프라하를 대표하는 관광지 프라하 성은 1천 년이 넘은 고성이다. 역사적 가치와 함께 아름다운 건축물 때문에 한 해에 천만 명이 넘는 사람들이 찾아온다. 대통령 관저가 있는 흐라드차니 광장에서 출발해 성 비투스 성당을 거쳐 황금소로까지 내려오면 몇백 년 시간여행을 한 느낌이 든다. 그만큼 세월의 흔적이 잘 보존된 곳이 프라하 성이다.

체코는 유럽 열강들의 틈바구니에서 인고의 세월을 보낸 한 많은 국가다. 수많은 전쟁으로 나라를 빼앗겼고, 어렵게 독립한 이후에는 소련에 의해 공산주의 체제 하에 놓이게 되었다. 이런 역사는 체코 사람들을 누구에게도 쉽게 정을 주지 않는 성품을 지니게 했다. 외국인들에게도 친절하거나 관대하지 않을 수도 있다. 프라하 성에서 만나는 대통령 궁의 근위병의 굳은 표정에서 그들의 그늘진 역사를 발견할 수 있다.

체코의 수도 프라하를 여행하는 사람들은 프라하 성을 찾는다. 프라하를 대표하는 관광지이기도 하지만 프라하의 혼란스러웠던 역사를 더듬어볼 수 있는 곳이기 때문이다. 9세기경 건축을 시작했을 때에는 로마네스크 양식으로 지어졌으나, 13세 중엽에 초기 고딕 양식이 가미 되고, 14세기에는 카를 4세에 의해 왕궁과 성 십자가 교회 등이 고딕 양식으로 새롭게 건축되면서 어느 정도 성채가 완성되었다. 그 후 블라디슬라프 2세 때 후기 고딕 양식이 더해지고 1526년 합스부르크 왕가의 지배가 시작되면서 르네상스 양식이 도입되었다. 그러다 바로크 시대인 1753년부터 1775년 사이에 지금의 모습을 갖추게 되었다.

연간 천만 명이 넘는 관광객들이 찾아올 정도로 프라하 관광의 중심에 서 있는 프라하 성에는 성 비투스 성당과 주교의 저택, 왕궁과 여러 개의 사원들 그리고 몇 개의 부속 건물들이 세워져 있다. 그 위에는 12세기에 수도원으로 지어졌다가 200만 권에 달하는 전 세계의 진귀한 고서들이 소장되어 있는 스트라홉스카 도서관이 있다.

프라하 성은 1918년 체코가 공화국이 되면서 대통령 관저로 사용되기 시작했다. 지금은 대통령이 기거하고 있지는 않지만 집무실과 영빈관이 남아 있다. 정원을 비롯한 일부 성내는 입장료를 내지 않고 돌아볼 수 있지만 역사적인 가치가 있는 건물 내부나 중요한 소장품을 구경하려면 입장권을 구입해야 한다. 입장권은 세종류가 있는데, 관광객들은 성 비투스 성당, 구왕궁, 황금소로만을 둘러볼 수 있는 기본 코스를 가장 많이 선택한다.

매일 정오에는 대통령 관저 정문 앞 흐라드차니 광장에서 위병 교대식이 정식으로 펼쳐진다. 그러나 매시간 위병을 교대할 때마다 약식으로 교대

∴Travel Story **프라하가 전쟁에서 파괴되지 않은 이유** 프라하는 도시 전체가 '중세의 박물관'이라 불릴 만큼 옛 모습이 그대로 보존되어 있다. 인접 국가인 폴란드의 수도 바르샤바가 제2차 세계대전을 겪으면서 95% 이상 파괴된 데 비해 프라하는 온전했다. 나치가 제2차 세계대전을 일으키고 체코를 침공하자 싸우기를 포기하고 나치에게 항복해 버렸던 것이다. 그 덕택에 프라하는 온전할 수 있었다.

보헤미아의 성인으로 추앙받는 바츨라프가 10세기에 지은 교회를 11세기 로마네스크 양식으로 재건축하고 나중에 고딕 양식으로 완성한 성 비투스 성당. 안에는 21개의 예배당이 있고 지하에는 역대 체코 왕들이 안치돼 있다.

체코가 자랑하는 유리공예 기술이 담겨 있어 신비하면서도 아름다움의 극치를 이루고 있는 성 비투스 성당 안의 스테인드글라스. 2만 7000여 장의 색유리가 사용된 장미의 창 또한 빼놓을 수 없는 볼거리다.

식이 있으므로 일부러 정오에 맞춰 갈 필요는 없다. 정문 위병 위로는 칼을 든 거인과 몽둥이를 든 거인이 발아래 힘없어 보이는 사람을 위협하는 상이 두 개 있다. 합스부르크 왕가가 체코를 지배했을 때 왕궁에 이런 상징물을 두고 경고하려는 의도로 만들어졌다. 진품은 박물관에 있고 대통령 관저 앞 정문 위에 있는 것은 모조품이다.

입구를 지나 제1정원~제3정원을 통과하면 성 비투스 성당을 만나게 된다. 보헤미아의 성인으로 추앙받는 바츨라프가 10세기에 지은 교회를 11세기 로마네스크 양식으로 재건축한 성당이다. 성당 안에는 21개의 예배당이 있고 지하에는 역대 체코 왕들이 안치돼 있다. 워낙 오랜 세월에 걸쳐 건축된 탓에 중세의 고딕 양식을 바탕으로 여러 양식이 혼합되어 있으며 점차적으로 현재의 모습을 갖추게 된 것을 확인할 수 있다. 지금의 모습을 갖춘 것은 1929년이다. 성 비투스 성당 안의 스테인드글라스는 체코가 자랑하는 유리공예 기술이 담겨 있어 신비하면서도 아름다움의 극치를 이룬다. 성당 정면 중앙에 있는 장미의 창 또한 빼놓을 수 없는 볼거리다. 이 유리창을 제작하기 위해 무려 2만 7000여 장의 색유리가 사용됐다고 한다.

옛 왕궁과 성 이르지 교회를 지나면 황금소로가 이어진다. 연금술사들이 불로장생의 묘약을 만들던 골목이다. 이곳에는 16세기의 작은 집들이 모여 있다. 동화에 나올법한, 허리를 굽혀야 겨우 들어갈 수 있을 정도로 작은 집들이 붙어 있다. 원래 이곳은 성에서 일하던 집사와 하인들이 살던 곳이었으나 이후 연금술사들이 모여 살면서 황금소로라는 이름이 붙었다. 프란츠 카프카가 살았던 그의 여동생의 집도 보존돼 있는데 카프카는 여기에서 「성(城)」을 썼던 것으로 알려지고 있다.

프라하 성은 블타바 강변의 고지대에 위치하여 시내를 조망하기 좋다. 성 아래로 내려오면 와이너리가 한 곳 있는데 이곳에서 와인을 시음하며 오랜 세월 다듬어진 아름다운 도시를 내려다볼 수 있다. 저물 무렵 성 구경을 마쳤다면 걸음 속도를 늦추고 황혼으로 물들어가는 프라하를 감상하며 내려오는 것을 권한다. 블타바 강을 가로지르는 카를교에서 때마침 어둠을 만났다면 조명 속에서 아름답게 빛나는 프라하 성의 야경을 감상할 수 있다.

1918년 체코가 공화국이 되면서 대통령 관저로 사용되기 시작한 프라하 성

## 092 **체코** 카를 교

유럽에서 가장 아름다운 다리
**카를 교**

# *Karluv most*

유럽에서 가장 아름다운 다리 카를 교는 600년 전에 만들어졌다. 다리가 완공된 후 200년이 지나면서 다리 위에 성서 속 인물과 체코의 성인 등 30명의 조각상이 세워졌다. 다리 위는 프라하 성으로 가는 관광객들로 항상 넘쳐난다. 해가 저물고 프라하 성을 밝히는 조명이 하나둘씩 켜지기 시작하면 성의 야경을 감상하기 위해 다리 위를 찾아오는 관광객들 때문에 발 디딜 틈이 없다.

영화 〈프라하의 봄〉에서 여주인공 테레사는 삶의 가벼움을 맛보기 위해 엔지니어와 하룻밤 사랑을 나눈 후 카를 교에서 블타바 강물을 보며 "프라하를 떠나고 싶다"고 통곡하기도 했다.

프라하를 추억할 때 카를 교와 프라하 성이 먼저 떠오르는 이유는 무엇일까? 프라하를 다녀오지 않은 사람들에게도 카를 교와 프라하 성이 있는 풍경이 익숙한 이유는 또 무엇일까? 그 이유는 카를 교와 프라하 성이 사진과 소설 속에 워낙 자주 등장해 전 세계에 널리 알려졌기 때문이다.

날이 저물고 카를 교 난간을 밝히는 조명이 하나둘씩 켜지기 시작하면 멀리 언덕 위의 프라하 성은 어둠 속에서 빛나는 아름다운 보석이 된다. 성 아래서 오랜 세월 프라하를 지켜본 아름다운 다리 카를 교. 그 사연과 역사는 이미 천 년을 넘어섰다. 9세기 초 나무로 만든 이 다리는 홍수로 여러 차례 유실됐고 보헤미아의 왕인 카를 4세가 1357년에 지금의 모습으로 다리를 놓기 시작했다. 무려 50년 동안 공사를 벌여 1406년에 완공되었는데, 동구권에서 가장 오래된 길이 520m의 보행자 전용 다리다.

홍수로 강이 범람하고 공사했던 다리가 송두리째 떠내려가는 풍파를 이겨낸 보헤미아 사람들과 그들의 후손인 체코 사람들은 아직도 '세계에서 가장 아름답고 사랑스러운 다리'로 이 카를 교를 꼽는다. 이런 이유로 600년이 지난 지금도 다리의 초석을 놓은 오전 5시 31분을 기리며 축포를 쏘는 풍습이 남아 있다.

∴Travel Story **영화 〈프라하의 봄〉과 카를 교** 밀란 쿤데라(Milan Kundera)가 1984년 발표한 장편소설 「참을 수 없는 존재의 가벼움」은 1968년 체코슬로바키아에서 일어난 민주자유화운동을 배경으로 하고 있다. 이 소설을 원작으로 한 영화 〈프라하의 봄〉(1988)에서 여주인공 테레사는 삶의 가벼움을 맛보기 위해 엔지니어와 하룻밤 사랑을 나눈 후 카를 교 다리 밑에서 잿빛 강물을 보며 "프라하를 떠나고 싶다"고 통곡한다. 원작인 「참을 수 없는 존재의 가벼움」은 당시의 정치사회적인 조건을 배경으로 인간의 삶과 죽음을 가벼움과 무거움이라는 이분법적 측면에서 조명한 소설이다. 영화 역시 세련된 영상 및 시간의 흐름을 파괴하는 독특한 서술형식과 포스트모더니즘 기법을 실험한 선구적 작품으로 평가받고 있다. 영화는 사울 자엔츠(Saul Zaentz)가 제작하였으며, 필립 코프먼(Phillip Kaufman)이 감독하였다.

카를 교는 다리 난간의 조각상이 인상적인데 처음부터 그 자리에 조각상이 있었던 것은 아니다. 다리가 완공된 1406년부터 약 200년간 다리의 장식물은 나무로 만든 17세기 예수 수난 십자가뿐이었다고 한다. 그러다 로마 천사의 성에 있는 베르니니의 조각에서 힌트를 얻어 1683년부터 프라하의 기독교 순교 성자인 성 요한 네포무크의 것을 시작으로 성서 속 인물과 체코의 성인 등 30명의 조각상이 세워져 있다. 이 동상들은 각자의 개성과 사연을 지니며 카를 교의 볼거리가 됐다. 현재 다리에 있는 조각상들은 복제품이고 진품은 국립박물관에 소장되어 있다.

카를 교 아래로 던져져 죽은 네포무크 성인의 순교 자리에도 사람들이 많이 몰린다. 네포무크가 떨어져 순교한 블타바 강에는 다섯 개의 별이 떠올랐다고 하여 별이 다섯 개 장식되어 있다. 이 별 십자가에도 소원을 비는 사람들이 많다.

카를 대교는 항상 거리의 예술가들로 북적거린다. 프라하 성으로 가거나 성에서 구시가로 내려오는 사람들로 항상 다리 위가 복잡한데도 그 틈바구니에서 기타를 치며 노래 부르는 사람, 아코디언을 연주하는 사람, 퍼포먼스를 보여주는 사람 들이 흥겨운 분위기를 만들어낸다. 이렇게 복잡한 다리 위로 어둠이 찾아오면 모두들 난간에 서서 프라하 성의 아름다운 야경에 빠져들기 시작한다. 언덕 위로 검은색 우단 같은 어둠이 깔리고, 조명을 받아 환상적인 몸매를 드러내는 프라하 성의 야경은 잊지 못할 추억을 만들어준다.

카를 대교는 항상 거리의 예술가들로 북적거린다.

중세풍의 아름다운 건물들이 감싸고 있는

**구시청사 광장**

# *Old Town Hall*

구시청사 광장 한가운데에는 종교개혁가 후스의 동상이 있고 구시청사와 틴 성당이 마주 보고 있다. 프라하를 여행하는 사람들은 구시청사 시계탑에서 매시간 벌어지는 시계쇼를 보기 위해 모여든다. 불과 20초간의 짧은 쇼이지만 인생의 중요한 교훈을 얻는다.

1338년에 전통 고딕 양식으로 지어진 구시청사는 건물 벽에 붙어 있는 천문시계가 유명하다. 구시청사 안에는 프라하 시민들이 결혼식장으로 이용하는 작은 예배당과 종교개혁을 주장했던 후스파 사람들을 가둬두기도 했다는 감옥도 있다.

프라하의 구시가지 중심에는 구시청사와 틴 성당이 있다. 프라하의 역사적인 두 건물은 후스 동상이 있는 구시가 광장을 사이에 두고 마주 보고 있다. 그리고 중세풍의 아름다운 건물들이 광장을 감싸고 있어 600년 정도 시간여행을 한 것 같은 착각에 빠질 정도다.

지금은 관광용으로 용도가 바뀐 구시청사는 1338년에 전통 고딕 양식으로 지어졌다. 건물 벽에 붙어 있는 천문시계가 유명한 이 건물은 제2차 세계대전 때 파손되어 천문시계가 있는 70m의 탑만 남았다가 지금은 원상태로 복구되었다. 구시청사 안에는 프라하 시민들이 결혼식장으로 이용하는 작은 예배당과 종교개혁을 주장했던 후스파 사람들을 가둬두기도 했다는 감옥도 있다. 예배당으로 들어가면 천문시계 내부를 구경할 수 있으며 시계탑 꼭대기 전망대까지 엘리베이터를 타고 올라가서 프라하 시내를 내려다볼 수 있다.

매시 정각이 되면 탑 바깥쪽에 설치된 천문시계 아래로 많은 관광객들이 모여든다. 불과 20초 정도 진행되는 시계 쇼를 보기 위해서다. 초침이 정각을 알리면 죽음을 상징하는 해골인형이 움직이며 종을 치고, 두 개의 창문에서는 12사도가 등장한다. 허영을 상징하는 거울을 보는 자, 돈지갑을 움켜쥔 유대인, 음악을 연주하는 튀르키예인도 등장하여 죽음 앞에 이 모든 것이 쓸데없음을 보여준다. 유대인이었던 카프카는 어린 시절 이 시계 속의 탐욕스러운 유대인을 보며 마음에 상처를 입기도 했다고 한다. 짧은 쇼지만 인생의 중요한 교훈을 주는 느낌이다.

천문시계는 15세기에 만들어진 것으로 전해진다. 시계의 두 개 원은 천동설에 입각한 우주관을 보여준다. 위에 있는 원은 해와 달 전체의 움직임을 나타낸다. 1년에 원의 한 바퀴를 돌며 년, 월, 일, 시간을 알린다. 아래쪽에 있는 원은 12개의 보헤미아의 농경생활과 관련된 계절별 장면을 묘사하고 있다. 시계 한가운데에 지구가 있고 3개의 바늘 축은 지구의 중심인 프라하를 의미한다. 3개의 시계바늘은 각각 태양의 시간과 달의 시간, 별의 시간을 보여준다. 바깥쪽의 아라비아 숫자 24는 고대 보헤미아의 시간을, 그 안쪽의 두 쌍의 로마숫자는 중부 유럽의 낮과 밤 시간을, 제일 안쪽 12의 아라비아 숫자는 해가 떠서 질 때까지의 숫자를 나타내고 있다.

구시청사 광장 한가운데는 얀 후스(Jan Huss)의 동상이 있다. 후스는 체코의 종교개혁가로, 체코어 철자법을 개량하고 체코어 찬송가를 보급한 사람이다. 가난한 농부의 아들로 태어나 카를 대학 총장을 역임하였으며, 만민평등사상을 바탕으로 하는 종교개혁을 일으켜서 유럽 최초로 종교의 자유가 법으로 보장되는 결과를 얻어낸 인물이다.

금빛으로 빛나는 두 개의 고딕식 첨탑을 가진 틴 성모 성당(Kostel Panny Mary Před Týnen)은 구시청사 광장의 주인처럼 보인다. 1365년에 세워진 이 성당은 종교개혁 당시에 후스파의 거점이 되었다. 두 개의 탑은 기도할 때 두 손을 모은 모습을 따서 만들었는데 각각 아담과 이브를 상징한다. 아담 탑이 이브 탑보다 조금 높고 크게 지어져 있다. 햇살이 뜨거운 오후가 되면 그늘을 만들어 이브 탑을 보호해주기 위해서라고 하는데 체코가 여성들을 배려하는 나라라고 하는 이유를 이런 곳에서도 찾아볼 수 있다.

∴Travel Story **장님이 된 천문시계 제작자** 천문시계에는 끔찍한 전설이 있다. 1490년 천문학자 하누스(Hanus)가 이 시계를 만들었을 때 당시 기술로는 상상할 수 없는 정교함과 아름다움에 주변 나라의 부러움을 샀다. 자신들의 나라나 도시에도 같은 시계를 만들어달라는 부탁이 줄을 잇자 프라하 시의회는 다른 시계를 만들지 못하도록 그에게 테러를 해 장님으로 만들었다. 장님이 된 하누스는 마지막 소원으로 자신이 만든 시계를 다시 만져보고 싶어 했고, 그가 만지자 시계가 갑자기 멈추더니 더 이상 움직이지 않았다고 한다. 이후 200년 동안 시계는 누구도 고치지 못했다는 이야기가 전해 내려온다.

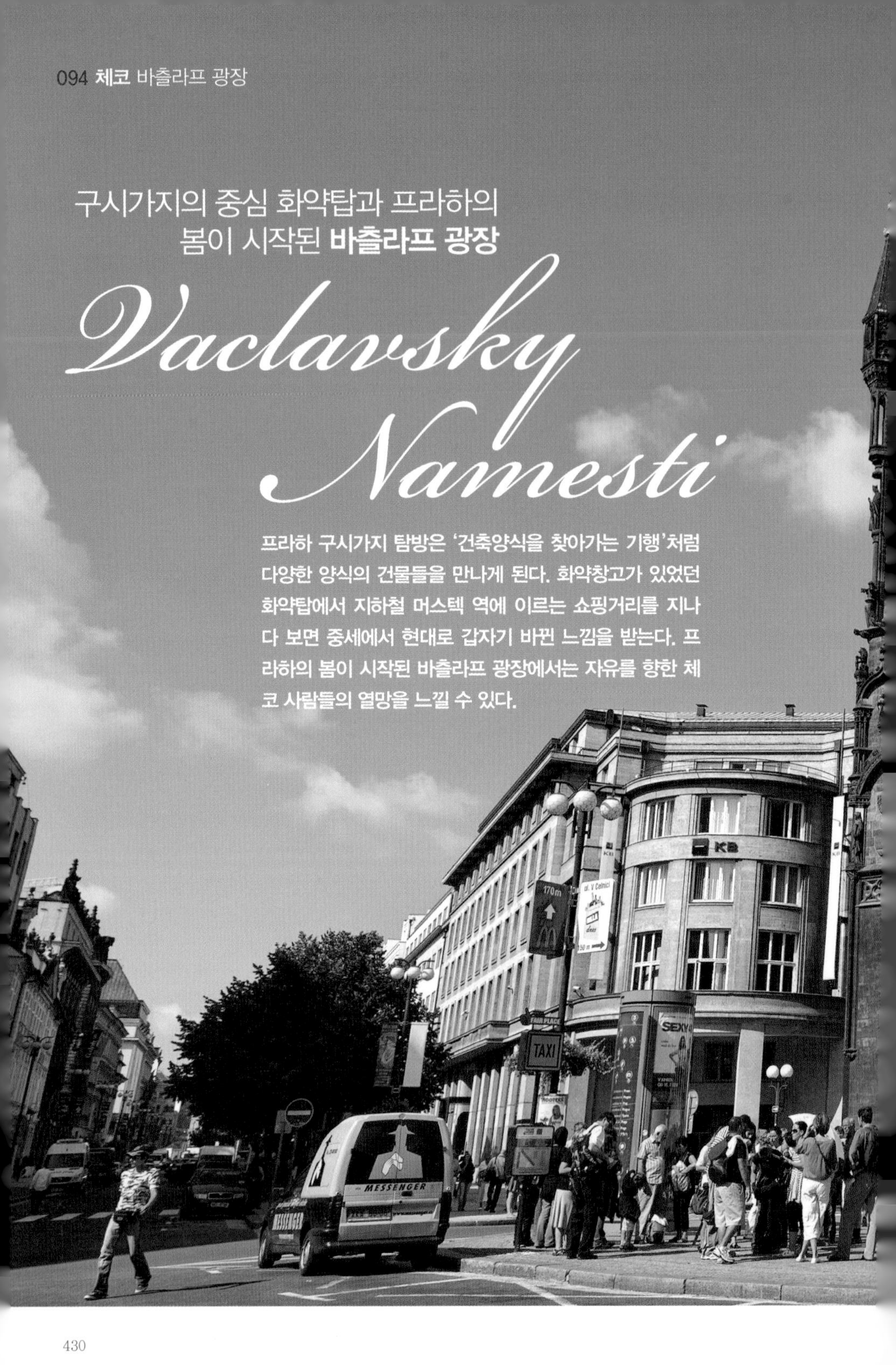


# 구시가지의 중심 화약탑과 프라하의 봄이 시작된 **바츨라프 광장**

*Vaclavsky Namesti*

**프라하 구시가지 탐방은 '건축양식을 찾아가는 기행'처럼 다양한 양식의 건물들을 만나게 된다. 화약창고가 있었던 화약탑에서 지하철 머스텍 역에 이르는 쇼핑거리를 지나다 보면 중세에서 현대로 갑자기 바뀐 느낌을 받는다. 프라하의 봄이 시작된 바츨라프 광장에서는 자유를 향한 체코 사람들의 열망을 느낄 수 있다.**

ČESKÉ ZLATO
CZECH GOLD
VÝSTAVA | EXHIBITION
07 | 12 | 2009 – 01 | 07 | 2010
MARTIN
TOUR
TOUR

화약탑에서 지하철 머스텍 역 방향으로 큰 길이 열려 있는데 구시가지와 신시가지의 경계가 된다. 이 길 양편으로 백화점이나 명품점, 쇼핑센터 등이 자리 잡고 있어 쇼핑을 즐기러 나온 프라하 사람들로 항상 복잡하다.

프라하 관광의 중심이 되는 구시가지는 오래된 거리답게 고풍스럽고 아름다운 건물이 모여 있다. 이 주변을 '프라하의 건축박물관'이라고 부르기도 하는데 그 이유는 꼼꼼하게 살펴보지 않더라도 고딕, 르네상스, 바로크 양식의 다양한 건축물이 눈에 쉽게 들어오기 때문이다. 구시가지의 중심에 있는 틴 성모 성당의 겉모습은 고딕식이지만 내부는 바로크 양식이고 거대한 제단과 북동쪽의 출입문은 로코코 양식이다.

체코적인 색채가 가장 많이 남아 있는 것으로 평가되는 이 성당을 지나 화약탑으로 향하는 첼레트나 거리를 걸으면 중세의 도시로 빠져 들어온 느낌이다. 이 길은 프라하 성에서 시작되어 화약탑까지 왕의 대관식 행렬이 지나는 길로, 프라하에서 가장 오래된 길이다.

화약탑은 고딕 양식의 건축물로, 화약탑이라는 이름이 어울릴 만큼 칙칙하고 어두운 느낌이다. 바로 옆에 있는 화려한 아르누보 양식의 시민회관과는 대조를 이룬다. 1475년에 건축된 이 탑은 원래 대포를 설치해두던 요새로 쓰였다가 루돌프 2세 때 연금술사의 연구실과 화약창고로 사용되었다. 화약탑이라고 부르는 이유도 17세기에 화약창고로 사용되었기 때문이다. 18세기 중반 전쟁으로 파손되었다가 19세기 말에 현재의 모습으로 복구된 것으로 알려져 있다. 1960년대 이후에는 종을 주조하는 기술과 연금술에

∴Travel Story **체코의 명물 맥주** 목 넘김이 유난히 부드러운 체코 맥주는 맥주의 왕국 독일을 능가하는 맛으로 프라하를 여행하는 사람들을 사로잡는다. 어떤 이는 프라하 구시가지 광장 노천에서 마셨던 흑맥주만 기억에 남는다고 할 정도로 맥주에 대한 인상이 강렬하다. 체코의 맥주가 맛있는 이유는 경도가 낮은 물을 사용하기 때문이다. 담백하고 호프향이 짙은 특징을 가지고 있는 이유도 물맛에서 찾을 수 있다. 세계 최고의 품질을 자랑하는 호프도 역시 체코에서 나고 있어 좋은 맥주가 생산된다. 체코인들은 연간 한 사람이 300병이 훨씬 넘는 맥주를 마실 정도로 소비량이 많은 나라다. 거품을 '맥주의 혼'이라 부를 만큼 맥주를 사랑하는 사람들이 체코인들이다.

관련한 기구들을 전시하는 박물관으로 사용되기도 했었다.

화약탑에서 지하철 머스텍 역 방향으로 큰 길이 열려있는데 이 길이 구시가지와 신시가지의 경계가 된다. 길 양편으로 백화점이나 명품점, 쇼핑센터 등이 자리 잡고 있어 쇼핑을 즐기러 나온 프라하 사람들로 항상 복잡하다. 이 길을 따라 머스텍 역까지 내려오면 길 왼편이 툭 터진 느낌이 들고 프라하 시내에서 가장 넓은 장소인 바츨라프 광장이 갑자기 나타난다. 바츨라프 광장은 광화문 광장처럼 길 중앙과 양옆으로 사람들이 다닐 수 있고 그 사이로 자동차도로가 있는 넓은 공간이다.

바츨라프 광장은 체코 민주화의 상징인 '프라하의 봄'이 일어났던 현장이다. 1968년에 일어난 이 사건은 좌절된 시도였지만 체코 사람들에게는 의미 있는 저항이었다. 당시 시위가 있었던 바츨라프 광장 한쪽에서 시위 도중 분신한 두 청년의 사진과, 사건을 기리기 위해 심은 나무를 만날 수 있다. 그 앞으로는 무대가 마련되어 있어서 각종 집회나 콘서트 등이 열린다. 1968년의 '프라하의 봄'은 1989년 말 벨벳혁명으로 이어져 드디어 1990년 가을, 체코는 간절히 원하던 완전한 자유를 얻었다. 그리고 1993년 1월 1일을 기해 체코와 슬로바키아가 분리되었다.

바츨라프 동상 뒤쪽으로 보이는 국립박물관은 체코에서 가장 오래된 박물관이다. 동물학관, 고고학관, 광물학관, 문화인류학관 등으로 구성된 자연사박물관 성격을 띠고 있다. 얀 후스, 드보르자크, 스메타나 등의 동상과 흉상도 전시된 이 박물관은 영화 〈미션 임파서블〉의 촬영지로도 유명하다.

지하철 머스텍 역에서 바츨라프 기마상이 서 있는 곳까지를 바츨라프 광장이라 부른다.

프라하의 역사가 시작된 왕조의 흔적

# 비세호라드

# *Vysehrad*

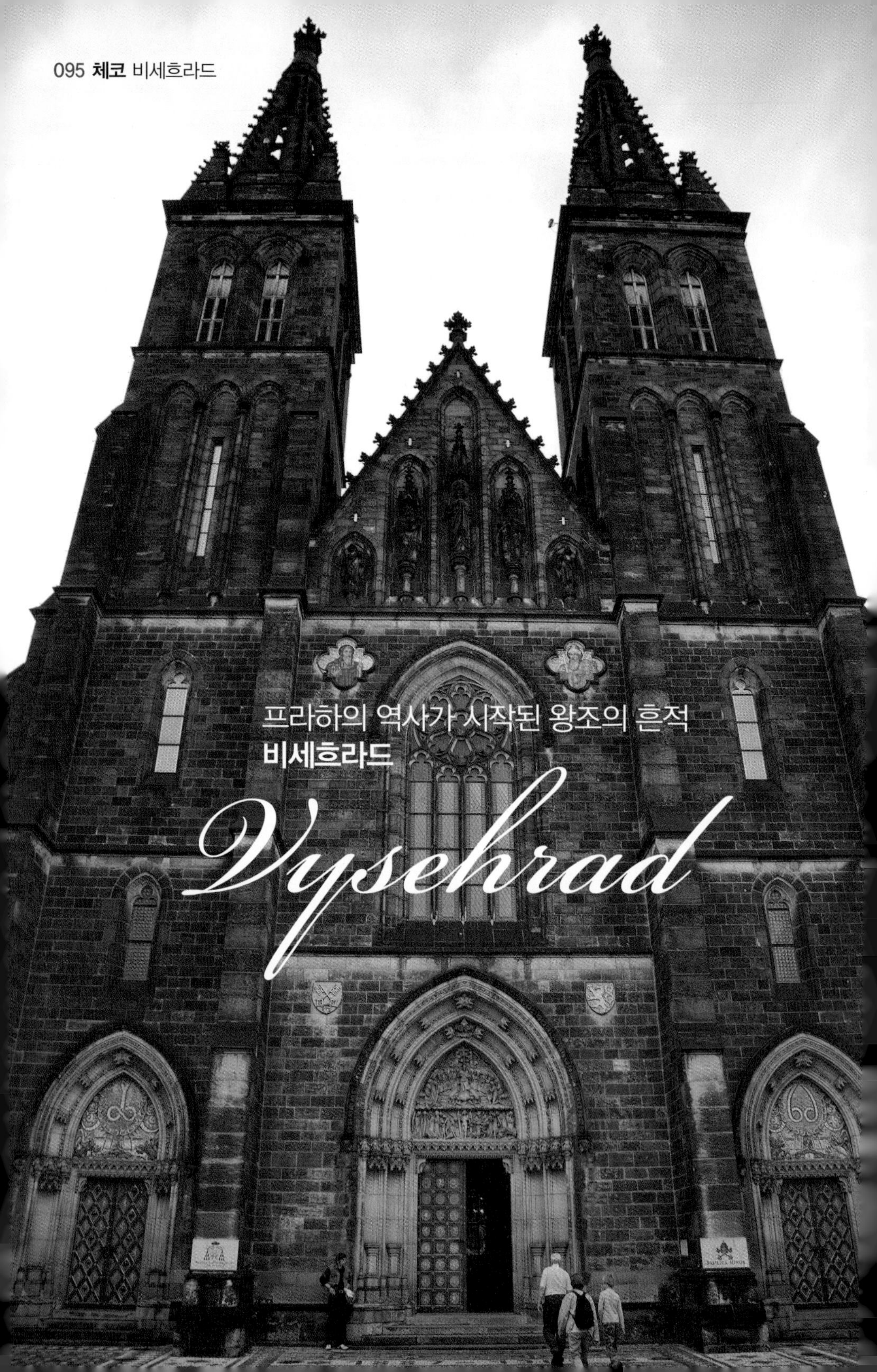

**블타바 강이 내려다보이는 언덕에서 오래된 왕조의 흔적을 찾는 프라하 사람들의 조용한 발걸음이 인상적인 비세흐라드. 이곳에 왕조가 들어서고 성채를 만든 시기는 7세기경인 것으로 추정된다. 체코 국민들은 스메타나를 최고의 작곡가로 여기는데 그가 체코의 아름다운 자연과 역사를 담은 '나의 조국'이라는 곡의 1번으로 비세흐라드를 선택했다.**

프라하를 여행할 때 어느 곳을 먼저 찾아갈지를 두고 고민해야 할 때가 많다. 그만큼 우열을 가릴 수 없을 정도로 볼 것이 많기 때문이다. 이럴 때 가장 편한 방법은 시대 순으로 찾아가 보는 것이다. 블타바 강과 보티츠 강이 만나는 지점의 언덕에 위치한 비세흐라드는 체코 최초의 왕조인 프레미슬리드 시대의 전설이 깃들어 있는 곳이다. 현재 민족문화공원이라는 이름으로 불리고 있다.

프라하의 오래된 유적지인 비세흐라드는 프라하 성이나 카를 교처럼 유명세를 타는 여행지는 아니지만 한번 다녀간 사람들이 칭찬을 아끼지 않는 곳이다. 블타바 강이 내려다보이는 언덕에서 오래된 왕조의 흔적을 찾는 프라하 사람들의 조용한 발걸음이 인상적이다. '신비스러운 고도'라고 부를 정도로 체코 사람들에게 있어 민족의 정체성을 상징하는 공간이 비세흐라드다.

'고지대에 있는 성'이라는 뜻의 비세흐라드는 블타바 강 위에 우뚝 솟은 험

블타바 강이 내려다보이는 언덕 위에 세워진 비세흐라드 성

체코 사람들의 조상이 가장 먼저 정착하고 번성했던 비세흐라드. 이 문 안으로 들어서면 전쟁으로 파괴됐지만 복잡한 중심지보다 더 체코다운 분위기를 느낄 수 있다.

준한 지역에 자리 잡고 있다. 체코 사람들에게 역사적으로나 신화적으로 중요한 의미를 지닌 이곳은 체코에 왕조가 들어선 최초의 장소였다. 보헤미아 왕국을 세우는 기틀이 되는 리부세(Libuse) 공주가 프라하라는 도시의 미래의 영광을 예견했던 곳도 바로 이곳이다.

이곳에 왕조가 들어서고 성채를 만든 시기는 7세기경인 것으로 추정된다. 비세흐라드에 관한 역사적인 증거는 거의 없지만 볼레슬라브 2세(967~999) 때 주조된 동전을 통해서 그 존재가 희미하게 증명되었다. 당시 이곳에는 왕궁과 집들이 있었으며 성벽으로 둘러싸여 요새를 이루었다. 현재는 성 베드로 바울 성당과 몇몇의 유물들만이 남아 있을 뿐이다. 그렇지만 체코 국민들에게 있어서는 민족의 정체성을 의미하는 공간으로 자리매김하여 많은 사람들의 발길이 끊이지 않고 있다. 체코가 자랑하는 세계적인 작곡가로는 드보르자크와 스메타나가 있다. 신세계 교향곡을 작곡한 드보르자크는 전 세계 사람들에게 유명하지만 체코 국민들은 스메타나를 최고의 작곡가로 여긴다. 스메타나는 체코의 아름다운 자연과 역사를 '나의 조국'이라는 곡에 담았는데, 그 가운데 몰다우 강(체코어로는 블타바 강)이 2번이고 비세흐라드가 1번이다.

성 베드로바울 성당 옆의 공동묘지에는 드보르자크와 스메타나 등과 같은

∴Travel Story **체코의 건국신화** 9세기경 유럽 중부의 어느 마을에 루시, 레흐, 체흐라는 이름의 3형제가 있었다. 어느 날 이들은 여행하다가 마음에 드는 장소가 있으면 각자 그곳에 정착하기로 하고 길을 떠났다. 루시는 루마니아와 러시아 국경 부근을 지나다 넓은 호수와 풍요로운 땅에 매혹되어 그곳에 눌러앉고 부족국가를 만들었다. 부족의 이름은 자신의 이름을 따서 키예프 루시라 했다. 레흐는 지금의 폴란드 포즈난 근처를 지나 완만한 구릉과 자작나무로 뒤덮인 계곡의 울창한 숲에 마음을 빼앗겨 그곳에 정착했다. 체흐는 보헤미아 숲 근처에 이르렀을 때 바람을 타고 날아온 향긋한 꿀 향기와 동물들이 자유롭게 뛰어노는 모습에 반해 보헤미아에 정착했다. 이때가 서기 852년경으로 체코 역사의 기원이다.

체코를 빛낸 음악가들과 지도자들이 묻혀 있어 그 의미를 더하고 있다. 보물찾기하듯 묘비의 이름이나 조각 등을 살피다 보면 체코 사람들이 자랑하는 세계적인 인물의 묘를 발견할 수 있다. 체코의 국민 음악가로 신세계 교향곡을 작곡한 드보르작의 멋진 콧수염과 근엄한 표정이 잘 표현된 흉상을 발견할 수 있다. 체코를 대표하는 작가 얀 네루다의 묘비도 눈에 들어온다. 성 베드로바울 성당의 겉모습은 수수한 편이지만 내부는 화려하다. 특히 성서의 내용을 주제로 삼은 스테인드글라스는 체코 특유의 유리공예 기법들이 그대로 살아 있어 신비롭기까지 하다. 성당 내부와 묘지를 살펴본 후 성벽을 따라 걸으면서 산책을 즐길 수 있다. 깎아지른 느낌의 절벽 위에 성벽이 있고 그 아래 도도히 흐르는 블타바 강과 아름다운 강변의 건물들이 있는 풍경. 프라하 사람들은 이곳에서 자신들의 역사를 반추하듯 경건하게 걷는다.

성당 뒤편의 공동묘지. 체코를 대표하는 유명한 예술인이나 영웅들의 묘가 많다.

# 이슬람과 동로마 시대를 동시에 간직한 사원 **블루모스크**

*Sultan*

# Ahmed Mosque

튀르키예에 있는 이슬람 사원 가운데 가장 귀하고 큰 블루모스크는 그들의 자랑거리이자 가장 좋은 관광자원이다. 하루 다섯 차례 기도시간을 제외하고는 내부 관람이 가능하다. 블루모스크 바로 곁에 있는 히포드롬 광장은 동로마 시대의 마차경기장이었던 곳으로 이스탄불 이전의 도시 콘스탄티노플의 분위기를 간직하고 있다.

성소피아 성당을 뛰어넘겠다는 야심에서 건축이 시작된 블루모스크. 수많은 기둥이 받치는 아치 위에는 작은 돔을 얹고, 작은 돔 위에 다시 큰 돔을 얹는 방식으로 4단까지 올린 뒤 마지막으로 거대한 중앙 돔을 만드는 구조다.

이른 새벽에 항공기 편으로 이스탄불에 도착한 관광객들은 대부분 블루모스크 앞 히포드롬 광장으로 발걸음을 옮긴다. 긴 시간 비행으로 몸이 무겁지만 호텔 체크인 시간은 너무 이르고 관광지는 아직 문을 열지 않아 입장이 불가능하다. 그러나 히포드롬 광장은 항상 열려 있는 공간이라 아침 일찍 찾아갈 수 있고, 이스탄불이라는 도시가 탄생될 때 존재했던 유적들이 있어 시간 순서대로 여정을 짜는 경우에도 가장 먼저 찾아가야 하는 곳이기 때문이다. 또 이스탄불 관광에서 빼놓을 수 없는 명소 블루모스크가 바로 곁에 있어 먼저 찾아가야 할 충분한 이유가 존재한다.

오벨리스크는 데오도시우스 황제의 위업을 기리기 위해 멀리 이집트에서 가져온 것이다. 청동 뱀 기둥은 기원전 479년 페르시아를 격퇴한 전승기념으로 그리스 델피의 아폴론 신전에 세워져 있던 것을 콘스탄틴 1세가 이곳으로 옮겨다놓은 것으로 알려지고 있다.

광장의 서쪽 끝에는 오벨리스크를 배경으로 이슬람 문명 박물관이 자리 잡고 있다. 16세기 오스만 제국 전성기 술레이만 대제의 재상을 지낸 이브라힘 파샤의 궁전이다. 수많은 정복전쟁도 치러 많은 승리를 거뒀고 뛰어난 행정가로 이름을 날린 그였지만 후에 갖가지 부정과 부패를 저질러 형장의 이슬로 사라졌고, 그의 모든 재산은 왕실에 귀속되었다. 1990년대 이후 이

∴Travel Story **블루모스크의 첨탑이 6개인 이유는?** 이슬람 세계에서 모스크가 가지고 있는 권위는 생각보다 크다. 작은 마을의 모스크부터 국왕 격인 술탄이 세운 모스크까지 다양한 모스크가 존재한다. 모스크의 권위는 보통 첨탑의 개수로 표현한다. 1개의 첨탑이 세워진 곳은 개인이 만든 사원, 2개면 국가가 만든 사원, 4개면 술탄이 만든 사원이라는 이야기가 전해지고 있는데 블루모스크만 6개의 첨탑이 있다. 블루모스크의 첨탑이 6개인 이유에 대해서 이런 일화가 전해진다. 술탄이 성지순례를 떠나며 첨탑을 황금(튀르키예어로 알툰, Altun)으로 지으라고 말한 것을 6(튀르키예어로 알트, Alt)으로 잘못 알아듣고 첨탑을 6개나 만들었다는 것이다.

궁전은 박물관으로 개조되어 셀주크 튀르키예와 오스만 제국 시대의 유물과 문서들을 전시하고 있다.

튀르키예는 종교의 자유가 있는 나라로 알려져 있다. 그러나 엄연히 이슬람 국가다. 전 국민의 98% 이상이 이슬람교를 자신의 종교라고 말하고 있고, 이슬람 세계의 최고 종교지도자인 칼리프도 오랜 세월 튀르키예에서 나왔다. 하루 다섯 번 메카를 향해 기도하는 모습을 흔히 볼 수 있는 튀르키예이기 때문에 이슬람 사원인 모스크는 튀르키예 사람들의 생활에 중심이 된다. 따라서 튀르키예에 있는 이슬람 사원 가운데 가장 귀하고 큰 블루모스크는 그들의 자랑거리이자 가장 좋은 관광자원이다.

블루모스크의 정식 이름은 술탄 아흐멧 모스크다. 블루모스크라는 이름으로 더 많이 불리는 이유는 내부의 화려하고 아름다운 블루 색상의 타일 장식이 내는 푸른빛이 신비롭기 때문이다. 1616년 술탄 아흐멧 1세의 명을 받아 지어진 사원으로 성소피아 성당을 뛰어넘겠다는 야심에서 건축이 시작되었다. 셀 수 없이 많은 기둥이 받치는 아치 위에 작은 돔을 얹고, 작은 돔 위에 다시 큰 돔을 얹는 방식으로 4단까지 올린 후 마지막으로 거대한 중앙돔을 만드는 구조다. 돔 위에는 황금색 장식을 달았고 맨 꼭대기에는 이슬람을 상징하는 별과 초승달을 얹었다.

지난 수백 년간 이슬람교 중심 사원으로 큰 역할을 해온 블루모스크는 지금도 여전히 이슬람 사원으로서의 역할을 해내고 있다. 관광객들을 위해 무료로 개방하고 있지만 하루에 5번 열리는 기도시간에는 입장을 할 수 없다. 이슬람교도들은 모스크에 들어가기 전 몸을 청결히 해야 하는 율법이 있다. 기도를 위해 모스크로 들어가는 경우 입구의 물이 흐르는 정자에서 손과 발, 얼굴 등을 깨끗이 씻어야 한다. 관광객들은 신발을 벗어 입구에서 나눠주는 비닐에 담아 들고 들어가면 된다. 남성의 경우는 상관없지만, 여성의 경우 노출이 심한 차림일 경우 들어가지 못하게 하는 경우도 있다.

모스크의 돔 주변에는 수많은 창을 만들어 자연의 빛이 내부로 비치게 했다. 그러나 워낙 넓은 탓인지 어두운 편이다. 천장에 매달린 전구들이 어둠을 내쫓고 있다. 지름 5m나 되는 거대한 대리석 기둥이 받치고 있는 돔 아래로 화려한 아라베스크 장식이 천장과 벽면을 수놓고 있다. 꽃과 나뭇잎 문자만을 기하학적으로 표현한 독특한 이슬람 예술이 타일로 장식돼 있는데 벽면 중간부터는 청색 타일을 붙였다. 파란 타일들로 꾸며진 벽과 천장에 자연광이 스며들어 블루모스크 특유의 색상을 만들어낸다.

기독교 문명과 이슬람 문명이 보스포루스 해협의 소용돌이치는 물결처럼 뒤섞이는 이스탄불. 다양한 명소들이 있지만 요즘같이 기독교 문명과 이슬람 문명이 부딪치는 상황에서 가장 관심을 끄는 곳이 성 소피아 성당이다. 지금은 종교적 행위가 금지되어 있지만 성당 곳곳에는 두 문명이 상대방을 존중하고 배려해준 흔적들을 여러 곳에서 발견할 수 있다.

마르마라 바다가 내려다보이는 언덕 위에 성 소피아 성당과 블루모스크가 마주보고 있다. 둥근 돔 지붕에 첨탑이 있는 두 건물은 얼핏 보기에 닮은 구석이 많아 보인다. 그러나 태생이 다르다. 하나는 그리스 정교회 건물이고 다른 하나는 이슬람 모스크다. 이렇게 이질적인 두 건물이 같은 공간에 자리 잡고 있다는 사실이 재미있어 보인다. 특히 요즘같이 기독교 문명과 이슬람 문명이 충돌을 거듭하고 있는 상황에서 이 두 건물의 공존은 화해와 평화를 얻는 방법을 이야기하고 있는지도 모른다.

이스탄불을 두고 어떤 이들은 '동서양의 접점에 있는 공존의 도시'라는 말로 표현하기도 한다. 이런 표현들이 설득력을 얻는 이유는 이스탄불이 마르마라 바다가 흑해로 이어지는 길목인 보스포러스 해협을 경계로 유럽과 아시아에 걸쳐있기 때문이다. 유럽에 속하는 땅은 작은 만(灣)인 골든 혼을 경계로 구시가지와 신시가지로 나누어진다. 구시가지에는 비잔틴 제국과 오스만 제국의 다양한 유산들이 공존하고 있는데, 성 소피아 성당이 그 중심에 있다.

성 소피아 성당은 비잔틴 제국의 전성기인 537년에 유스티니아누스 대제에 의해 완성된 그리스 정교회 성전이다. 한때 흔들렸던 로마 가톨릭을 대신하여 서구 정신의 요람으로 자리 잡기도 했었던 이 성당은 이슬람 세력에 의해 이스탄불이 함락되기 전까지 그리스 정교의 중심 역할을 했다. 수천 명이 한번에 예배를 드릴 수 있는 경건한 공간으로 만들어진 이 성당은 당시 건축기술로는 거의 불가능에 가까운 독특한 방식으로 지어져 지금까지도 이야기꺼리가 되고 있다.

성소피아 성당은 중앙에 있는 한 개의 중앙 돔을 두 개의 작은 돔들이 받치고 있는 형태인데, 돔을 받치는 기둥이 없는 점은 세계 7대 불가사의로 여겨지고 있다. 이 기술은 예배를 드리기 위해 성당 안으로 들어온 사람들의 모든 관심을 중앙으로 집중시키는 놀라운 효과를 발휘했다. 성당 안에서 거대한 돔을 지탱하고 있는 대리석 기둥들의 다양한 모양과 색깔을 통해

∴Travel Story **성 소피아 성당의 소원의 기둥** 성 소피아 본당 왼편에는 항상 관광객들이 길게 줄지어 늘어선 곳이 있다. 구멍이 깊게 패인 검은 대리석으로 소원의 기둥, 또는 땀 흘리는 기둥으로 불린다. 구멍에 엄지손가락을 넣고 소원을 빌며 손을 360도 돌리면 그 소원이 이루어진다는 이야기가 전해 내려온다. 비잔틴 시대 때 구멍 안의 천사가 교회를 지켰다는 이야기도 있고, 이슬람으로 바뀌고 처음 기도를 드리러 왔던 술탄이 메카의 방향을 잡기 위해 손을 넣어 돌려봤다는 설도 있다. 그러나 가장 소박한 이야기는 그 구멍에 엄지손가락을 넣어 한 바퀴 돌리면 다시 이곳을 찾아온다는 속설이다. 이 기둥에서 성 소피아 성당은 종교적으로 자유로운 공간이라는 사실을 새삼 발견할 수 있다.

2층에서 내려다보는 성 소피아 성당은 한마디로
'천상의 아름다움'이라고 표현할 수밖에 없다.
꽃모양의 전구들이 어두침침한 공간을 밝히고 있고
창으로 들어오는 황금빛과 어우러져 더없이 화려하고 아름답다.

2층에 있는 모자이크 벽화들 가운데 가장 많은 사람들이 모이는 곳은 예수와 성모마리아, 세례자 요한이 그려진 그림 앞. 이 그림에서 재미있는 것은 예수의 시선이다. 모나리자 그림처럼 어느 쪽으로 이동해도 예수의 시선이 따라온다.

당시 비잔틴 제국의 위세를 느낄 수 있다. 카파도키아의 아이보리색, 프리기아의 분홍색, 테시리아의 녹색, 리비아의 황금색, 프로크네소스의 하얀색 대리석이 골고루 사용되었고 고대 로마 신전에서 뽑아온 기둥들도 있다. 기독교를 공인한 후 콘스탄티노플로 수도를 옮긴 동로마제국이 세운 성 소피아 성당은 메흐메트 2세가 동로마제국을 멸망시키고 이스탄불에 입성하면서 모스크로 바뀌게 된다. 그리고 약 400여 년의 시간이 흐른 뒤에는 역사를 간직한 박물관으로 쓰이고 있다. 이런 이유로 성 소피아 성당에서는 가톨릭과 이슬람의 흔적들이 모두 남아 있다. 천장에는 6개의 날개를 단 4명의 천사가 그려져 있는데, 그중에는 얼굴이 없는 천사도 있다. 이는 성당에서 이슬람 사원으로 바뀌면서 얼굴을 보고 기도하지 않는 이슬람의 율법에 따라 덧칠된 것으로 알려지고 있다.

국가의 주인이 바뀌고 종교도 바뀌는 상황에서 이전 교회의 흔적들을 남겨놓는 것은 그리 쉬운 일은 아니다. 성 소피아 성당을 두고 메흐메트 2세는 심각한 고민에 빠졌을 것이다. 이렇게 완벽한 건축물을 방치하거나 허물어 버리는 것보다는 잘 활용하는 편이 좋겠다는 판단을 내리고 모스크로 바꾸는 작업을 하게 된다. 그러나 기독교 성화를 건드리지 않고 하얀 천으로 덮어놓고 의례를 행했다고 한다. 이슬람의 정신이 최고조에 달한 슐레이만 시대에 들어 기독교 성화는 회칠로 살짝 가려지기는 했지만 사라진 것은 아니었다. 그 덕분에 성 소피아 사원을 찾는 사람들은 그 화려하고 아름다운 모습을 감상할 수 있었다. 성 소피아 성당에는 성모와 아기예수의 황금 모자이크가 있다. 성화와 성물을 우상으로 보는 격렬한 논쟁을 거친 후에 867년 그리스 정교회에서 처음으로 시도된 인물 성화다. 이 성화 앞에 선 모든 방문객들은 경건한 분위기에 잠시나마 고개를 숙이게 된다.

성 소피아 성당을 2층에서 내려다보려면 계단을 오르는 것이 아니라 오르막이 있는 동굴을 탐사하듯 걸어야 한다. 불과 1개 층을 올라가는데 5분 정도 걸리는 느낌이다. 높이로 보면 5층 정도 되는 것 같다. 2층에는 황금으로 만들어진 많은 모자이크 벽화들이 있는데, 그 가운데 가장 많은 사람들이 모여 있는 곳은 예수와 성모마리아, 세례자 요한이 그려진 그림 앞이다. 이 그림에서 재미있는 것은 예수의 시선이다. 모나리자 그림처럼 어느 쪽으로 이동을 해도 예수의 시선이 따라온다. 좌우로 움직이며 그의 시선을 느껴보려는 사람들이 제법 있다.

성당 안을 둘러볼 때 1층에서 올려다보는 느낌과 2층에서 내려다보는 느낌은 사뭇 다르다. 1층에서는 천정화와 아름다운 돔, 수천 명이 예배를 드릴 수 있는 공간에 가득찬 관광객에 위압감을 느끼게 된다. 그러나 2층에서 내려다보는 느낌은 한 마디로 '아름답다'고 표현할 수밖에 없다. 꽃모양의 전구들이 어두침침한 공간을 밝히고 있고 창으로 들어오는 황금빛과 어우러져 더없이 화려하다. 자신이 천상을 거닐고 있는 착각에 빠질 정도다.

마르마라 바다가 보이는 언덕 위에 있는 성 소피아 성당

## 이스탄불의 명소를 내려다볼 수 있는 **갈라타** 타워

# *Galata Tower*

신시가지는 이슬람 왕조가 토프카프 궁전 시대를 끝내고 골든 혼 건너에 돌마바흐체 궁전으로 이전하면서 발전된 지역이다. 갈라타 타워 관광을 마친 관광객들은 이스탄불에서 가장 번화한 탁심 광장 주변까지 이동하면서 거리 관광을 하게 된다. 서울의 명동 같은 탁심 광장 주변은 관광객들보다는 이스탄불의 젊은이들이 쇼핑이나 문화생활을 즐기기 위해 모여드는 곳이다.

이스탄불에서도 가장 오래된 정착지의 하나인 갈라타 지역은 기원전 7세기 그리스 시대부터 형성된 것으로 전해진다. 중세 때는 제노아인들이 정착했었다.

이스탄불의 유럽 쪽 지역은 마르마라 바다가 육지 안쪽으로 깊숙이 들어온 골든 혼을 중심으로 구시가지와 신시가지로 나뉜다. 구시가지는 동로마제국이 있었던 곳으로, 이스탄불을 차지한 이슬람 왕조는 이 지역을 기반으로 도시를 키워나갔다. 성 소피아 사원, 토프카프 궁전, 블루모스크 등 이스탄불의 문화유산들이 대부분 이 지역에 있다.

신시가지는 이슬람 왕조가 토프카프 궁전 시대를 끝내고 골든 혼 건너에 돌마바흐체 궁전으로 이전하면서 발전된 지역이다. 왕궁이 골든 혼을 건너가자 구시가에 있던 모든 행정기반이 함께 옮겨갔고, 형편상 구시가에 남아 있어야 하는 행정기관들은 골든 혼 위쪽의 육로를 돌아 왕궁으로 갈 수밖에 없었다. 상황이 이렇게 되자 바다 양쪽의 다리를 연결할 다리를 만들게 되었다. 골든 혼에 세워진 첫 번째 다리는 운카파느와 아잡카프 사이를 연결하는 다리로 1836년경 건설되었다. 이 다리는 지금도 신시가로 가는 사람들의 통행량이 가장 많고, 주로 자동차가 다닌다. 그 후 도시 중심부를 갈라타 지역과 연결시킬 또 다른 다리가 필요하게 되어 다리를 하나 더 놓게 된다. 1845년경 완공된 이 다리 이름은 만들 당시에는 발리데 술탄 다리로 불렀던 갈라타 다리다.

∴Travel Story **영화나 소설 속에 등장하는 신시가지** 동·서유럽과 중동의 교차점에 서 있는 이스탄불은 냉전시대에 암투가 벌어지는 첩보 도시로 유명했다. 영화의 주요 소재가 되기도 했던 미인과 마약, 폭력과 살인 등이 일어났던 지역이 갈라타 타워와 탁심 광장의 중간 지점인 이스티크랄 거리의 뒷골목이다. 이곳에서 영화 007의 긴박한 추적 장면이 촬영되기도 했다. 이스티크랄 거리가 끝나는 곳에 페라 팔라스 호텔이 있다. 이곳이 이스탄불의 유일한 외국인 전용 호텔로 이용되면서 많은 에피소드와 사연을 남겼다. 세계적인 추리작가인 아가사 크리스티가 이 호텔에 머물면서 그의 대표작 「오리엔트 특급 살인 사건」을 구상했던 것으로 유명하다. 튀르키예를 공화국으로 만든 초대 대통령 무스타파 케말이 이곳에 머물기도 했는데 그가 머물던 집무실은 지금 아타투르크 박물관으로 보존되고 있다.

갈라타 다리 건너편이 갈라타 지역이다. 이스탄불에서도 가장 오래된 정착지의 하나인 갈라타 지역은 기원전 7세기 그리스 시대부터 형성된 것으로 전해진다. 언덕 기슭이 무화과나무로 덮여 있어 오랫동안 '무화과의 마을'이란 뜻인 '시케(Sycae)'라 불려왔던 곳이기도 하다. 이 지역이 제노아인을 중심으로 한 외국인 거주지로 자리 잡은 것은 12세기부터다. 당시 콘스탄티노플의 동로마제국이 베네치아와 대항하기 위해 제노아인들에게 갈라타 지역에서 자유무역을 할 수 있는 권리를 주었기 때문이다.

갈라타 지역에서 가장 높은 언덕 위에 우뚝 솟은 갈라타 타워는 1348년 제노아 인들이 그들의 공동체를 보호하기 위해 세웠던 원추형 탑이다. 7층 전망대까지 엘리베이터를 타고 올라가면 이스탄불의 명소들이 한눈에 들어온다. 골든 혼 너머에 있는 성 소피아 성당과 블루모스크가 손에 잡힐 듯 가까이 보인다. 멀리 동서양을 잇는 보스포러스 다리와 건너편 아시아 쪽 이스탄불도 볼 수 있다. 7층 둥근 테라스를 따라 한 바퀴 돌고 나면 이스탄불 구경은 끝나는 셈이다.

초대형 유람선이 기항하는 이스탄불

갈라타 타워에서 내려와 좁고 가파른 언덕을 돌고 돌아 올라가면 이스탄불 신시가지의 중심인 탁심 광장에 이르게 된다. 탁심 광장은 이스탄불에서 유동인구가 가장 많은 곳이며 가장 번화한 상업지구다. 광장 중앙에는 튀르키예 독립기념문이 있고 튀르키예 독립운동의 지도자이자 튀르키예 공화국의 초대 대통령인 무스타파 케말의 동상도 세워져 있다. 무스타파 케말은 '튀르키예의 아버지'라는 의미의 아타튀르크로 불리며 지금까지도 튀르키예 국민들에게 추앙받고 있다.

탁심 광장은 유럽의 광장과는 다른 편안함과 어수선함이 뒤섞여 있다. 광장 한가운데에 있는 아타튀르크 기념비를 중심으로 광장 한켠에 버스가 출발하는 버스정류장도 있고 한쪽에는 꽃시장이 있다. 꽃시장 옆으로는 어김없이 이슬람 사원이 자리 잡고 있다. 광장 주변의 번화한 거리에는 유럽의 유명 명품점은 물론 튀르키예 최고의 패션 전문 매장들이 줄지어 있고, 분위기 좋은 카페나 레스토랑, 나이트클럽들이 밀집해 있어 튀르키예 젊은이들이 몰려드는 곳이기도 하다.

이스탄불 신시가지의 중심인 탁심 광장과 주변

# 푸른 바다를 양탄자처럼 펼쳐놓은 대리석 **돌마바흐체 궁전**

*Dolmabahce*

베르사유 궁전을 닮은 돌마바흐체 궁전. 외관뿐만 아니라 내부의 사치스러움도 베르사유를 능가한다. 궁전을 관람하다 보면 엄청난 사치에 입이 벌어진다. 벽이며 천장이며 집기에 엄청난 양의 금을 발랐다. 돌마바흐체 궁전 관람 후 선착장에서 유람선을 타고 바다로 나가면 보스포러스 해협 근처의 절경들을 차례로 둘러볼 수 있다.

# *Palace*

스마라 바다의 짙고 푸른 바다를 양탄자처럼 앞에 깔고 있는 흰 대리석 건물은 화려하면서도 아름다워 이스탄불을 여행하는 사람들에게 강렬한 인상을 남겨준다.

돌마바흐체 궁전은 보스포러스 해협의 유럽 쪽 해변가를 따라 300m쯤 길게 뻗어 있는 유럽식 궁전이다. 돌마바흐체 궁전의 롤모델은 베르사유 궁전이다. 1843년 31대째의 술탄인 압둘 메지트가 짓기 시작한 이 건물은 유럽의 바로크 양식과 전통의 오스만 양식을 뒤섞어 놓은 것으로 1856년에 완공되었다. 스마라 바다의 짙고 푸른 바다를 양탄자처럼 앞에 깔고 있는 흰 대리석 건물은 화려하면서도 아름다워 이스탄불을 여행하는 사람들에게 강렬한 인상을 남긴다.

돌마바흐체 궁전의 면적은 10만 5000m²나 된다. 궁전을 소개하는 자료에 따르면 크고 작은 방은 285개, 연회장이 43개나 되고, 튀르키예식 욕탕도 6개 있다. 화병은 280개, 시계는 156개가 있으며, 궁전의 밤을 밝히는 샹들리에 36개와 크리스탈 촛대 58개가 있는 것으로 알려지고 있다. 카페트나 커튼, 좌석커버 등은 튀르키예에서 만든 것이지만 호화로운 가구와 샹들리에 등은 대부분 유럽에서 주문한 것이다. 그 비용만 대충 따져도 천문학적인 금액이었던 것으로 전해진다.

궁전을 관람하다 보면 엄청난 사치에 입이 벌어진다. 벽이며 천장이며 집기에 엄청난 양의 금을 발랐다. 순금 식기에 크리스털 컵, 카펫, 유럽 대가들의 값나가는 그림, 투명 옥으로 장식한 튀르키예탕 하맘 등 인간이 추구

∴Travel Story **돌마바흐체 궁의 시계는 멈춰 있다** 화려함의 극치를 추구하는 베르사유 궁전을 이스탄불로 옮겨오고자 했던 31대 술탄 압둘 메지트. 무리한 재정 집행으로 결국 오스만투르크의 몰락을 가져오는 계기가 된다. 이후 튀르키예가 공화국이 되면서 '튀르키예의 아버지' 아타튀르크로 불리는 튀르키예공화국의 초대 대통령 무스타파 케말은 수도를 앙카라로 이전하게 된다. 그러나 행정수도만 옮겨갔을 뿐 튀르키예의 중심은 여전히 이스탄불에 남아 있었다. 무스타파 케말이 이스탄불에 머물러야 할 경우가 많았는데 그때마다 돌마바흐체 궁전을 사용했다. 튀르키예 국민들이 추앙하는 그가 죽은 1938년 11월 10일 9시 5분을 기념하기 위해 현재 돌마바흐체 궁전 안의 모든 시계는 9시 5분에 멈춰 있다고 한다.

하는 삶이 얼마나 화려하고 사치스러울 수 있는지를 이곳에서 확인할 수 있다. 화려한 궁전에서도 가장 눈길을 끄는 장소는 '황제의 방'이다. 가로세로 40m의 정사각형에 중앙 돔의 높이는 36m에 달하는 거대한 공간이다. 그곳에 걸려 있는 샹들리에는 영국 빅토리아 여왕이 기증한 것으로, 무게가 4.5톤이나 되며 750개의 등이 달려 정말 화려하다. 궁전 내부 관람의 마지막 코스는 황제의 방이다. 궁전 밖으로 나오면 전 세계에서 가장 군기가 잘 잡혀 있다는 튀르키예 헌병대 보초가 지키는 문 앞에 서게 된다.

돌마바흐체 궁전 부근에는 보스포러스 해협을 돌아보는 유람선과 해협 건너 아시아 쪽 이스탄불로 가는 배들이 출발하는 선착장이 있다. 그리고 선착장 부근에는 1815년에 완공된 술탄 왈리데 모스크라는 왕궁 모스크가 있다. 규모는 그리 크지 않지만 모스크 안의 분위기가 경건하면서도 아름답다. 창문을 통해 들어오는 빛마저도 스테인드글라스로 막아 어둡지만 신비로운 실내에 촛불을 켜고 기도를 드린다. 첨탑 개수나 크기로 권위를 상징하는 모스크만 찾아다니던 관광객들은 술탄 왈리데 모스크의 분위기 속에서 색다른 감동을 느낀다.

돌마바흐체 궁전 선착장에서는 유람선을 타고 두 개의 보스포러스 해협으로 나가 동서양을 잇는 다리를 차례로 지나 되돌아오는 유람선 여행을 즐길 수 있다. 돌마바흐체 궁전 앞바다를 지난 유람선은 보스포러스 대교 아래를 지나 흑해 방향으로 올라간다, 보스포러스 대교는 1973년에 개통된 사장교 형태의 다리로, 유럽과 아시아를 잇는 최초의 가교다. 유럽과 아시아의 거리는 보스포러스 대교의 길이 1074m로 생각보다 가깝다.

상들리에 등은 대부분 유럽에서 주문한 것으로 천문학적인 금액이 들었다.

# 실크로드의 번영을 되살린 **그랜드 바자르**

# *Grand Bazaar*

콘스탄티노플이 실크로드 교역을 하면서 누렸던 번영을 되살려 이스탄불의 경제를 조금 더 강하게 만들기 위해 만든 그랜드 바자르. 워낙 규모가 크고 복잡해 시장으로 들어가는 문은 비교적 찾기 쉽지만 들어갔던 곳으로 다시 나오기는 어렵다. 그랜드 바자르에서 멀지 않은 곳에 있는 이집션 바자르에서는 다양한 향신료나 먹거리를 만날 수 있다.

이집션 바자르는 1663년 술탄 투르한이 만든 서민적인 튀르키예 시장이다. 이곳에서는 튀르키예 전통과자, 견과류, 치즈, 과일 등 주로 식재료나 향신료를 판매한다. 대중적이고 소박한 시장이어서 튀르키예 사람들의 일상생활을 느낄 수 있어 좋다.

동서양의 교역로 실크로드의 서쪽 끝단에 있는 이스탄불은 비잔틴 시대부터 무역의 중심지였다. 8세기부터 9세기까지 동로마제국이 전성기를 누렸을 당시 이스탄불의 이름은 콘스탄티노플로, 세상을 향해 열려 있는 큰 도시였다. 당시 동로마제국의 콘스탄티노플은 압바스 제국의 수도인 바그다드, 당나라의 장안과 함께 세계 3대 교역도시 중 하나였다. 그때의 활발했던 실크로드 교역의 명맥을 이은 것이 이스탄불의 그랜드 바자르다.
오스만 투르크가 동로마제국을 멸하고 이스탄불을 장악하면서 1455년부터 1461년까지 지금의 그랜드 바자르가 있는 곳에 두 개의 아케이드를 만들게 된다. 예전 콘스탄티노플이 실크로드 교역을 하면서 누렸던 번영을 되살려 이스탄불의 경제를 조금 더 강하게 만들기 위해서였다. 이렇게 열린 시장은 빠른 속도로 커져나가 아케이드 바깥쪽까지 확대되었다. 하지만 목조건물로 만들었던 아케이드는 자주 발생하는 화재로 큰 피해를 입기도 했고, 석조 건물로 바꾼 후에도 지진으로 큰 피해를 입었지만 시장은 변함없이 활기에 넘친다.
그랜드 바자르는 5000개가 넘는 점포가 20개의 문을 가진 성 안에 갇혀 있는 형국이다. 우리는 큰 시장이라는 의미로 '그랜드 바자르'라고 부르지만 이스탄불 사람들은 '카팔르 차르시'라고 부른다. '갇힌 시장'이라는 의미다. 위에서 내려다보면 수많은 작은 돔이 볼록볼록한 사각형 벽돌 건물이다. 시장 안에는 65개의 골목길이 거미줄처럼 얽혀 있어 마치 미로와 같다. 그 통로가 60여 개나 된다. 시장으로 들어가는 문은 비교적 찾기 쉽지만 들어갔던 곳으로 다시 나오기는 쉽지 않다. 수많은 골목과 가게를 안고 있는 좁은 미로 사이를 헤매다 보면 방향감각이 무뎌지기 때문이다.
그랜드 바자르에서 만나게 되는 상품들은 주로 공예품이다. 동판에 은을 입히고 수동으로 조각한 제품이나 대리석, 크리스털 조각, 고전풍으로 만든 은 장신구, 낙타 뼈로 만든 보석함, 전통인형 등등 튀르키예가 자랑하는 공예 솜씨와 예술성이 가득 담긴 물건들이다. 골동품 거리에는 고대 오리엔트 문명의 유물부터 그리스 로마, 이슬람 시대의 동전과 교회용품 등 문화재급 골통품들을 판매하고 있다. 물론 진품도 있지만 잘 모르면 속는 물건도 있어 조심해야 한다.

그랜드 바자르 시장 바깥에 있는 카펫 거리에서는 튀르키예의 명물인 카펫을 만날 수 있다. 튀르키예 카펫 가운데 최고의 품질을 자랑하는 헤레케 실크카펫을 진열장에 전시해 놓고, 4~5개 국어에 능숙한 홍보요원이 외국인 관광객을 끌어모은다. 일단 손님들이 모이면 카펫 쇼가 펼쳐진다. 카펫을 펼치거나 공중으로 던져 올리며 색상이 변하는 과정을 보여준다. 음악에 맞춰 하늘을 나는 크고 작은 양탄자가 차곡차곡 바닥에 깔리는 것을 보는 것만으로도 좋은 구경거리가 된다.

튀르키예에서나 볼 수 있는 물담배도 재미있는 구경거리다. 그랜드 바자르에서는 물담배를 필 때 사용하는 색깔과 문양이 화려한 기구들을 판매하고 있다. 물담배를 피우는 카페를 구경하고 싶으면 그랜드 바자르 밖으로 나가 담배 냄새나 연기를 따라가면 된다. 이곳에서 간단한 식사를 하기도 하지만 '차이(차)' 문화에 익숙한 튀르키예인들이 차를 마시기도 한다. 그밖에도 화려한 도자기 그릇, 전통 악기, 장신구, 과일로 만든 비누 등 다양한 특산품들이 판매되고 있다.

그랜드 바자르를 나서면 서울의 남대문시장 같은 분위기를 만나게 된다. 옷가게, 신발가게, 그릇가게, 과일가게가 골목마다 들어서 있다. 관광객보다는 이스탄불 서민들이 주로 이용하는 이 시장을 지나면 이집션 바자르에 이른다. 1663년 술탄 투르한이 만든 이 시장은 서민적인 튀르키예시장이다. 이곳에서는 튀르키예 전통과자, 견과류, 치즈, 과일 등 주로 식재료나 향신료를 판매한다. 튀르키예 사람들의 일상을 느낄 수 있어 좋다.

∴Travel Story **튀르키예에는 튀르키예석이 없다?** 그랜드 바자르 안에는 보석상이 모여 있는 지역이 있다. 일명 보석가로 불리는 이곳에서는 정교한 세공을 자랑하는 금제품과 튀르키예석, 호박, 진주와 산호, 에메랄드, 다이아몬드 등 온갖 보석들이 화려한 불빛을 받아 반짝인다. 그런데 보석가에서 인기리에 판매되는 튀르키예석은 사실 튀르키예에서 생산된 것이 아니다. 원래는 중앙아시아 사마르칸트 지방에서 생산되었는데, 지금은 대부분 이집트산이다. 이 보석은 오스만 투르크 시대부터 튀르키예에서 주로 수집되고 유통, 판매되었기 때문에 튀르키예석으로 불렸던 것으로 알려지고 있다.

**유용한 항공 루트**(소요시간)

- 런던–바르샤바 2:20
- 런던–프라하 2:00
- 런던–뮌헨 1:30
- 파리–바르샤바 2:15~2:25
- 파리–빈 2:00
- 로마–프라하 1:50
- 로마–스플리트 1:10
- 빈–사라예보 1:10
- 이스탄불–두브로브니크 1:50
- 프랑크푸르트–프라하 1:00
- 런던–그단스크 2:10
- 런던–빈 2:20
- 헬싱키–그단스크 2:00
- 파리–프라하 1:45
- 파리–뮌헨 1:30
- 로마–빈 1:55
- 로마–두브로브니크 1:10
- 바르샤바–키예프 1:30
- 부다페스트–부쿠레슈티 1:15
- 프랑크푸르트–두브로브니크 1:50

**편도 시간표**

1. **프라하 ▶ 부다페스트** 기차 7:10, 야간기차 9:50, 버스 7:00
   **부다페스트 ▶ 프라하** 기차 6:40, 야간기차 12:50, 버스 7:00
2. **빈 ▶ 자그레브** 기차 6:30, 버스 4:50
   **자그레브 ▶ 빈** 기차 7:00, 야간기차 7:50, 버스 5:15
3. **프라하 ▶ 바르샤바** 기차 8:15, 야간기차 11:20, 야간버스 10:00
   **바르샤바 ▶ 프라하**
   야간기차 12:20, 야간버스 10:00
4. **자그레브 ▶ 베오그라드** 버스 6:05
   **베오그라드 ▶ 자그레브** 기차 8:10, 버스 6:05

리투아니아
Lithuania
빌뉴스
Vilnius
그단스크
Gdańsk
민스크
Minsk
야간기차 9:00
야간버스 7:50
버스 9:20
벨라루스
Belarus
러시아
Russia
폴란드
Poland
(p.402)
바르샤바
Warzawa
3
야간기차 12:40
야간버스 11:30
크라쿠프
Kraków
키예프
Kiev
야간기차 9:30
야간버스 6:50
슬로바키아
Slovakia
우크라이나
Ukraine
헝가리
Hungary
(p.240)
몰도바
Moldova
부다페스트
Budapest
야간기차 9:40
시기쇼아라
Sighisoara
키시네프
Kishinev
버스 10:10
브라쇼브
Brasov
버스 6:00
루마니아
Romania
(p.466)
4
베오그라드
Beograd
부쿠레슈티
Bucuresti
버스 4:40
세르비아
Serbia
사라예보
Sarajevo
버스 5:00
야간버스 8:30
벨리코 투르노보
Veliko Tarnovo
소피아
Sofia
프리슈티나
Priština
코소보
Kosovo
불가리아
Bulgaria
(p.520)
버스 5:00
포드고리차
Podgorica
스코페
Skopje
플로브디프
Plovdiv
야간버스 8:00
버스 6:00
버스 5:00
마케도니아
Macedonia
티라나
Tirana
이스탄불
Istanbul
야간버스 10:00
알바니아
Albania
테살로니키
Thessaloniki
튀르키예
Turkey
그리스
Greece

# 01 프랑스 파리에서만 파는 기념품 Best 6

## 1 에펠탑 열쇠고리

가장 저렴하지만 한국으로 돌아와보면 가장 반응이 좋은 선물이다. €1에 3~6개를 살 수 있다. 에펠탑이 보이는 샤요 궁이나 에펠탑 주변의 잔디밭에서 사는 편이 저렴하다. 에펠탑 열쇠고리를 가득 든 흑인들을 주목하자. 흥정이 가능하고 많이 살수록 할인율도 높아진다.

## 2 실용적인 파리 기념품

관광지 주변의 기념품점이나 백화점의 기념품 매장에 가면 파리를 상징하는 메트로, 에펠탑 등을 소재로 만든 다양한 기념품이 있다. 메트로 지도가 그려진 에코백이나 머그컵은 한국에 돌아와서도 실용적이다. 그리고 사용할 때마다 향수를 불러일으킨다.

## 3 다양한 식재료

국내에는 없는 또는 백화점에서 3~10배까지 비싸게 파는 식재료를 구할 수 있다. 차, 설탕, 소금, 꿀, 와인 등은 선물용으로도 좋고 집에서 먹을 때마다 파리 여행을 떠올릴 수 있는 좋은 아이템이다.

## 4 프랑스 책

라탱 지구의 서점이나 타쉔, FNAC에 가면 프랑스어로 된 다양한 책들이 있다. 프랑스어를 알지도 못하는데 읽지도 못할 책을 왜 사야 하냐고? 읽지는 못하지만 볼 수는 있다. 특히 로베르 두아노나 윌리 로니스 같은 사진작가의 사진집이나 프랑스 작가의 예쁜 일러스트 동화책은 주변 사람들에게 좋은 선물이 된다.

## 5 엽서

파리에서는 재미난 엽서를 판다. 프랑스에서 생산되는 빵 이름을 정리해놓거나 치즈, 디저트, 주방용품, 전통의상 등 다양한 주제로 프랑스를 대표하는 이미지들을 모아 엽서로 만든다. 가격은 다른 엽서들에 비해 비싼 편이지만 좋은 기념품이 된다. 유럽의 이웃나라에서도 이런 주제로 엽서를 파는데 비교해보면 더욱 재미있다.

## 6 유럽 명품과 다양한 유럽 브랜드 제품들

명품을 비롯한 주방, 패션, 생활 소품 등의 유럽 브랜드들은 우리나라에서 사는 것보다 30~60% 가까이 저렴하게 구입할 수 있다. 세일시즌이라면 더욱 저렴해진다. 우리나라에 들어오지 않은 브랜드나 따끈따끈한 신상 디자인을 구할 수 있다.

## 02 영국 런던에서 꼭 먹어야 할 음식 Best 5

### 1 피시 앤 칩스 Fish and Chips

과거 노동자들이 즐겨 먹던 음식으로 신문지에 싸서 팔았다고 한다. 생선을 뼈만 제거하고 통째로 사용하거나 생선살을 갈아서 튀기는 방법도 있다고 한다. 주로 흰살 생선인 대구를 이용했지만, 요즘은 다양한 생선을 사용하고 소스 또한 다양하여 이제는 길거리 음식이 아닌 주메뉴로 인정받고 있다.

피시 앤 칩스에 곁들여지는 음식으로는 감자튀김과 완두콩 퓌레와 레몬조각, 다양한 소스가 있다.

### 2 요크셔 푸딩 & 그레이비 소스 Gravy Sauce, 스콘 & 클로티드 크림 Clotted Cream, 잉글리시 머핀 & 잼 Jam, 버터 Butter

소스(?)가 정해져 있는 영국의 음식들이 있다. 영국 전통음식 중 하나인 요크셔 푸딩에는 육류를 철판에 구울 때 생겨난 국물을 이용한 그레이비 소스를, 티타임에 빠지지 않는 스콘에는 저온 살균 처리를 거치지 않은 우유를 가열할 때 생기는 노란색의 뻑뻑한 크림인 클로티드 크림을, 그리고 잉글리시 머핀에는 잼과 버터 두 가지가 꼭 필요하다.

## 3 영국 맥주
Beer

맥주 마니아라면 런던 맥주여행을 계획할 만큼 런던에서 즐기는 맥주는 다양하다. 에일Ale이라는 깊고 풍부한 맛의 영국 대표 맥주뿐만 아니라 세계의 다양한 맥주가 있으니 마트에서 사서 마시거나 펍에서 즐겨 보자!

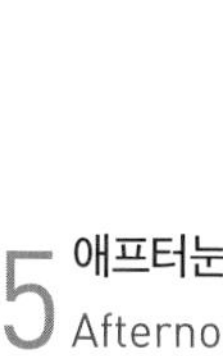


## 4 잉글리시 브렉퍼스트 & 브런치
Brunch

영국은 하루 식사 중 아침을 매우 중시하는 나라다. 유럽의 아침 식사는 커피와 빵으로 끝나지만, 영국식 아침 식사에는 과일 주스, 시리얼, 베이컨과 달걀(프라이나 스크램블), 소시지, 콩, 감자튀김, 버섯, 토마토 등 과도한 단백질 위주의 식단이 차려진다. 그로부터 English Breakfast라는 말이 유래되었고, 요즘 뉴욕에서부터 유행 중인 브런치도 이런 영국식 아침 식사에서 시작된 메뉴다.

## 5 애프터눈 티
Afternoon Tea

아침 식사만큼 영국인들이 중요하게 생각하는 식생활은 티타임이다. 그중 오후의 티타임인 애프터눈 티는 영국을 대표하는 음식 문화라 할 수 있다. 유명 티 살롱에서의 격식 있는 애프터눈 티도 즐거운 경험이겠지만 길거리 작은 카페에서 가지는 오후의 짧은 티타임도 런던 여행의 즐거움이 될 것이다.

# 03 체코 프라하에서 꼭 경험해봐야 할 Best 6

1 천문학 시계 종치는 모습

이것을 보지 않았다면 프라하에 다녀왔다고 말하지 못할 정도로 유명한 핫 스폿이다. 아침부터 밤까지 매시간 정각마다 세리머니가 펼쳐진다. 1분 정도의 매우 짧은 세리머니로 끝나고 나면 허탈한 웃음과 탄식이 절로 나온다. 그러나 그 의미는 그리 가볍지 않다. 의미를 알고 나면 1분에 우리네의 삶과 죽음을 모두 담겨 있다 느낄 만큼 깊은 철학이 숨겨져 있다.

2 돈 지오바니 인형극 보기

이것 역시 천문학 시계 종치는 것을 보는 것과 비등비등할 정도로 프라하의 명물이다. 사실 돈 지오바니 인형극보다는 클래식 연주회가 더 프라하의 느낌과 맞지만 클래식은 빡빡하고 힘든 여행 일정에 보다가 졸(?) 가능성이 높은 데 반해 인형극은 그래도 보는 재미가 있으니 우리들에게는 좀 더 대중적이다. 돈 지오바니는 모차르트가 프라하의 시민이 자신의 작품에 열광하는 것에 감동해 돈 지오바니를 프라하에서 초연한 것을 기념으로 공연되고 있다. 인형극이지만 우리나라 해석이 있는 것도 아니니 오페라 내용을 마스터하고 가야 졸지 않을 수 있다.

3 프라하 성과 카를 교의 야경 즐기기

프라하에 온 여행자들은 낮의 하이라이트는 천문학 시계탑 세리머니로, 밤의 하이라이트는 명불허전 야경을 꼽는다. 두 가지 중 으뜸을 따지자면 당연히 프라하 성과 카를 교의 야경이다. 아름답고 로맨틱한 야경을 사진으로 남기고 싶다면 삼각대는 필수다.

## 4 클래식 연주회 관람

클래식 애호가라면 프라하만큼 사랑스러운 도시도 없을 것이다. 수준 높은 공연을 비교적 저렴한 비용에 볼 수 있고, 여름 시즌 휴가로 공연을 안 하는 다른 서유럽에 비해 1년 내내 연주회가 지속되는 프라하야말로 클래식 애호가들의 천국이 아닐까? 여행 시기에 맞춰 루돌피눔이나 국립극장의 공연을 체크해보고, 프라하 필하모닉 오케스트라의 일정도 체크해보자.

## 5 프라하 성이나 페트르진 언덕, 또는 비세흐라드에서 노을 지는 프라하 구시가지 보기

프라하 성과 카를 교의 야경을 즐겼다면, 노을 지는 구시가지의 야경도 도전해보자. 즐길 수 있는 장소는 세 곳이다. 프라하 성과 페트르진 언덕, 그리고 비세흐라드다. 프라하 성 관람을 오후부터 시작하면 얼추 문 닫는 시간에 맞추게 되는데 성 밖으로 나와 많은 인파에 휩쓸려 계단으로 내려오지 말고 오른쪽 아치문을 통과해 성 벽 아래 정원으로 들어오자. 벤치에 앉아 노을을 즐긴 후 천천히 내려오면 된다. 와인과 함께 즐기고 싶다면 내려오는 계단 직전의 카페 겸 와인바에 테이블을 잡고 앉으면 된다. 페트르진 언덕에도 노을을 즐길 수 있는 레스토랑 겸 카페가 있다. 비세흐라드는 체코 역사가 시작된 곳으로 이곳에서 가장 넓게 프라하 시가 보인다. 다른 곳에 비해 한적한 장소로 해가 진 이후에 돌아올 것을 생각해 혼자보다는 동행자와 함께 가는 것이 좋다.

## 6 뜨르들로 먹으며 구시가지 구경

체코의 전통 빵으로 굵은 철봉에 반죽을 감아 불에 구워 먹는다. 노릇노릇해지면 빵을 철봉에서 뽑아 그 위에 설탕과 시나몬을 솔솔 뿌리면 뜨르들로 완성! 가격은 40~60Kč 정도다. 따끈따끈, 갓 구워낸 뜨르들로를 반죽의 결을 따라 손으로 뜯어먹으며 구시가지를 구경하는 소소한 재미가 쏠쏠하다.

# 04 동유럽에서 꼭 가봐야 할 뷰포인트 Best 12

오스트리아, 빈

### 도나우 타워에서 바라보는 빈 시내

도나우 공원 안에 있는 251.76m 높이의 도나우 타워에 오르면 빈의 중심가와 외곽지역, 다뉴브 강과 빈 숲까지 보인다. 낮에는 구석구석 들여다볼 수 있어 좋고, 밤에는 야경을 볼 수 있어 좋다.

오스트리아, 빈

### 칼렌베르크 전망대

해발 484m의 칼렌베르크 언덕에 있는 전망대로 초록의 빈 숲과 포도밭이 발아래 펼쳐진다. 야외전망대이기 때문에 거칠 것 없이 탁 트인 풍경이 시원하다.

오스트리아, 잘츠부르크

### 현대박물관에서 바라보는 잘츠부르크 성과 구시가지

보통은 잘츠부르크 성에서 구시가지의 전망을 바라보지만 잘츠부르크 성을 포함한 구시가지의 전망을 볼 수 있는 곳이 있다. 바로 현대박물관으로 지상에서 꼭대기 층으로 올라가면 레스토랑이 나오는데 이곳의 전망이 가장 멋지다.

체코, 프라하

### 올드타운 브리지 타워의 타워 전망대

카를 교를 걷는 사람들과 프라하 성의 전망은 올드타운 브리지 타워의 타워 전망대가 가장 아름답다. 전망대는 유료이며 4~9월 동안에는 22:00까지 운영해 낮, 해 질 녘, 야경 찍기에 이곳만 한 장소도 없다.

체코, 프라하

### 페트르진 타워

파리 에펠탑을 본떠 만든 타워로 페트르진 언덕 위에 세워져 있어 프라하 성과 카를 교 구시가지 전체의 모습을 한눈에 조망할 수 있다. 날씨가 좋은 날 그 진가를 발휘한다.

헝가리, 부다페스트

### 어부의 요새

부다 지구 성채의 언덕에 오르면 페스트 지구가 한눈에 내려다보인다. 특히 어부의 요새 쪽으로 가면 아름답고 위엄 있는 건축물인 국회의사당을 감상할 수 있다. 밤이 되면 다뉴브 강과 세체니 다리, 국회의사당이 조화를 이뤄 그 유명한 부다페스트의 야경을 선사한다.

헝가리, 에스테르곰

### 대성당의 큐폴라

대성당의 돔을 둘러싼 야외 전망대에 오르면 400여 개의 계단을 올라가는 수고가 아깝지 않을 풍경이 펼쳐진다. 에스테르곰 시내는 물론 다뉴브 강 건너편으로 슬로바키아의 슈트로보가 보인다. 강을 사이에 두고 사뭇 다른 두 나라의 분위기를 느낄 수 있다.

크로아티아, 두브로브니크

### 스르지 언덕에서 바라보는 두브로브니크 구시가지

낮과 해 질 녘 그리고 야경까지 모든 전망이 그야말로 환상적이다. 걸어 올라갈 수도 있지만 햇살이 따갑고 그늘이 없어 일사병에 걸리지 않으려면 케이블카를 이용해 올라가자.

슬로베니아, 블레드

### 블레드 성에서 바라보는 블레드 호수

블레드는 류블랴나에서 1시간 거리의 휴양마을로 블레드 성에 오르면 블레드 호수와 섬, 블레드 마을을 한눈에 조망할 수 있다. 멋진 전망을 바라보며 차 한잔을 마실 수 있는 카페도 있다.

폴란드, 크라쿠프

### 구 시청사 탑

크라쿠프 구시가지 중앙시장 광장에 있는 탑으로, 탑의 내부엔 아담한 크라쿠프 역사박물관 전시실이 있으며 위로는 전망대가 있다. 탑 꼭대기에 오르면 크라쿠프 구시가지와 바벨 성의 풍경이 펼쳐진다.

루마니아, 브라쇼브

### 탐파 산

브라쇼브 구시가지와 이어져 있는 900m 높이의 산으로 트레킹 또는 케이블카로 올라가면 된다. 케이블카 정류장에서 능선을 따라가면 브라쇼브 사인이 있는 전망대에 이른다. 붉은색 지붕으로 가득한 구시가지와 멀리 신시가지까지 조망할 수 있다.

불가리아, 벨리코 투르노보

### 차르베츠 성채

불가리아의 옛 수도였던 벨리코 투르노보의 차르베츠 성채에 오르면 요새를 에워싼 얀트라 강과 오밀조밀한 집들이 모여 있는 구시가지의 풍경이 한눈에 들어온다. 주변에 높은 건물이 없이 시야가 탁 트여 시원한 느낌을 준다.

# 죽기 전에
# 유럽 여행

**초판 1쇄** | 2024년 4월 15일

**지은이** | 정보상

**발행인** | 유철상
**편집** | 김정민, 김수현
**디자인** | 주인지, 노세희
**마케팅** | 조종삼, 김소희
**콘텐츠** | 강한나

**펴낸 곳** | 상상출판
**주소** | 서울특별시 성동구 뚝섬로17가길 48, 성수에이원센터 1205호(성수동 2가)
**구입·내용 문의** | **전화** 02-963-9891(편집), 070-7727-6853(마케팅)
**팩스** 02-963-9892 **이메일** sangsang9892@gmail.com
**등록** | 2009년 9월 22일(제305-2010-02호)
**찍은 곳** | 다라니

※ 가격은 뒤표지에 있습니다.

ISBN 979-11-6782-194-2 (13980)


※ 이 책은 〈유럽에서 꼭 가봐야 할 여행지 100〉의 개정판입니다.

**www.esangsang.co.kr**